興味を広げる・深める!

観察・実験カード

5年

雲

何という
雲かな?

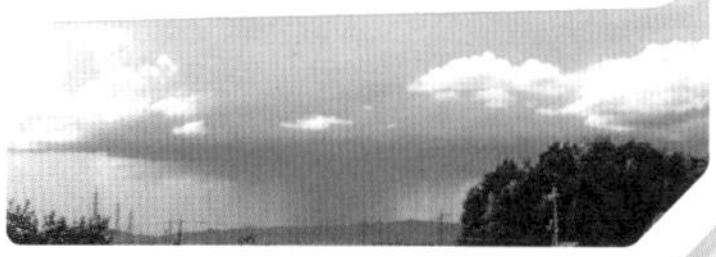

雲

何という
雲かな?

雲

何という
雲かな?

雲

何という
雲かな?

雲

何という
雲かな?

雲

何という
雲かな?

雲

何という
雲かな?

雲

何という
雲かな?

雲

何という
雲かな?

雲

何という
雲かな?

生物

メダカの
おすとめすの
どちらかな?

積乱雲《せきらんうん》(入道雲)

雨や雪をふらせるとても大きな雲。山やとうのような形をしている。かみなりをともなった大雨をふらせることもある。

使い方

●切り取り線にそって切りはなしましょう。

説　明

●「雲」「生物」「器具等」の答えはうら面に書いてあります。

巻層雲《けんそううん》(うす雲)

空をうすくおおう白っぽいベールのような雲。この雲が出ると、やがて雨になることが多い。

積雲《せきうん》(わた雲)

ドームのような形をした厚《あつ》い雲。この雲が大きくなって積乱雲《せきらんうん》になると、雨や雪になることが多い。

巻雲《けんうん》(すじ雲)

せんい状《じょう》ではなればなれの雲。上空の風が強い、よく晴れた日に出てくることが多い。

巻積雲《けんせきうん》(いわし雲・うろこ雲)

白い小さな雲の集まりのように見える。この雲がすぐに消えると、晴れることが多い。

高積雲《こうせきうん》(ひつじ雲)

小さなかたまりが群れをなした、まだら状《じょう》、または帯状の雲。この雲がすぐに消えると、晴れることが多い。

高層雲《こうそううん》(おぼろ雲)

空の広いはんいをおおう。うすいときは、うっすらと太陽や月が見えることがある。この雲が厚《あつ》くなると、雨になることが多い。

層積雲《そうせきうん》(うね雲)

波打ったような形をしている。この雲がつぎつぎと出てくると、雨になることが多い。

乱層雲《らんそううん》(雨雲)

黒っぽい色で空一面に広がっている。雨や雪をふらせることが多い。青空は見えない。

めす

めすとおすは、体の形で見分けることができる。

めす
せびれに切れこみがない。

しりびれの後ろが短い。

おす
せびれに切れこみがある。
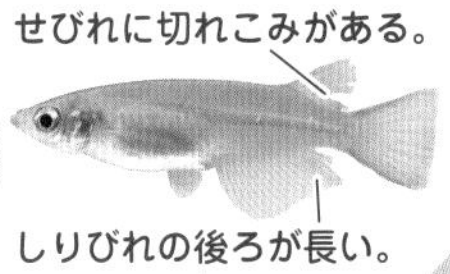
しりびれの後ろが長い。

層雲《そううん》(きり雲)

きりのような雲で、低いところにできる。雨上がりや雨のふり始めに、山によくかかっている。

教科書ぴったりトレーニング

理科５年 がんばり表

いつも見えるところに、この「がんばり表」をはっておこう。
この「ぴたトレ」を学習したら、シールをはろう！
どこまでがんばったかわかるよ。

スタート

1. 天気の変化
❶ 雲と天気
❷ 天気の変化のきまり

2〜3ページ	4〜5ページ	6〜7ページ
ぴったり１２	ぴったり１２	ぴったり３
できたら シールを はろう	できたら シールを はろう	できたら シールを はろう

2. 植物の発芽や成長
❶ 発芽に必要なもの
❷ 発芽と養分
❸ 植物の成長に必要なもの

8〜9ページ	10〜11ページ	12〜13ページ	14〜15ページ
ぴったり１２	ぴったり１２	ぴったり１２	ぴったり３
できたら シールを はろう	できたら シールを はろう	できたら シールを はろう	できたら シールを はろう

7. 電流が生み出す力
❶ 電磁石の性質
❷ 電磁石のはたらき

54〜55ページ	52〜53ページ	50〜51ページ
ぴったり３	ぴったり１２	ぴったり１２
できたら シールを はろう	できたら シールを はろう	できたら シールを はろう

6. 流れる水と土地
❶ 川の上流と下流
❷ 流れる水のはたらき
❸ 流れる水の量が増えるとき

48〜49ページ	46〜47ページ	44〜45ページ	42〜43ページ
ぴったり３	ぴったり１２	ぴったり１２	ぴったり１２
できたら シールを はろう	できたら シールを はろう	できたら シールを はろう	できたら シールを はろう

8. もののとけ方
❶ 水よう液の重さ
❷ ものが水にとける量
❸ とけているものが出てくるとき

56〜57ページ	58〜59ページ	60〜61ページ	62〜63ページ	64〜65ページ
ぴったり１２	ぴったり１２	ぴったり１２	ぴったり１２	ぴったり３
できたら シールを はろう	できたら シールを はろう	できたら シールを はろう	できたら シールを はろう	できたら シールを はろう

9. 人のたんじょ

66〜67ページ
ぴったり１２
できたら シールを はろう

（キリトリ線）

り合わせて使うことが
、勉強していこうね。
するよ。

しよう。
れるよ。
グの登録商標です。

かな？
う。

んでみよう。

もどってか

の学習が終わっ
「がんばり表」
ルをはろう。

よ。
まちがえた
を読んだり、
そう。

おうちのかたへ

本書『教科書ぴったりトレーニング』は、教科書の要点や重要事項をつかむ「ぴったり１ 準備」、おさらいをしながら問題に慣れる「ぴったり２ 練習」、テスト形式で学習事項が定着したか確認する「ぴったり３ 確かめのテスト」の３段階構成になっています。教科書の学習順序やねらいに完全対応していますので、日々の学習（トレーニング）にぴったりです。

「観点別学習状況の評価」について

学校の通知表は、「知識・技能」「思考・判断・表現」「主体的に学習に取り組む態度」の３つの観点による評価がもとになっています。

問題集やドリルでは、一般に知識を問う問題が中心になりますが、本書『教科書ぴったりトレーニング』では、次のように、観点別学習状況の評価に基づく問題を取り入れて、成績アップに結びつくことをねらいました。

ぴったり３ 確かめのテスト

●「知識・技能」のうち、特に技能（観察・実験の器具の使い方など）を取り上げた問題には「技能」と表示しています。

●「思考・判断・表現」のうち、特に思考や表現（予想したり文章で説明したりすることなど）を取り上げた問題には「思考・表現」と表示しています。

チャレンジテスト

●主に「知識・技能」を問う問題か、「思考・判断・表現」を問う問題かで、それぞれに分類して出題しています。

別冊『丸つけラクラク解答』について

おうちのかたへ では、次のようなものを示しています。

- **学習のねらいやポイント**
- **他の学年や他の単元の学習内容とのつながり**
- **まちがいやすいことやつまずきやすいところ**

お子様への説明や、学習内容の把握などにご活用ください。

内容の例

> おうちのかたへ **1. 生き物をさがそう**
> 身の回りの生き物を観察して、大きさ、形、色など、姿に違いがあることを学習します。虫眼鏡の使い方や記録のしかたを覚えているか、生き物どうしを比べて、特徴を捉えたり、違うところや共通しているところを見つけたりすることができるか、などがポイントです。

（キリトリ線）

『ぴたトレ』は教科書にぴった
できるよ。教科書も見ながら
ぴた犬たちが勉強をサポート

教科書ぴったりトレーニングの使い方

ふだんの学習

ぴったり1 準備

教科書のだいじなところをまとめていくよ。
めあて でどんなことを勉強するかわかるよ。
問題に答えながら、わかっているかかくにんし
QR コードから「3 分でまとめ動画」が見られ

※QR コードは株式会社デンソーウェー

ぴったり2 練習

「ぴったり 1」で勉強したこと、おぼえている
かくにんしながら、問題に答える練習をしよ

ぴったり3 確かめのテスト

「ぴったり 1」「ぴったり 2」が終わったら取り組
学校のテストの前にやってもいいね。
わからない問題は、ふりかえり を見て前に
くにんしよう。

ふだん
たら、
にシー

実力チェック

- 夏のチャレンジテスト
- 冬のチャレンジテスト
- 春のチャレンジテスト
- 5年 理科のまとめ 学力診断《しんだん》テスト

夏休み、冬休み、春休み前に
使いましょう。
学期の終わりや学年の終わりの
テストの前にやってもいいね。

別冊《べっさつ》

丸つけラクラク解答

問題と同じ紙面に赤字で「答え」が書いてある
取り組んだ問題の答え合わせをしてみよう。
問題やわからなかった問題は、右の「てびき」
教科書を読み返したりして、もう一度見直

好きななまえをつけてね！

なまえ

ぴた犬（おとも犬）シールをはろう

シールの中から好きなぴた犬を選ぼう。

おうちのかたへ

がんばり表のデジタル版「デジタルがんばり表」では、デジタル端末でも学習の進捗記録をつけることができます。1冊やり終えると、抽選でプレゼントが当たります。「ぴたサポシステム」にご登録いただき、「デジタルがんばり表」をお使いください。LINE または PC・ブラウザを利用する方法があります。

LINE用　　PC・ブラウザ用

★ ぴたサポシステムご利用ガイドはこちら ★
https://www.shinko-keirin.co.jp/shinko/news/pittari-support-system

3. メダカのたんじょう

16〜17ページ	18〜19ページ	20〜21ページ
ぴったり1 2	ぴったり1 2	ぴったり3
できたらシールをはろう	できたらシールをはろう	できたらシールをはろう

4. ふりこ

22〜23ページ	24〜25ページ	26〜27ページ
ぴったり1 2	ぴったり1 2	ぴったり3
できたらシールをはろう	できたらシールをはろう	できたらシールをはろう

5. 花から実へ

1. 花のつくり
2. 実のでき方

28〜29ページ	30〜31ページ	32〜33ページ	34〜35ページ	36〜37ページ
ぴったり1 2	ぴったり1 2	ぴったり3	ぴったり1 2	ぴったり3
できたらシールをはろう	できたらシールをはろう	できたらシールをはろう	できたらシールをはろう	できたらシールをはろう

★ 台風接近

38〜39ページ	40〜41ページ
ぴったり1 2	ぴったり3
できたらシールをはろう	できたらシールをはろう

う

8〜69ページ	70〜71ページ	72ページ
ったり1 2	ぴったり3	ぴったり1
できたらシールをはろう	できたらシールをはろう	できたらシールをはろう

ゴール

最後までがんばったキミは「ごほうびシール」をはろう！

ごほうびシールをはろう

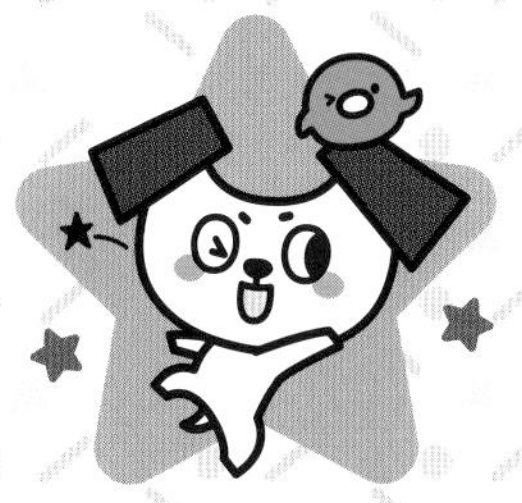

バッチリポスター

自由研究にチャレンジ！

「自由研究はやりたい，でもテーマが決まらない…。」
そんなときは，この付録を参考に，自由研究を進めてみよう。
この付録では，『いろいろな種子のつくり』というテーマを例に，説明していきます。

①研究のテーマを決める

「インゲンマメの種子のつくりを調べたけど，ほかの植物の種子はどのようなつくりをしているのか，調べてみたい。」など，身近なぎもんからテーマを決めよう。

②予想・計画を立てる

「いろいろな植物の種子を切って観察して，どのようなつくりをしているのか調べる。」など，テーマに合わせて調べる方法と準備《じゅんび》するものを考え，計画を立てよう。わからないことは，本やコンピュータで調べよう。

③調べたりつくったりする

計画をもとに，調べたりつくったりしよう。結果だけでなく，気づいたことや考えたことも記録しておこう。

④まとめよう

調べたことや気づいたことなどを文でまとめよう。
観察したことは，図を使うとわかりやすいです。

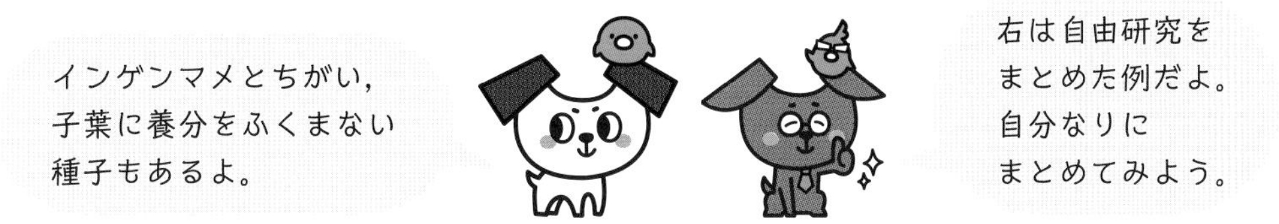

インゲンマメとちがい，子葉に養分をふくまない種子もあるよ。
右は自由研究をまとめた例だよ。自分なりにまとめてみよう。

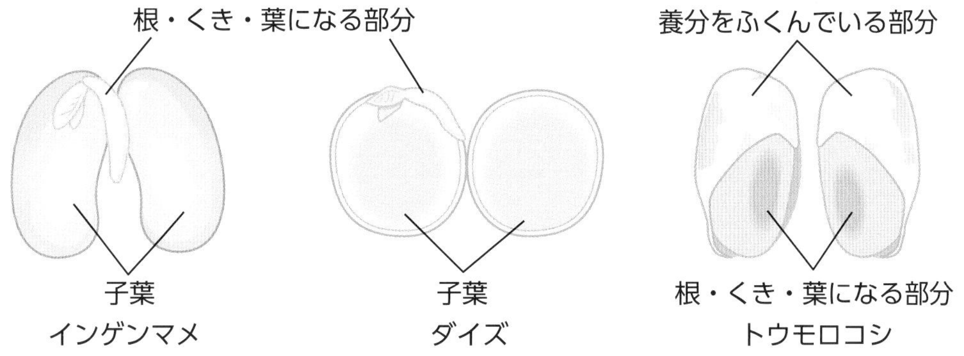

根・くき・葉になる部分
子葉
インゲンマメ
子葉
ダイズ
養分をふくんでいる部分
根・くき・葉になる部分
トウモロコシ

いろいろな種子のつくり

年　　組

研究のきっかけ

学校で，インゲンマメの種子のつくりを観察して，根・くき・葉になる部分

養分をふくむ子葉があることを学習した。それで，ほかの植物の種子も，同

くりをしているのか調べてみたいと思った。

調べ方

菜や果物などから，種子を集める。

子をカッターナイフなどで切って，種子のつくりを調べる。

結果

イズ

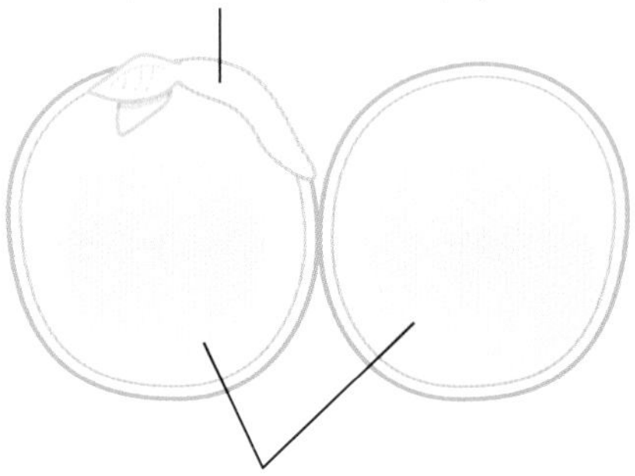

・くき・葉のようなものが観察できた。
養分をふくんだ子葉と思われる。

・トウモロコシ

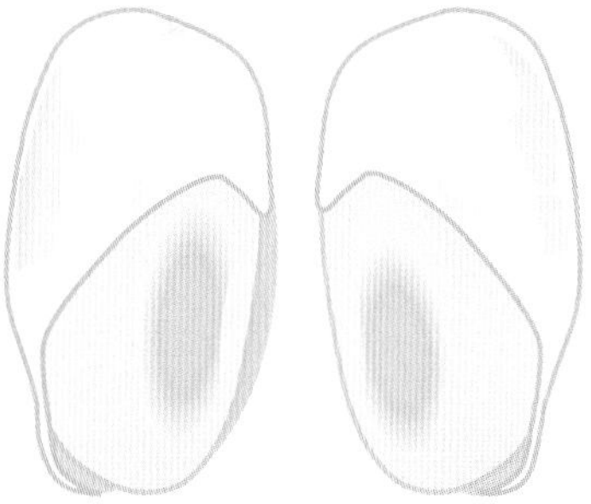

根・くき・葉になる部分がどこか，
よくわからなかった。

わかったこと

イズの種子のつくりは，インゲンマメによく似ていた。トウモロコシの種子

くりを観察してもよくわからなかったので，図鑑で調べたところ，インゲン

などとちがい，子葉に養分をふくんでいないことがわかった。

生物

アブラナの花の
★は、おしべかな
めしべかな?

器具等

何という
器具かな?

器具等

何という
器具かな?

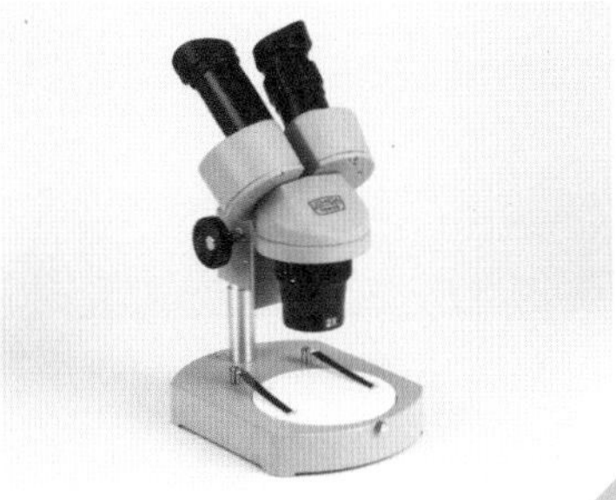

器具等

何という
器具かな?

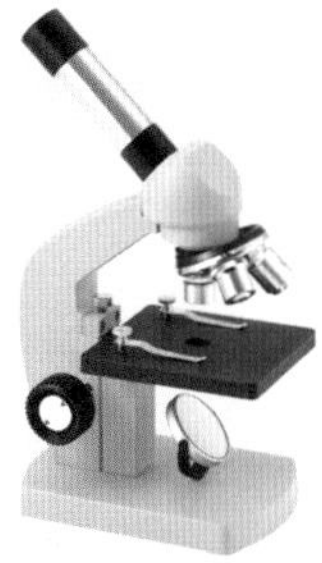

器具等

何という
器具かな?

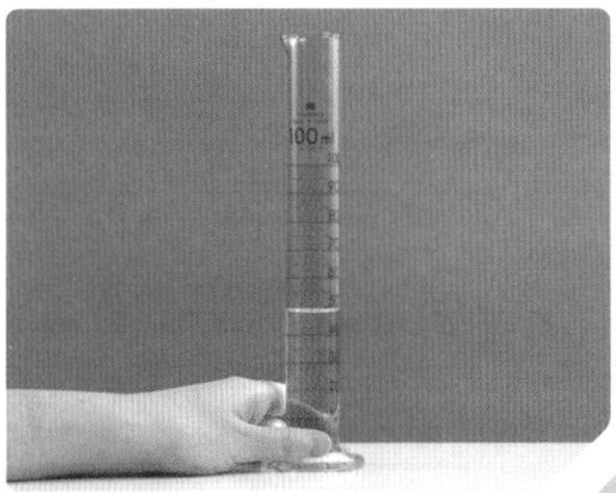

器具等

ろ過《か》に使う、★の
ガラス器具と紙を何
というかな?

器具等

何という
器具かな?

器具等

導線《どうせん》(エナメル線)
をまいたもの(★)を
何というかな?

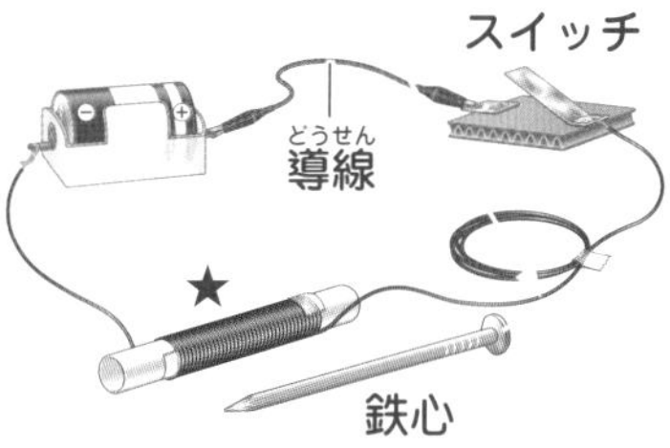

器具等

何という
器具かな?

器具等

写真のような回路に
電流を流す器具を
何というかな?

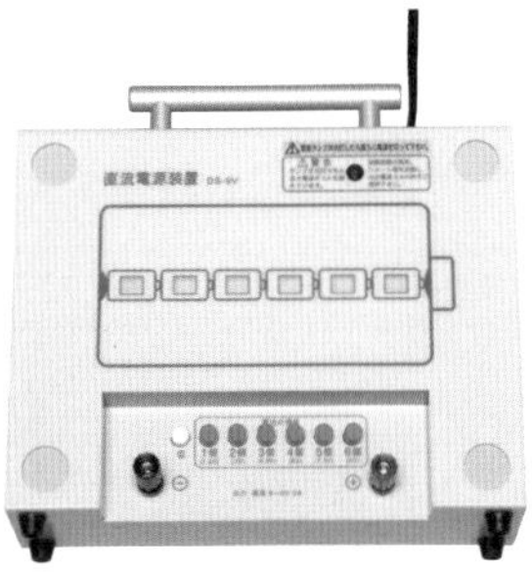

器具等

でんぷんがある
か調べるために、
何を使うかな?

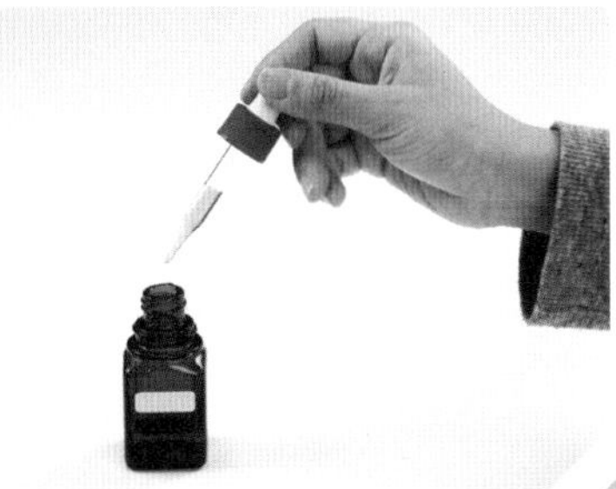

器具等

スライドガラスに観察する
ものをはりつけたものを
何というかな?

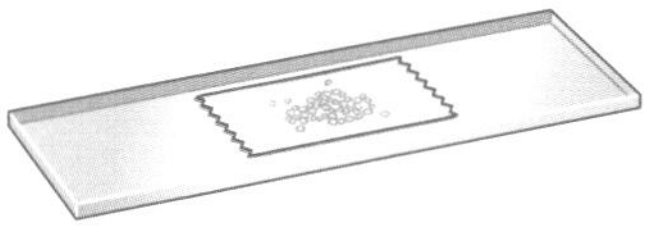

かいぼうけんび鏡

観察したいものを、10～20倍にして観察するときに使う。観察したいものとレンズがふれてレンズをよごさないようにして使う。

けんび鏡

観察したいものを、50～300倍にして観察するときに使う。日光が当たらない、明るい水平なところに置いて使う。

ろうと、ろ紙

液《えき》の中にとけ切れなかったつぶがあるときは、ろ紙でこして、つぶと水よう液を分けることができる。ろ紙などを使って固体と液体を分けることをろ過《か》という。

コイル

コイルに鉄心を入れ、電流を流すと、鉄心が鉄を引きつけるようになる。これを電磁石《てんじしゃく》という。

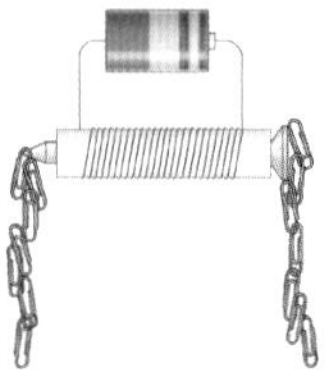

電源《でんげん》そうち

かん電池の代わりに使う。回路に流す電流の大きさを変えることができ、かん電池とはちがって、使い続けても電流が小さくなることがない。

プレパラート

スライドガラスに観察したいものをのせ、
セロハンテープやカバーガラスでおおって、
観察できる状態《じょうたい》にしたもの。
けんび鏡のステージにのせて観察する。

めしべ

アブラナの花には、
めしべやおしべ、
花びらやがくがある。

そう眼《がん》実体けんび鏡

観察したいものを、20～40倍にして観察するときに使う。両目で見るため、立体的に見ることができる。

メスシリンダー

液体《えきたい》の体積を正確《せいかく》にはかるときに使う。目もりは、液面のへこんだ下の面を真横から見て読む。

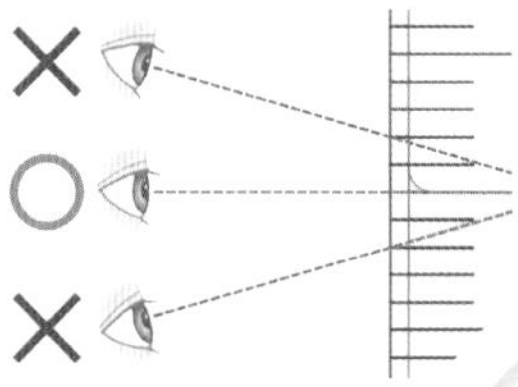

電子てんびん

ものの重さを正確《せいかく》にはかることができる。電子てんびんは水平なところに置き、スイッチを入れる。はかるものをのせる前の表示《ひょうじ》が「0g」となるように、ボタンをおす。はかるものを、静かにのせる。

電流計

回路を流れる電流の大きさを調べるときに使う。電流の大きさはA（アンペア）という単位で表す。

ヨウ素《そ》液《えき》

でんぷんがあるかどうかを調べるときに使う。
でんぷんにうすめたヨウ素液をつけると、
（こい）青むらさき色になる。

もくじ

理科5年

教育出版版
未来をひらく 小学理科

教科書ぴったりトレーニング

▶ 3分でまとめ動画

巻末	夏のチャレンジテスト／冬のチャレンジテスト／春のチャレンジテスト／学力診断テスト	とりはずしてお使いください
別冊	丸つけラクラク解答	

【写真提供】
アフロ／NNP／エムピージェー／コーベット・フォトエージェンシー／日本気象協会

ぴったり1
準備

3分でまとめ

1. 天気の変化
①雲と天気

学習日 月 日

めあて
雲の様子と天気の変化の関係を確にんしよう。

教科書 9～12ページ　答え 2ページ

次の(　)にあてはまる言葉をかくか、あてはまるものを○で囲《かこ》もう。

1 天気の変化には、雲の量や動きが関係しているのだろうか。

教科書 9～12ページ

▶天気の決め方

・「晴れ」か「くもり」かは、空全体を10としたときの(①　　　　)の量で決まる。

・雨がふっているときは、雲の量にかかわらず天気は(②　　　　)。

雲の量が0～8のとき
(③　　　　)

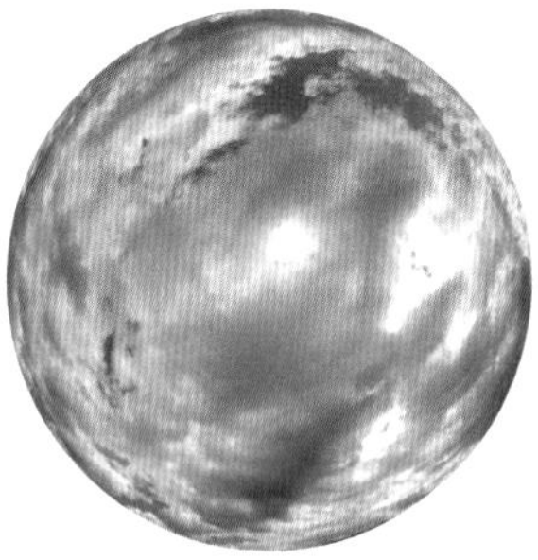

雲の量が9～10のとき
(④　　　　)

▶雲の量が0～1で晴れのときをとくに(⑤　　　　)という。

▶空の様子の観察

午前の空の様子
4月10日　午前10時　雲の量（2）

雲の動き
西の方から東の方へ

北

午後の空の様子
4月10日　午後2時　雲の量（10）

雲の動き
西の方から東の方へ

北

目印に建物などをかく。

・記録用紙に(⑥　　　　)をかき入れ、目印となる建物などをかく。

・空全体を(⑦　　　　)としたときの雲の量や、雲がどの方位からどの方位へ動いているかを記録する。

・雲の(⑧　　　　)や色がわかるようにスケッチする。

▶晴れからくもりに変わるとき、雲の量はだんだん(⑨　増《ふ》え　・　減《へ》り　)、雲の色は、白から(⑩　　　　)に変わることが多い。

ここが、だいじ！
①天気の変化は、雲の量や動きに関係している。
②雲の量が増えたり減ったりすると、天気が変わる。

ぴたトリビア
雲は、できる高さと形によって、10種類に分けられます。雲の種類によってとくちょうがあり、雨がふるかどうかを知るのに、役立てることができます。

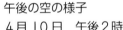

1. 天気の変化

①雲と天気

教科書 9～12ページ　答え 2ページ

1 図は、特別なレンズを付けたカメラでさつえいした空全体のスケッチです。

①

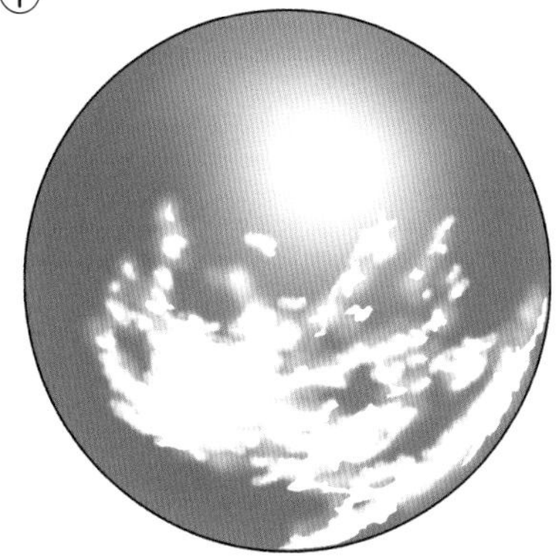

雲の量3

②

雲の量9

(1) 晴れとくもりの天気の決め方について、正しいものに○をつけましょう。

ア（　　）空全体を10として、雲の量が0～2のときを晴れ、3～10のときをくもり。
イ（　　）空全体を10として、雲の量が0～5のときを晴れ、6～10のときをくもり。
ウ（　　）空全体を10として、雲の量が0～8のときを晴れ、9～10のときをくもり。

(2) 雲の量が0～1のとき、晴れの中でもとくに何といいますか。

（　　　　　　）

(3) ①、②の天気をそれぞれかきましょう。

①（　　　　　　）　②（　　　　　　）

2 午前と午後に、空の様子を観察しました。この日、午前は晴れていましたが、午後はくもりに変わりました。

(1) 午前と午後で、観察する場所は同じ場所、ちがう場所のどちらがよいですか。

（　　　　　　）

(2) この日の雲の量や動きについて、正しいものに○をつけましょう。

ア（　　）動きながらだんだん量が減った。
イ（　　）動きながらだんだん量が増えた。
ウ（　　）雲の量や動きに変化はなかった。

(3) 天気が晴れからくもりに変わるときの雲の色について、正しいものに○をつけましょう。

ア（　　）白い雲からはい色の雲に変わることが多い。
イ（　　）はい色の雲から白い雲に変わることが多い。
ウ（　　）雲の色が変わることはない。

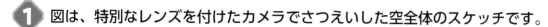

1. 天気の変化

②天気の変化のきまり

学習日　　月　　日

めあて
天気の変化と雲の動きの関係を確にんしよう。

教科書　13〜18、205ページ　答え　3ページ

次の(　　)にあてはまる言葉をかこう。

1 日本付近の天気の変化には、何かきまりがあるのだろうか。

教科書　13〜18、205ページ

▶気象情報《きしょうじょうほう》の集め方
- 気象衛星《えいせい》による(①　　　　　　)で、どの地いきに雲がかかっているのかがわかる。
- (②　　　　　　　　)のこう水量の情報で、どの地いきにどのくらいの強さの雨がふっているかがわかる。

▶雲の動きと天気の変化

雲画像《くもがぞう》

ある日の正午

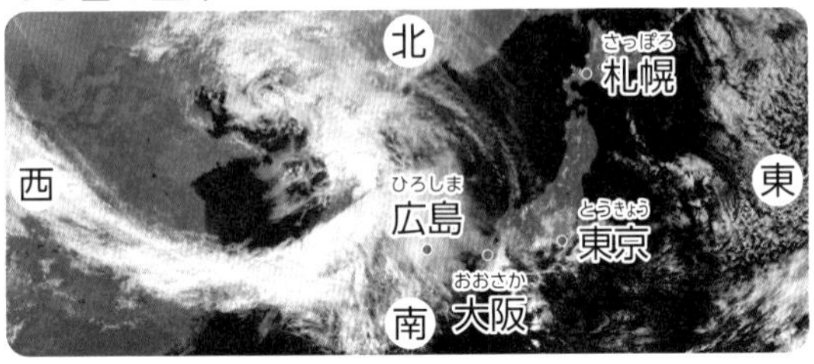

こう水量(アメダスの情報)

- 広島　くもり
- 大阪　くもり
- 東京　くもり
- 札幌　晴れ

次の日の正午

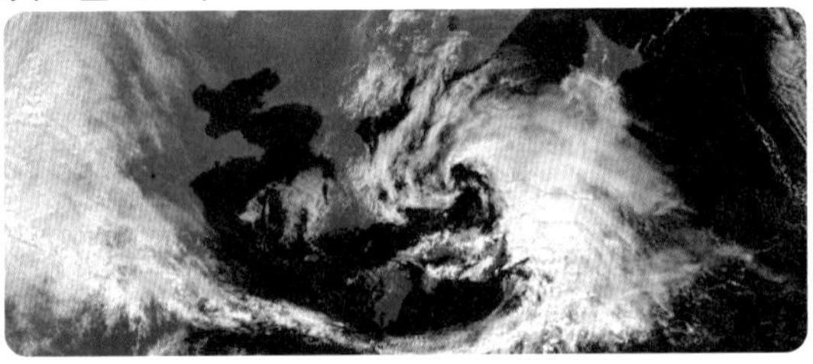

- 広島　晴れ
- 大阪　雨
- 東京　雨
- 札幌　くもり

さらに次の日の正午

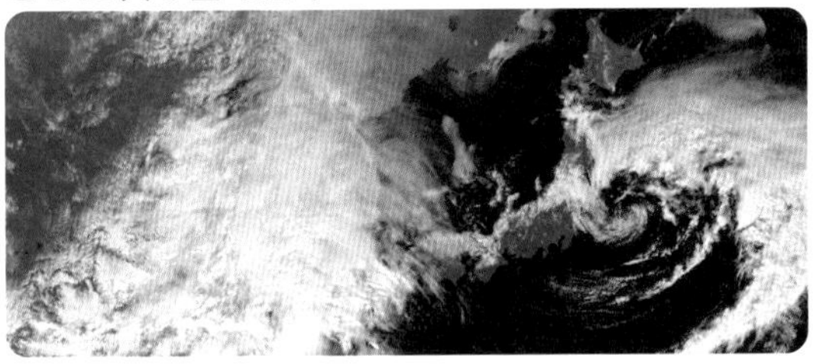

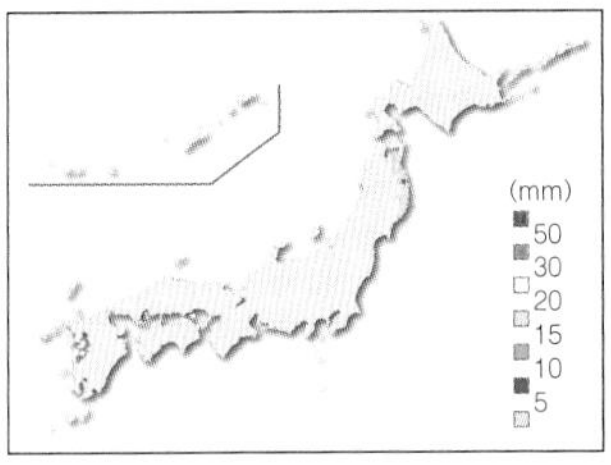

- 広島　③
- 大阪　晴れ
- 東京　晴れ
- 札幌　晴れ

▶日本付近では、雲はおおよそ西の方から(④　　　　　　)の方へ移動《いどう》していて、天気はおおまかに(⑤　　　　　　)から東へ変わるというきまりがある。

ここがだいじ!
①日本付近では、雲がおおよそ西の方から東の方へ移動している。
②日本付近の天気の変化には、おおまかに西から東へ変わるというきまりがある。

ぴたトリビア
無人の観測《かんそく》所で自動的に気象観測を行い、その結果を気象ちょうで集計するしくみを、「アメダス(地いき気象観測システム)」といいます。

ぴったり2 練習

1. 天気の変化

②天気の変化のきまり

学習日　月　日

教科書　13〜18、205ページ　答え　3ページ

1 図は、ある連続した3日間の、同じ時こくの日本付近の雲画像です。

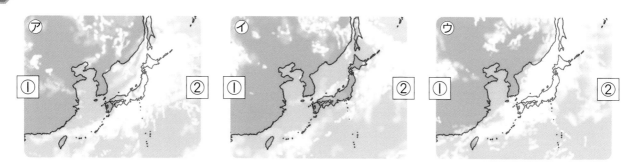

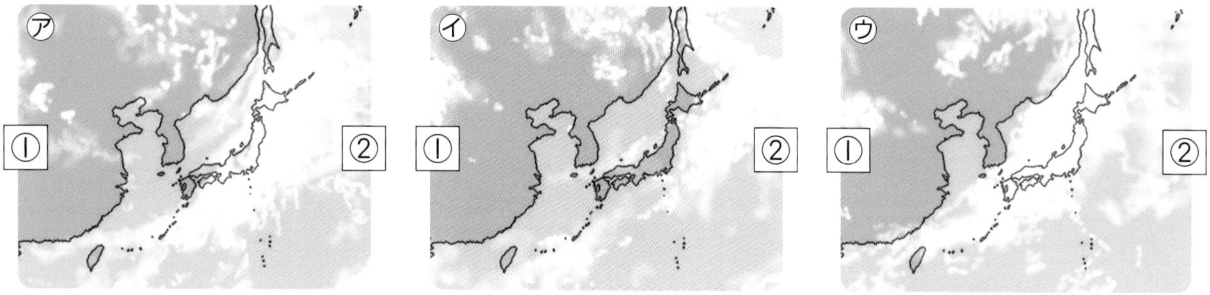

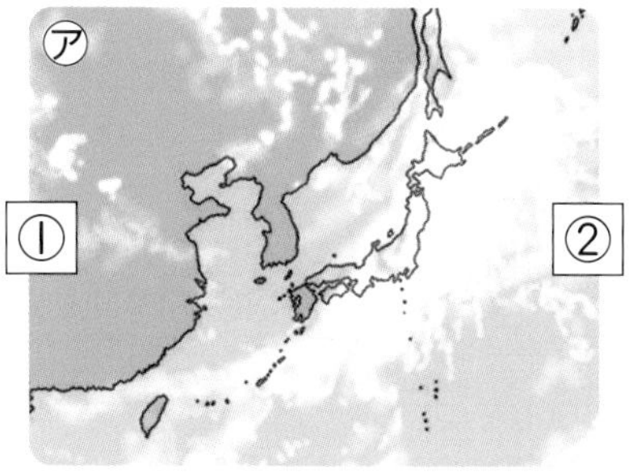

(1) 図の白い部分は何を表していますか。　(　　　　　)

(2) 図の①、②にはそれぞれどの方位が入りますか。正しいものに○をつけましょう。

ア(　　)①…北、②…南　　イ(　　)①…南、②…北

ウ(　　)①…東、②…西　　エ(　　)①…西、②…東

(3) ㋐〜㋒を日づけの順に、記号でならべましょう。

(　　) → (　　) → (　　)

2 図は、ある連続した3日間における、同じ時こくのアメダスの情報です。

㋐　㋑　㋒

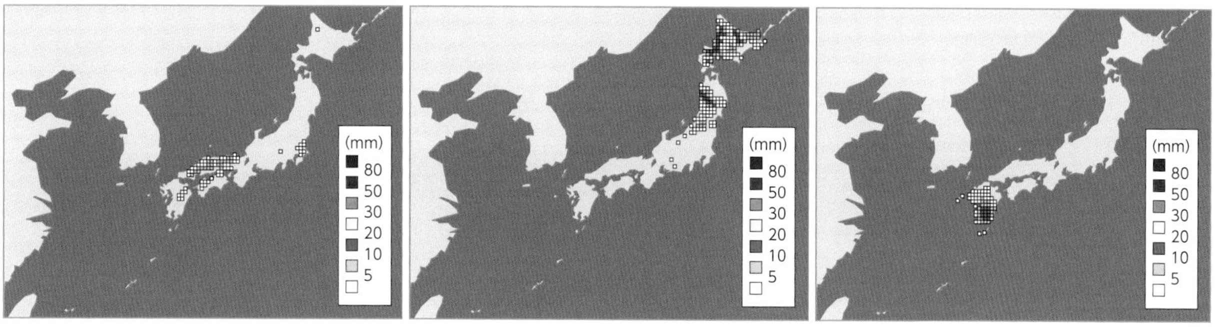

(1) 3つの図からわかることとして、正しいもの2つに○をつけましょう。

ア(　　)気温の変化

イ(　　)風速の変化

ウ(　　)雨がふっている地いきの変化

エ(　　)こう水量の変化

(2) ㋐〜㋒を日づけの順に、記号でならべましょう。

(　　) → (　　) → (　　)

(3) 天気は何の動きにつれて変わりますか。

(　　　　　)

1. 天気の変化

時間 30 分
／100
合格 70 点

教科書 9～21、205ページ　答え 4ページ

1 天気が変わるときの空の様子の変化を記録しました。

1つ8点、(3)は全部できて8点(24点)

4月18日　午前10時　雲の量(2)
雲の動き(西から東)

4月18日　午後2時　雲の量(10)
雲の動き(西から東)

(1) 観察した日、雨はふっていませんでした。午前10時の天気は何ですか。

(　　　　　　)

(2) 雲のスケッチでは、雲の色や量のほかに何がわかるようにスケッチするとよいですか。

(　　　　　　)

(3) このスケッチには、あるものをかきわすれています。かいてあったほうがよいものは何ですか。正しいものすべてに○をつけましょう。

ア(　　)いっしょに観測《かんそく》した人の名前　　イ(　　)方位
ウ(　　)目印となる建物　　エ(　　)観察したとき着ていた服の色

よく出る

2 同じ場所で1日に3回空の様子をさつえいしました。

1つ8点、(1)、(2)は全部できて8点(24点)

(1) この日、天気は晴れから雨に変わりました。①～③を時こくの順にならべましょう。

(　　)→(　　)→(　　)

(2) 雲の量と色はどのように変わりましたか。

雲の量(　　　　　　)　雲の色(　　　　　　)

(3) 雲は、量や色を変えながら、動いていますか。

(　　　　　　)

学習日　　月　　日

3 いろいろな気象情報《きしょうじょうほう》について、次の問いに答えましょう。

1つ8点(32点)

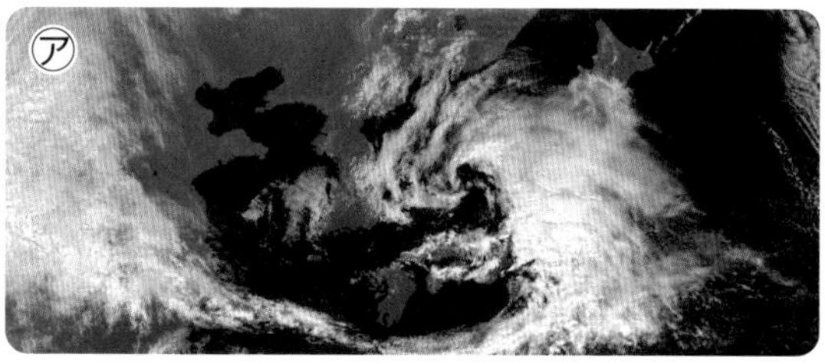

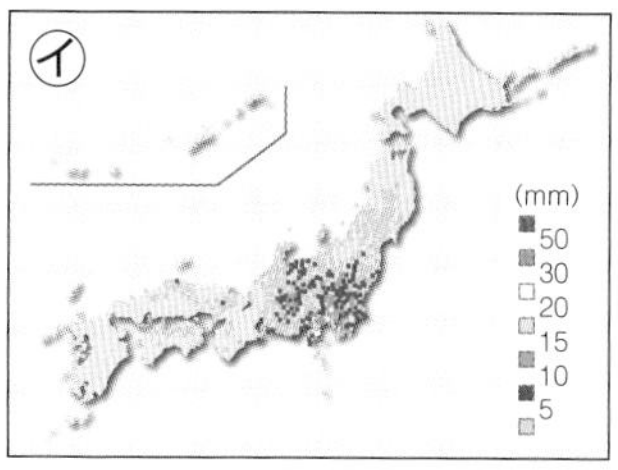

(1) ㋐は、気象衛星《えいせい》の雲の様子を表す画像《がぞう》です。白くうつっている部分は何ですか。

(　　　　　　)

(2) ㋑の情報は、日本全国の観測所で得られた気象観測のデータを集める気象ちょうの観測システムの情報です。この情報を何といいますか。

アメダスの(　　　　　　)の情報

(3) ㋐と㋑は同じ日時の気象情報です。㋐の白くうつっている部分と天気の関係として、正しいほうに○をつけましょう。

①(　　)白くうつっている部分は、晴れている地いきが多い。

②(　　)白くうつっている部分は、雨がふっている地いきが多い。

(4) ㋐の白くうつっている部分は、図の位置にくるまでにどのように移動《いどう》してきたと考えられますか。正しいほうに○をつけましょう。

①(　　)おおよそ東の方から西の方へ移動してきた。

②(　　)おおよそ西の方から東の方へ移動してきた。

できたらスゴイ！

4 天気と雲の関係について、次の問いに答えましょう。

思考・表現　1つ10点(20点)

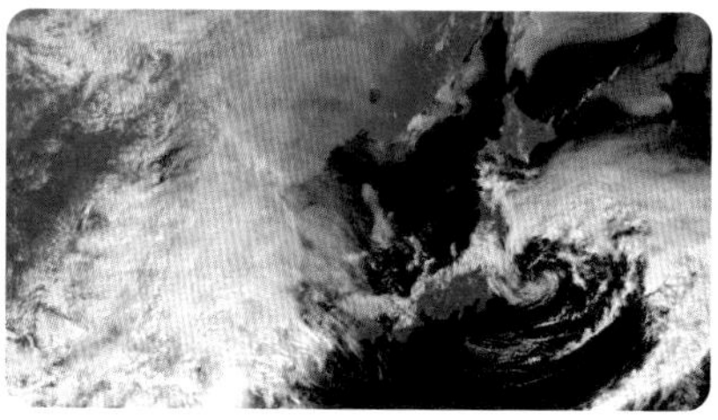

(1) 雲画像から、関東地方の天気はこのあとどう変わると考えられますか。正しいほうに○をつけましょう。

①(　　)晴れ→雨

②(　　)雨→晴れ

(2) 記述 (1)のように考えた理由をかきましょう。

(　　　　　　)

ふりかえり
2の問題がわからないときは、2ページの1にもどって確《かく》にんしましょう。
4の問題がわからないときは、4ページの1にもどって確にんしましょう。

2. 植物の発芽《はつが》や成長

①発芽に必要なもの(1)

めあて
植物の発芽に必要な条件を確にんしよう。

教科書 22〜34ページ　答え 5ページ

次の(　)にあてはまる言葉をかくか、あてはまるものを〇で囲《かこ》もう。

1 インゲンマメの種子が発芽するためには、水が必要なのだろうか。

教科書 22〜27ページ

▶種子が芽を出すことを(①　　　　　　　　)という。

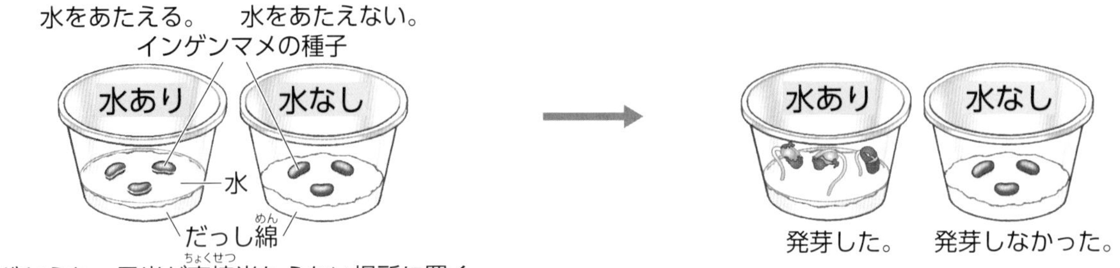
水をあたえる。
水をあたえない。
インゲンマメの種子
水あり
水なし
水
だっし綿《めん》
水あり
水なし
発芽した。
発芽しなかった。

どちらも、日光が直接《ちょくせつ》当たらない場所に置く。

▶発芽には(②　　　　　　　　)が必要である。

2 インゲンマメの種子が発芽するためには、水のほかに何が必要なのだろうか。

教科書 28〜34ページ

変える条件《じょうけん》		同じにする条件
空気	あたえる	空気以外
	あたえない	(温度、水、明るさなど)

変える条件		同じにする条件
温度	部屋《へや》の中	温度以外
	冷ぞう庫の中	(空気、水、明るさなど)

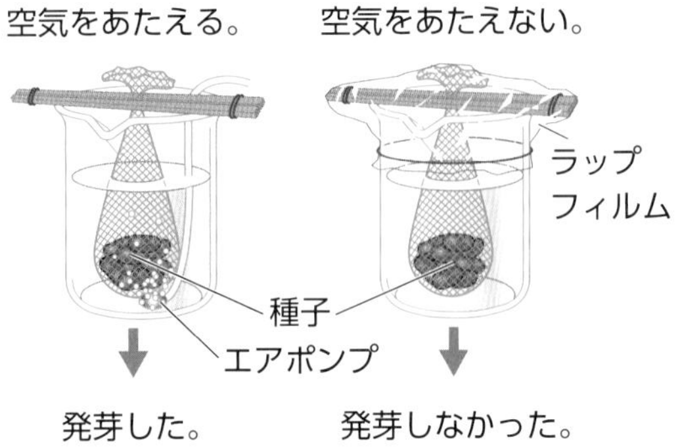
空気をあたえる。
空気をあたえない。
ラップフィルム
種子
エアポンプ
発芽した。
発芽しなかった。

▶発芽には、(①　　　　　　　　)が必要である。

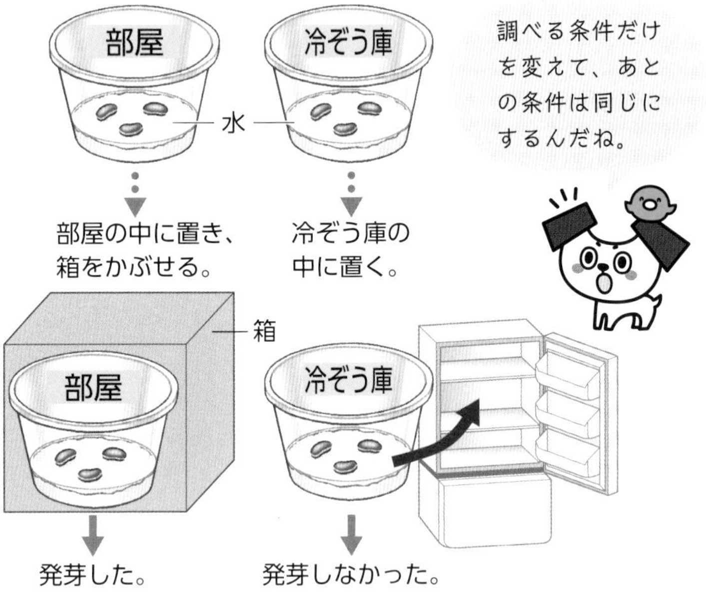
部屋
冷ぞう庫
水
部屋の中に置き、箱をかぶせる。
冷ぞう庫の中に置く。
箱
部屋
冷ぞう庫
発芽した。
発芽しなかった。
調べる条件だけを変えて、あとの条件は同じにするんだね。

冷ぞう庫の中は、とびらをとじると暗いね。箱をかぶせるのは、明るさの条件を同じにするためだよ。

▶発芽には、適《てき》した(②　　　　　　)が必要である。

▶発芽に日光は(③　必要である　・　必要ない　)。

ここが、だいじ！

①発芽には、水、空気、適した温度が必要である。
②発芽には、日光は必要ない。
③調べたい条件だけを変え、調べたい条件のほかは同じにして調べる。

ぴたトリビア
長い時間がたった種子でも、発芽することがあります。1000年以上前の種子が、発芽に必要な全ての条件をそろえたら発芽したという研究結果もあります。

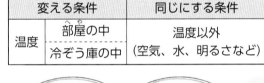

2. 植物の発芽《はつが》や成長

①発芽に必要なもの(1)

1 インゲンマメの種子を使って、種子が発芽する条件《じょうけん》を調べました。

(1) ㋐と㋑では、種子が発芽するには何が必要かを調べていますか。

(　　　　　　　　)

(2) ㋐と㋑の結果はどうなりましたか。それぞれ答えましょう。

㋐(　　　　　　　　)

㋑(　　　　　　　　)

㋐水をあたえる。　㋑水をあたえない。

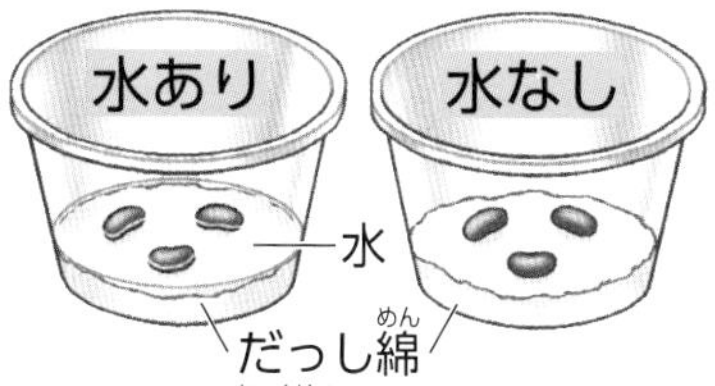
水あり
水なし
水
だっし綿《めん》

どちらも、日光が直接《ちょくせつ》当たらない場所に置く。

2 種子が発芽するには、水のほかに何が必要かを調べました。

(1) ㋐と㋑では、発芽には空気が必要かを調べました。

①どんなところに置きましたか。正しいものに○をつけましょう。

ア(　　)㋐は日光が直接当たらないところ、㋑は日光が当たるところ。

イ(　　)㋐は日光が当たるところ、㋑は日光が直接当たらないところ。

ウ(　　)㋐も㋑も日光が直接当たらないところ。

②㋐と㋑の結果はどうなりましたか。それぞれ答えましょう。

㋐(　　　　　　　　)

㋑(　　　　　　　　)

㋐空気をあたえる。　㋑空気をあたえない。

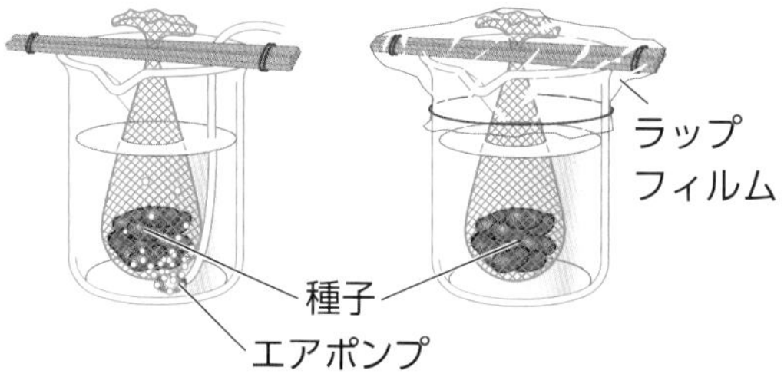
ラップ
フィルム
種子
エアポンプ

(2) ㋒と㋓では、発芽には適《てき》した温度が必要かを調べました。

①㋒に箱をかぶせるのはなぜですか。正しいものに○をつけましょう。

ア(　　)だっし綿がかわかないようにするため。

イ(　　)あたたかくするため。

ウ(　　)冷ぞう庫の中と同じように暗くするため。

②㋒と㋓の結果から、発芽には適した温度は必要だといえますか。

(　　　　　　　　)

どちらにも水をあたえる。

㋒部屋《へや》の中に置き、箱をかぶせる。　㋓冷ぞう庫の中に置く。

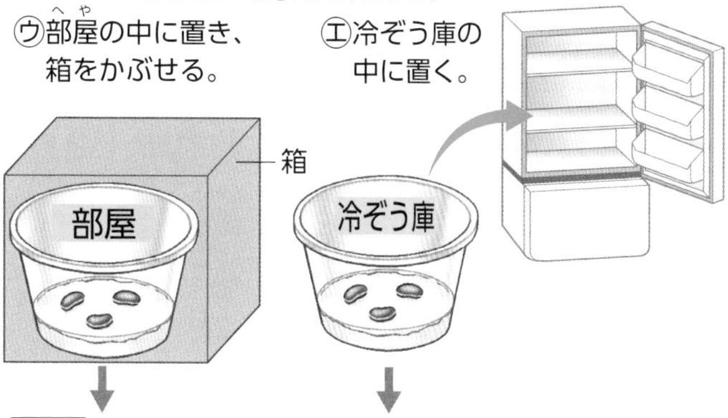
箱
部屋
冷ぞう庫

結果　発芽した。　発芽しなかった。

ヒント　❷ (1)調べたい条件以外は、同じにして実験します。

ぴったり1
準備

2. 植物の発《はつ》芽《が》や成長

①発芽に必要なもの(2)

②発芽と養分

学習日　月　日

めあて
種子の中のつくりや、種子にふくまれる養分の変化を確にんしよう。

教科書　34〜39ページ　答え　6ページ

次の(　)にあてはまる言葉をかくか、あてはまるものを○で囲《かこ》もう。

1 種子の中を見てみよう。

教科書　34ページ

▶水にひたしてやわらかくなった種子を２つに切って観察する。

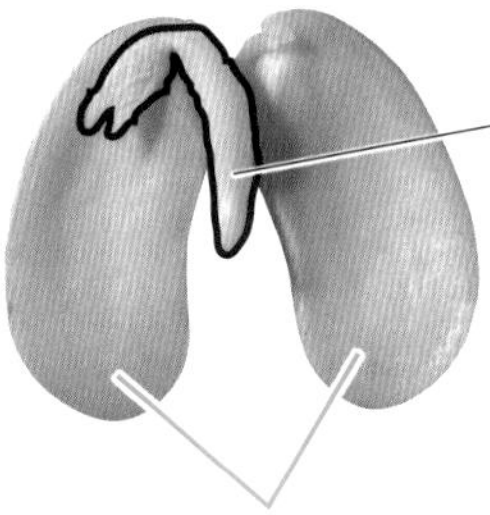

(①　　　　　　　　　)

2 インゲンマメの種子が発芽したあと、子葉がしぼんでしまうのは、どうしてだろうか。

教科書　36〜39ページ

▶成長していくインゲンマメの子葉は、だんだん(①　ふくらんで　・　しぼんで　)いく。

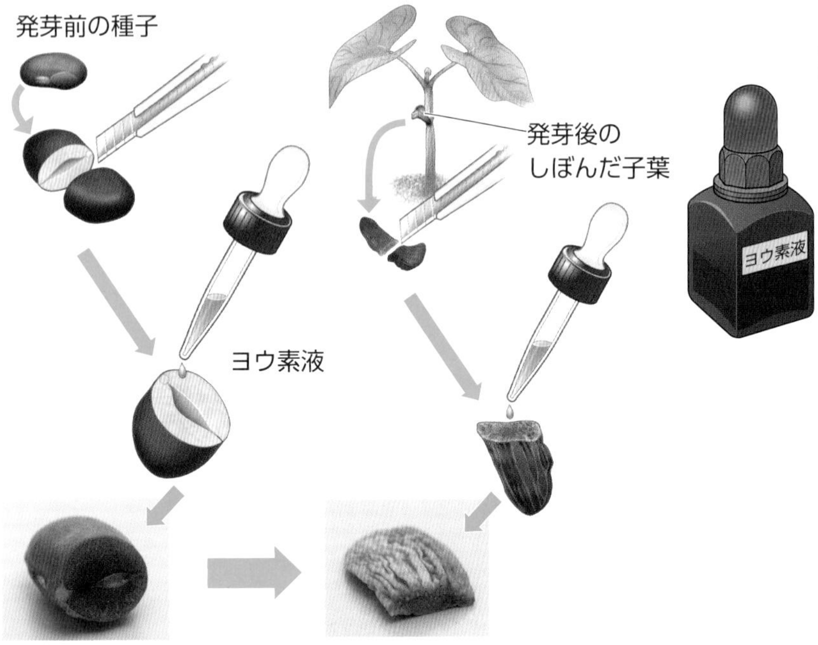

種子
色がこい青むらさき色に変わる。

しぼんだ子葉
色はあまり変わらない。

▶でんぷんをふくんだものにヨウ素《そ》液《えき》をつけると、こい(②　青むらさき色　・　赤色　)に変わる。

でんぷんは、ご飯やパンなどに多くふくまれている養分だね。

▶でんぷんは、発芽前の種子の中にはあるが、発芽後のしぼんだ子葉には(③　ある　・　ない　)。

▶インゲンマメの子葉がしぼんでしまうのは、種子の中の(④　　　　　　　　)が発芽に使われたためである。

ここが、だいじ！
①植物は、種子の中のでんぷんなどの養分を使って発芽する。

ぴたトリビア
種子にでんぷんを多くふくむイネ、ムギ、トウモロコシなどは地球上の多くの地いきで主食として食べられるほか、家ちくのえさとしても利用されます。

ぴったり2
練習

2. 植物の発芽《はつが》や成長

①発芽に必要なもの(2)
②発芽と養分

学習日　　月　　日

教科書　34～39ページ　　答え　6ページ

1 **インゲンマメの種子の中を調べました。**

インゲンマメの種子

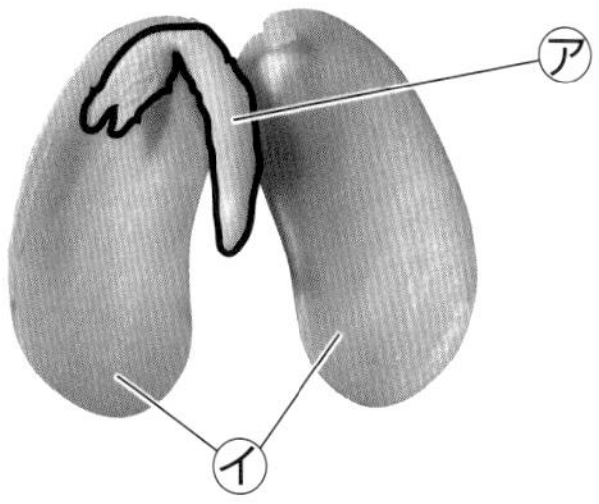

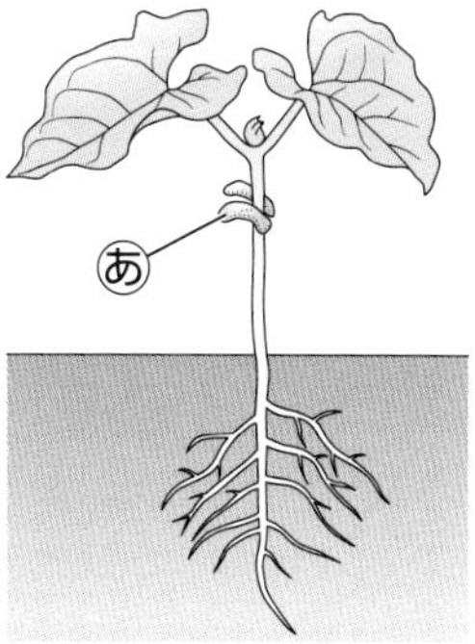

(1) インゲンマメの種子の根、くき、葉になって成長する部分は、㋐、㋑のどちらですか。

(　　　)

(2) 発芽したインゲンマメの(あ)の部分を何といいますか。

(　　　　　　)

(3) インゲンマメが成長していくにつれて、(あ)の部分はどうなりますか。正しいものに○をつけましょう。

ア(　　)だんだん大きくなっていく。
イ(　　)だんだんしぼんでいく。
ウ(　　)ずっと変わらない。

2 **インゲンマメの発芽前の種子と発芽後の子葉の中の養分を調べました。**

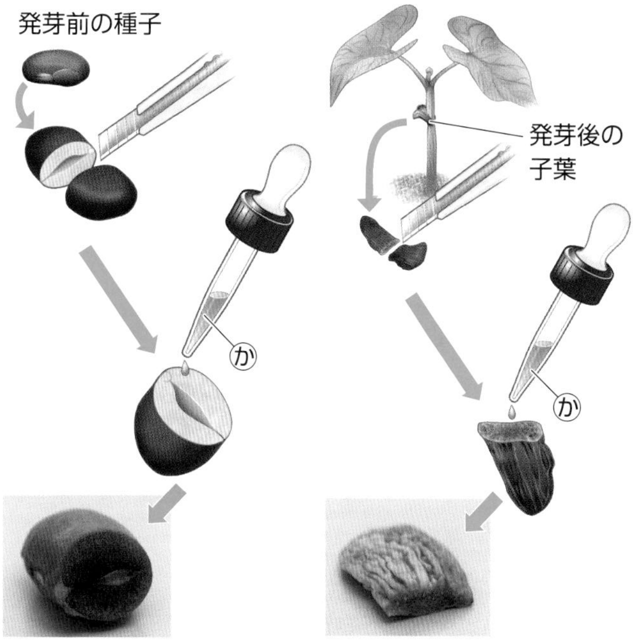

(1) 養分があるかどうかを調べるために使った(か)の液体《えきたい》を何といいますか。

(　　　　　　)

(2) 発芽前の種子に(か)の液体をつけると、こい青むらさき色に変わったことから、発芽前の種子の中には何があることがわかりますか。

(　　　　　　)

(3) (2)で答えたものは、発芽後にはどうなりましたか。正しいものに○をつけましょう。

ア(　　)発芽前よりも多くなった。
イ(　　)発芽前と変わらなかった。
ウ(　　)発芽前よりも少なくなった。

(4) 種子が発芽するための(2)などの養分について、正しいほうに○をつけましょう。

ア(　　)種子の中にある。
イ(　　)肥料《ひりょう》の中にある。

2. 植物の発芽《はつが》や成長

③植物の成長に必要なもの

学習日　　月　　日

めあて
植物がよく成長するための条件を確にんしよう。

教科書 40〜45ページ　答え 7ページ

次の（　）にあてはまる言葉をかくか、あてはまるものを○で囲《かこ》もう。

1 植物がよく成長するには、発芽の条件《じょうけん》のほかに、何が必要なのだろうか。 教科書 40〜45ページ

変える条件		同じにする条件
日光	ア当てる	日光以外 （肥料《ひりょう》、水など）
	イ当てない	

ア
肥料と水

箱
イ
肥料と水

同じくらいに育ったインゲンマメを日当たりのよい場所に置く。

肥料と水をあたえる。
日光に当てる。

（①　　　　）と水をあたえる。
箱をかぶせて、（②　　　　）を当てないようにする。

調べる条件のほかは、同じにするんだね。

ア〜エは肥料をふくまない土（バーミキュライトなど）に植えてある。

１週間後

ア
イ

（③　ア　・　イ　）のほうがよく育っている。

▶植物がよく成長するためには、（④　　　　　　）が必要である。

実験後にイに日光を当てると、よく育つようになるよ。

変える条件		同じにする条件
肥料	ウあたえる	肥料以外 （日光、水など）
	エあたえない	

ウ
肥料と水

エ
水だけ

同じくらいに育ったインゲンマメを日当たりのよい場所に置く。

肥料と水をあたえる。

水だけをあたえて、（⑤　　　　）をあたえない。

２週間後

ウ
エ

どちらも育っているけれど、ウのほうが大きいね。

（⑥　ウ　・　エ　）のほうがよく育っている。

▶植物がよく成長するためには、（⑦　　　　　　）が必要である。

ここが だいじ！
①植物がよく成長するには、発芽の条件のほかに、日光や肥料が必要である。

ぴたトリビア　ダイズなどの種子を光に当てないまま発芽させて育てた野菜が「もやし」です。

ぴったり2 練習

2. 植物の発芽《はつが》や成長

③植物の成長に必要なもの

学習日　　月　　日

教科書　40～45ページ　　答え　7ページ

1 同じくらいに育ったインゲンマメを条件《じょうけん》を変えて育て、成長の様子を比《くら》べました。

※㋐～㋒は肥料《ひりょう》をふくまない土に植えてある。

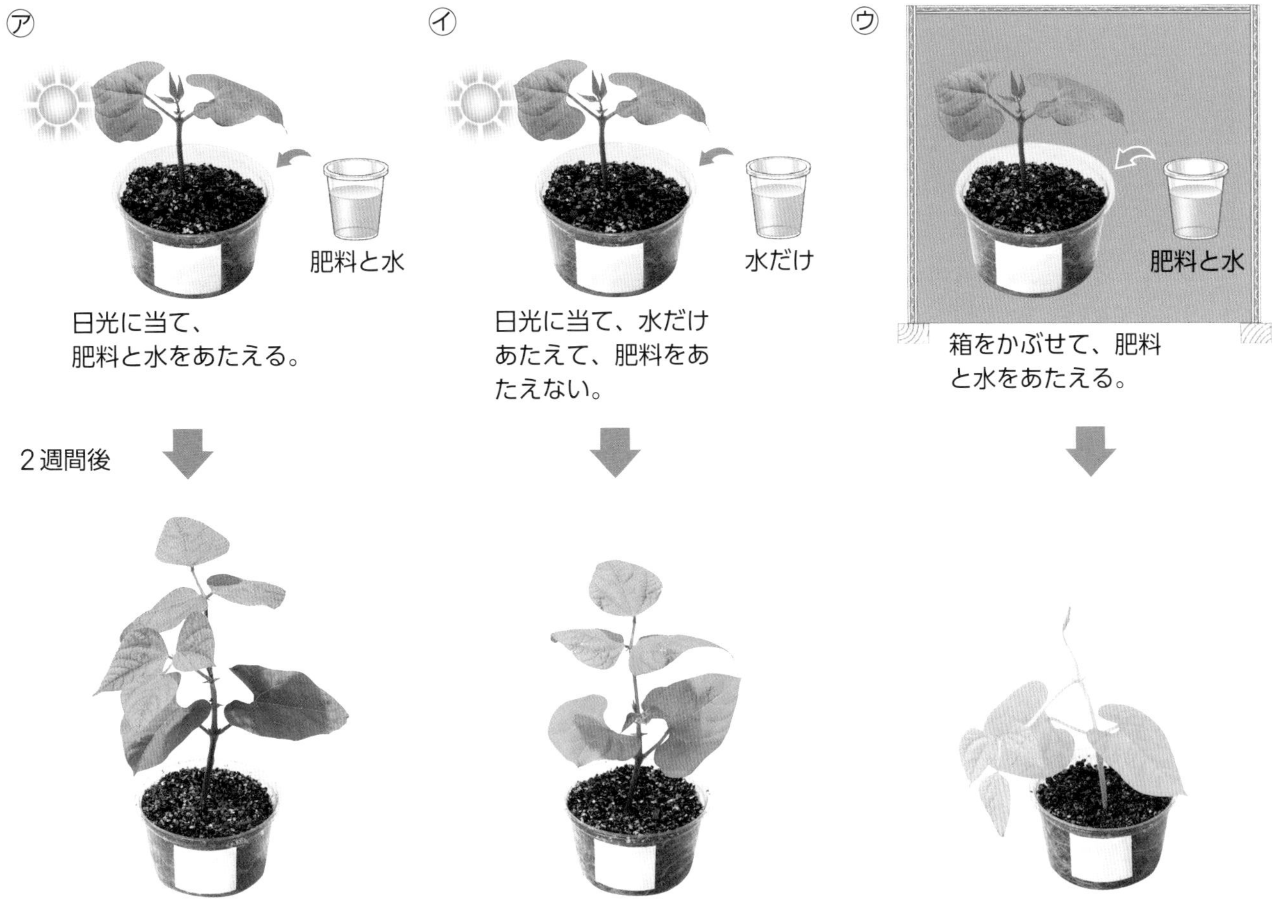

㋐
肥料と水
日光に当て、
肥料と水をあたえる。
㋑
水だけ
日光に当て、水だけ
あたえて、肥料をあ
たえない。
㋒
肥料と水
箱をかぶせて、肥料
と水をあたえる。
2週間後

(1) 日光と植物の成長との関係を調べるには、㋐～㋒のどれとどれを比べればよいですか。

（　　　と　　　）

(2) 肥料と植物の成長との関係を調べるには、㋐～㋒のどれとどれを比べればよいですか。

（　　　と　　　）

(3) 2週間後の様子で、いちばんよく育っているといえるのは、㋐～㋒のどれですか。

（　　　）

(4) この実験から、どんなことがわかりますか。正しいものに○をつけましょう。

①（　　）日光に当てれば、肥料をあたえてもあたえなくても同じように育つ。

②（　　）肥料をあたえれば、日光に当てても当てなくても同じように育つ。

③（　　）日光に当て、肥料をあたえるとよく育つ。

④（　　）日光や肥料は、植物の成長には関係しない。

2. 植物の発芽《はつが》や成長

時間 30分
／100
合格 70点

教科書 22〜47ページ　答え 8ページ

よく出る

1 インゲンマメを使って、種子が発芽する条件《じょうけん》を調べます。

(1)、(4)は6点、(2)は10点、(3)、(5)はそれぞれ全部できて10点(48点)

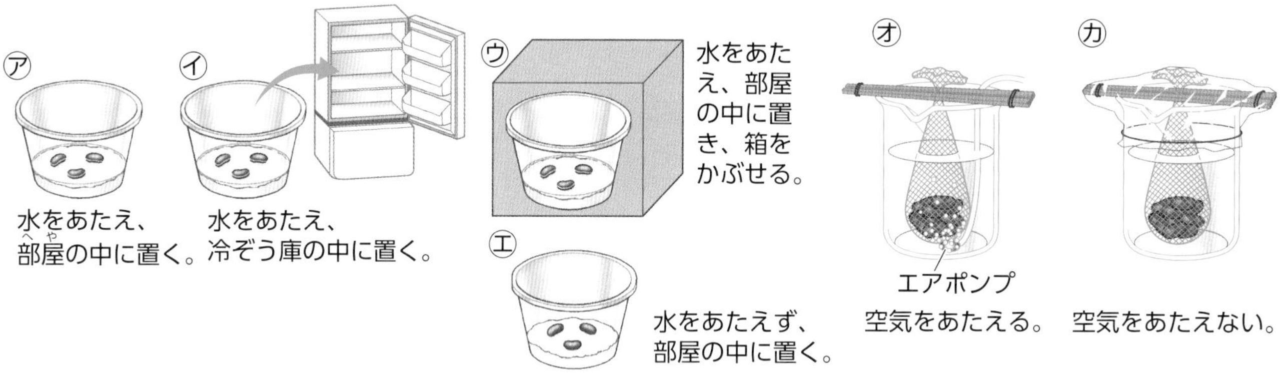
ア
水をあたえ、
部屋《へや》の中に置く。
イ
水をあたえ、
冷ぞう庫の中に置く。
ウ
水をあたえ、部屋の中に置き、箱をかぶせる。
エ
水をあたえず、
部屋の中に置く。
オ
エアポンプ
空気をあたえる。
カ
空気をあたえない。

(1) 発芽に次の①、②が必要かどうかを調べるには、ア〜エのどれとどれを比《くら》べればよいですか。

技能

①水（　　　と　　　）　②適《てき》した温度（　　　と　　　）

(2) 記述 ウで箱をかぶせるのはなぜですか。

（　　　　　　　　　　　　）

(3) ア〜エは発芽しますか。発芽するものには○、発芽しないものには×をつけましょう。

ア（　）　イ（　）　ウ（　）　エ（　）

(4) オとカを比べると、発芽に何が必要なことがわかりますか。正しいものに○をつけましょう。

ア（　）明るさ　イ（　）空気　ウ（　）肥料《ひりょう》

(5) 種子の発芽には、どんな条件が必要でしょうか。3つかきましょう。

（　　　　）、（　　　　）、（　　　　）

2 インゲンマメの種子を調べます。

1つ6点(12点)

(1) インゲンマメの種子の根、くき、葉になって成長する部分は、ア、イのどちらですか。

（　　）

(2) ヨウ素《そ》液《えき》をつけて、色が変わるのは、ア、イのどちらですか。

技能

（　　）

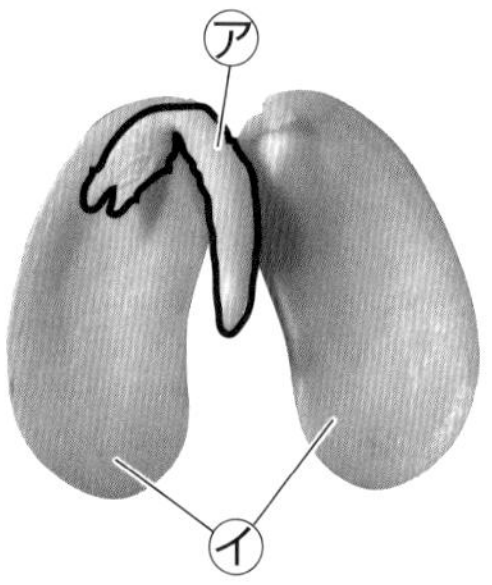
ア
イ

学習日　　月　　日

よく出る

❸ 同じくらいに育ったインゲンマメを使って、植物がよく育つための条件を調べます。

1つ6点(12点)

㋐

日光に当てる。
肥料はあたえない。

㋑

日光に当てる。
肥料をあたえる。

㋒

箱をかぶせる。
肥料をあたえる。

※㋐～㋒は肥料をふくまない土に植えてある。

(1) ㋐～㋒で成長の様子を比べるとき、水はどうしますか。正しいものに〇をつけましょう。

①(　　)どれにも同じように水をあたえる。

②(　　)どれにも同じように水をあたえない。

③(　　)㋐と㋑にだけ水をあたえる。

(2) ㋐～㋒で、いちばんよく育つものはどれですか。(　　)

できたらスゴイ!

❹ インゲンマメの種子の養分を調べました。

(1)、(2)、(3)は6点、(4)は10点(28点)

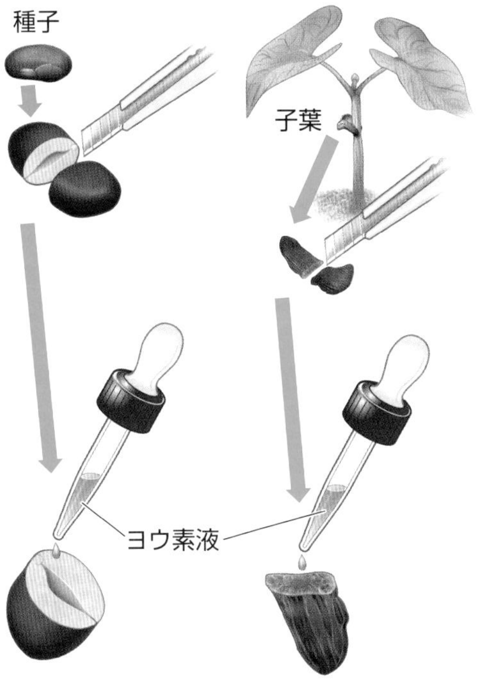

(1) インゲンマメの種子を切り、ヨウ素液をつけると、色が変わりました。何色になりましたか。 技能

(　　　　　)

(2) 色が変わったことから、インゲンマメの種子には何という養分がふくまれていることがわかりますか。

(　　　　　)

(3) 発芽したあとの子葉を切り、ヨウ素液をつけても、色はあまり変わりませんでした。このことから、種子にあった(2)などの養分はどうなったことがわかりますか。正しいものに〇をつけましょう。

①(　　)増《ふ》えた。　②(　　)減《へ》った。

③(　　)変わらなかった。

(4) 記述 種子にあった養分が(3)のようになったのはなぜですか。 思考・表現

(　　　　　)

ふりかえり

❶の問題がわからないときは、8ページの❶❷にもどって確《かく》にんしましょう。
❹の問題がわからないときは、10ページの❷にもどって確にんしましょう。

ぴったり1 準備

3分でまとめ

3. メダカのたんじょう

メダカのたんじょう(1)

学習日　月　日

めあて
メダカのめすとおすのちがいと、受精について確にんしよう。

教科書 49〜52、193ページ　答え 9ページ

次の(　)にあてはまる言葉をかくか、あてはまるものを○で囲《かこ》もう。

1 メダカのめすとおすを飼《か》って、たまごを産ませよう。

教科書 49〜52、193ページ

▶メダカのめすとおすの見分け方

めす

せびれに切れこみがない。

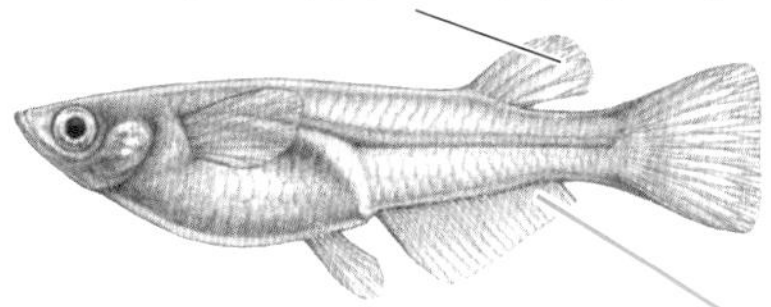

しりびれの後ろが(① 長い ・ 短い)。

おす

せびれに切れこみが(② ある ・ ない)。

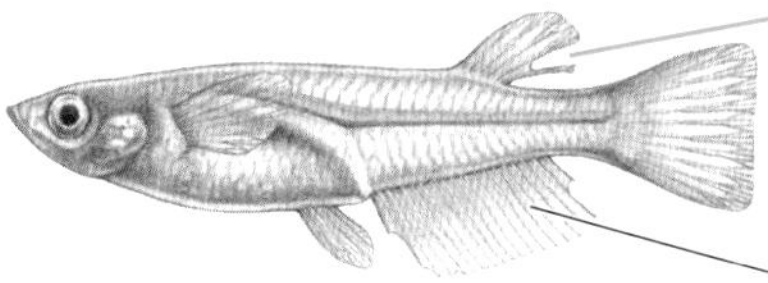

しりびれの後ろが長い。

▶メダカの産卵《さんらん》

- めすがたまごを産み、おすは精子《せいし》をかける。
- めすが産んだ(③　　　　)とおすが出した(④　　　　)が結びつく。このことを(⑤　　　　)という。

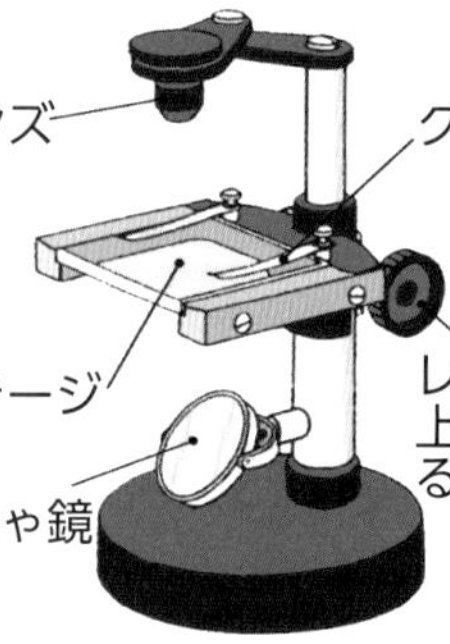
レンズ
クリップ
ステージ
レンズを上下させるねじ
反しゃ鏡

▶かいぼうけんび鏡の使い方

(1)日光が直接《ちょくせつ》(⑥ 当たる ・ 当たらない)ところに置く。

(2)レンズをのぞいて、明るく見えるように(⑦　　　　)の向きを変え、ステージの中央に観察するものを置く。

(3)横から見ながらねじを回して、レンズとステージとの間を近づけたあと、レンズをのぞきながらねじを回して、レンズとステージの間を遠ざけていき、はっきり見えたところで止める。

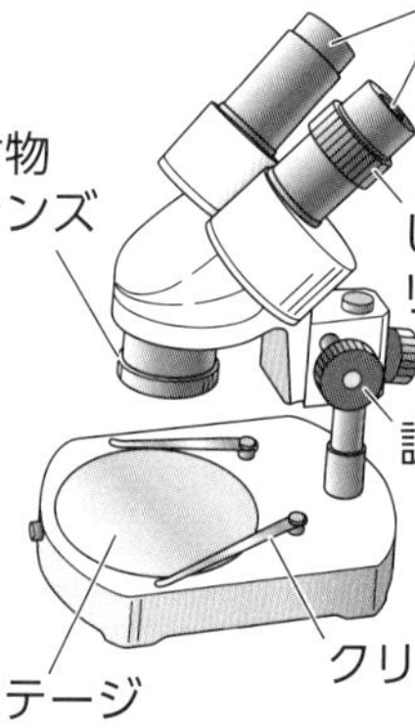
接眼《せつがん》レンズ
対物レンズ
し度調節リング
調節ねじ
ステージ
クリップ

▶そうがん実体けんび鏡の使い方

(1)日光が直接(⑧ 当たる ・ 当たらない)ところに置く。

(2)(⑨　　　　)レンズのはばを調節する。

(3)ステージの中央に観察するものを置き、右目でのぞきながら(⑩　　　　)を回して、はっきり見えたところで止める。

(4)左目でのぞきながら(⑪　　　　)を回して、はっきり見えたところで止める。

ここがだいじ!

①メダカのめすは、せびれに切れこみがなく、しりびれの後ろが短い。
　メダカのおすは、せびれに切れこみがあり、しりびれの後ろが長い。

②めすが産んだたまごと、おすが出した精子とが結びつくことを受精という。

ぴたトリビア　黄色で観賞用《かんしょうよう》のメダカはヒメダカという種類で、黒っぽい野生のメダカとは別の種類です。飼《し》育《いく》しているメダカを自然の川などに放さないようにしましょう。

ぴったり2 練習

3. メダカのたんじょう

メダカのたんじょう(1)

学習日　　月　　日

教科書　49～52、193ページ　　答え　9ページ

1 メダカのめすとおすを比《くら》べました。

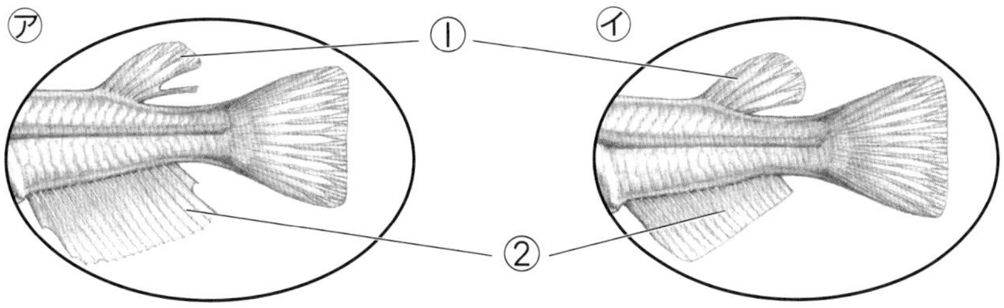

(1) ①、②のひれの名前を何といいますか。それぞれのひれの名前をかきましょう。

①(　　　　　　)
②(　　　　　　)

(2) ア、イのどちらがおすのメダカですか。

(　　　)

(3) メダカのめすがたまごを産むとき、おすは精子《せいし》を出して、たまごと精子が結びつきます。たまごと精子が結びつくことを何といいますか。

(　　　　　　)

2 そうがん実体けんび鏡について、次の問いに答えましょう。

(1) そうがん実体けんび鏡について、正しいもの2つに○をつけましょう。

ア(　　)日光が直接《ちょくせつ》当たるところに置いて使う。
イ(　　)日光が直接当たらないところに置いて使う。
ウ(　　)厚《あつ》みのあるものを小さく見ることができる。
エ(　　)厚みのあるものを大きく見ることができる。

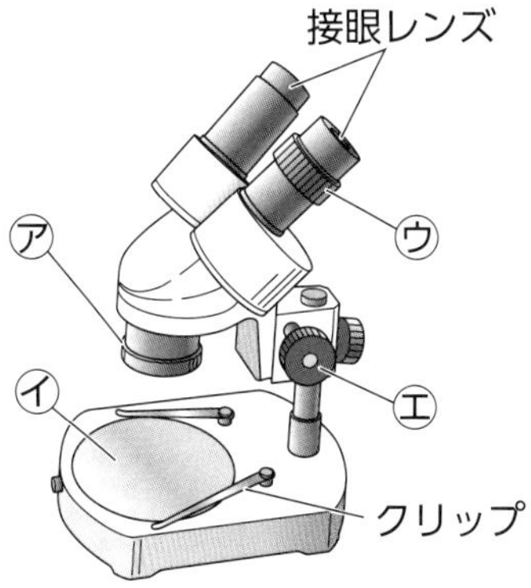

(2) ア～エの部分の名前をそれぞれかきましょう。

ア(　　　　　　)
イ(　　　　　　)
ウ(　　　　　　)
エ(　　　　　　)

(3) 接眼《せつがん》レンズをのぞきながら、観察するものがはっきり見えるようにするときに回す部分はどこですか。2つ選び、記号をかきましょう。

(　　)(　　)

ヒント 1 (1)ひれがどこについているかで考えましょう。
(2)メダカのめすとおすは、ひれの形のちがいで見分けることができます。

ぴったり1 準備

3. メダカのたんじょう

メダカのたんじょう(2)

学習日　月　日

めあて
受精したメダカのたまごの育ちを確にんしよう。

教科書 51～56ページ　答え 10ページ

次の(　)にあてはまる言葉をかくか、あてはまるものを○で囲《かこ》もう。

1 受精《じゅせい》したメダカのたまごは、どのように育つのだろうか。

教科書 51～56ページ

▶たまごの中の様子を(① 虫眼鏡《めがね》 ・ かいぼうけんび鏡)やそうがん実体けんび鏡で観察する。

受精2時間後

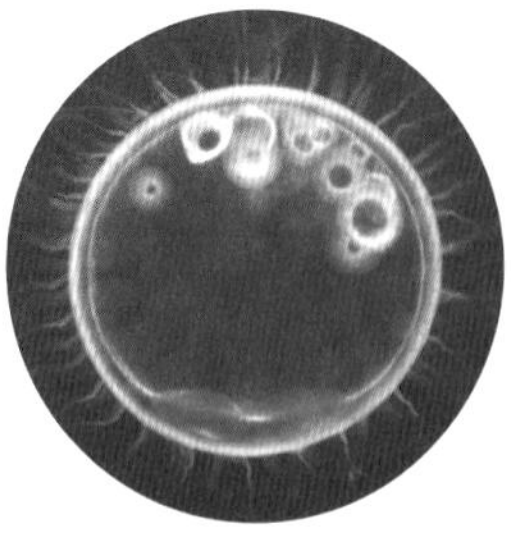

(②　　)

3日後

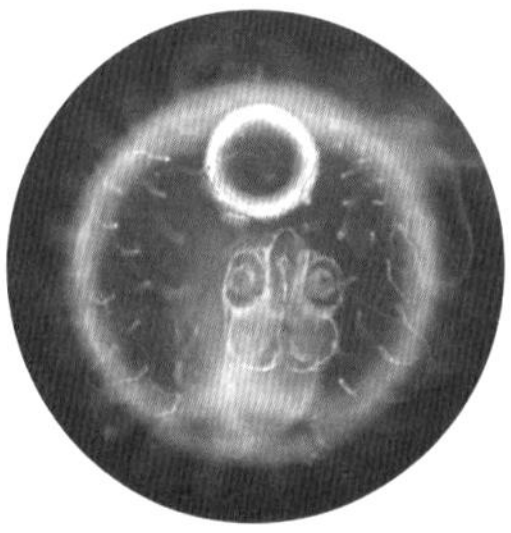

(③　　)

5日後

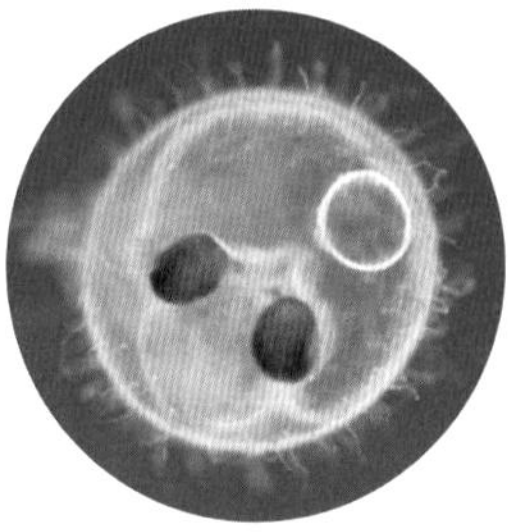

(④　　)

7日後

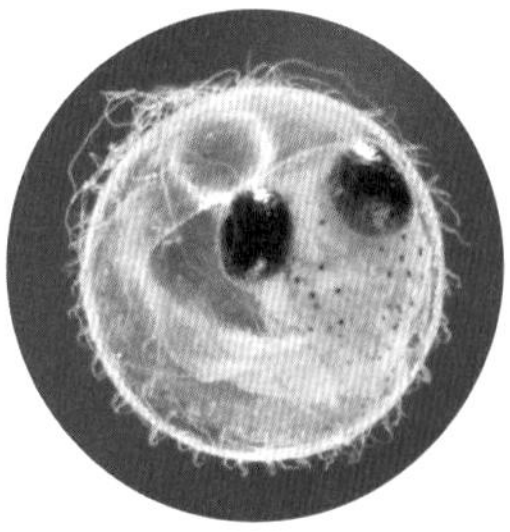

(⑤　　)

9日後

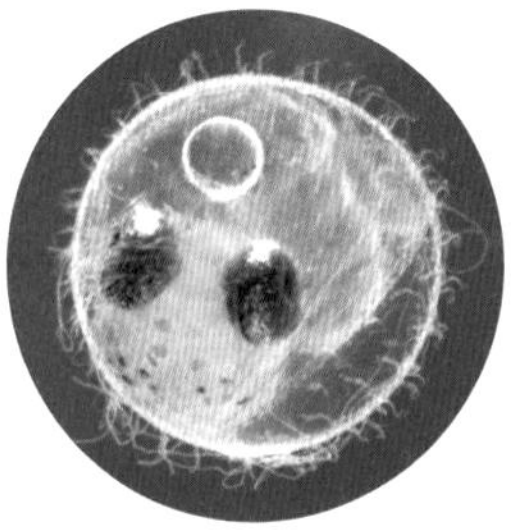

(⑥　　)

11日後

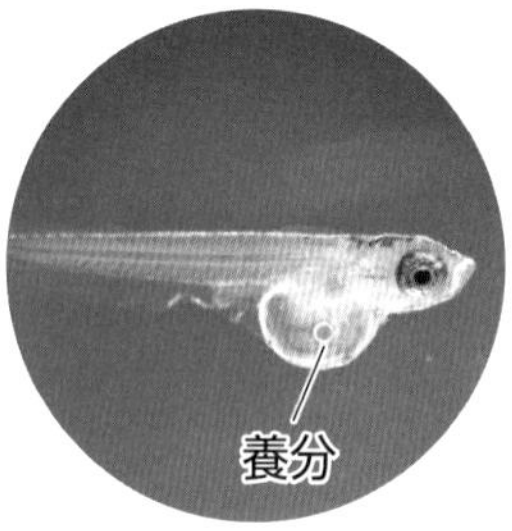

たまごからかえる。

②～⑥には㋐～㋔の記号を入れよう。

㋐ふくらんだ部分ができてくる。
㋑体がときどき動く。
㋒目がはっきりしてくる。
㋓頭が大きくなっている。
㋔心臓《しんぞう》の動きや血液《けつえき》の流れがわかる。

▶たまごからかえったメダカの子は、2～3日間ははらのふくらみにたくわえられた(⑦　　　　)を使って育ち、その後、自分で食べ物をとるようになる。

ここがだいじ！

①受精したメダカのたまごは、11日間くらいかけて、中の様子がだんだんと変化し、そのたまごからメダカの子がかえる。
②たまごからかえったメダカの子は、はらのふくらみにたくわえられた養分を使って育つ。

ぴたトリビア たまごの産み方は魚によってちがいます。ムサシトミヨという魚は、おすが作った巣にめすがやってきて、たまごを産み付けます。

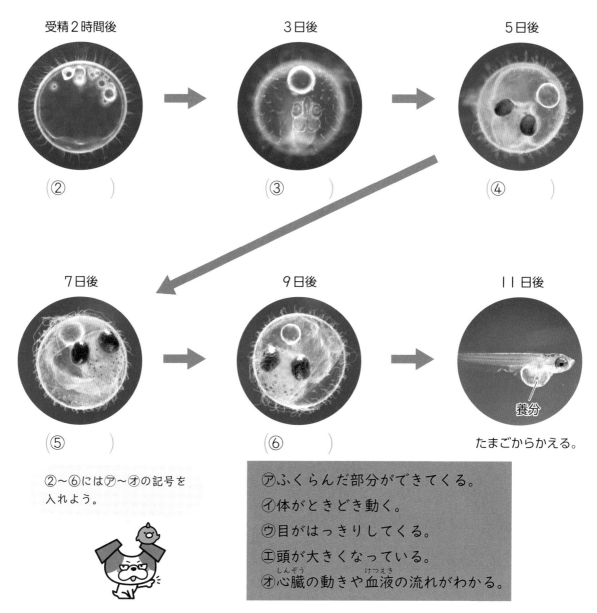

ぴったり2

練習

3. メダカのたんじょう

メダカのたんじょう(2)

学習日　　月　　日

教科書　51～56ページ　答え　10ページ

1 メダカのたまごが育っていく様子を観察しました。

㋐(　　　)　　㋑(　　　)　　㋒(　　　)　　たまごからかえった直後

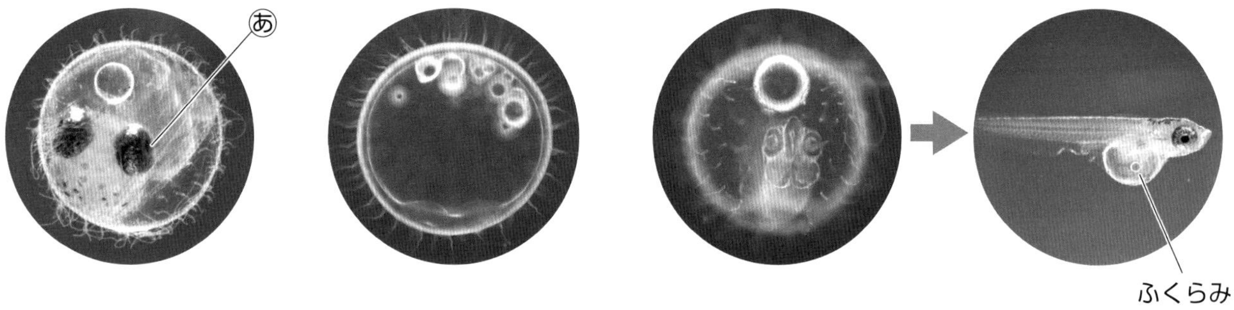

(1) ㋐の部分は何ですか。

(　　　　　)

(2) たまごが育っていく順に、㋐～㋒の(　　)に1～3の番号をつけましょう。

(3) メダカのたまごが育っていくための養分について、正しいものに○をつけましょう。

①(　　)たまごの中にふくまれている。

②(　　)水から取り入れている。

③(　　)親のメダカがときどきあたえている。

(4) メダカのたまごの育ち方について、正しいものに○をつけましょう。

①(　　)たまごの中で小さいメダカが大きくなっていく。

②(　　)たまごの形がだんだんメダカの形になっていく。

③(　　)たまごの中でだんだん変化する。

(5) 受精《じゅせい》したたまごが育ち、メダカの子がかえるのは、受精のおよそ何日後ですか。正しいものに○をつけましょう。

①(　　)1日後

②(　　)11日後

③(　　)21日後

(6) たまごからかえった直後のメダカのはらには、ふくらみがあります。このふくらみの中には、何が入っていますか。

(　　　　　)

ぴったり3

確かめのテスト

3. メダカのたんじょう

時間 30 分

／100

合格 70 点

教科書 49～59、193ページ　答え 11ページ

よく出る

1 メダカの育ちについて調べました。

1つ8点、(1)、(4)は全部できて8点(48点)

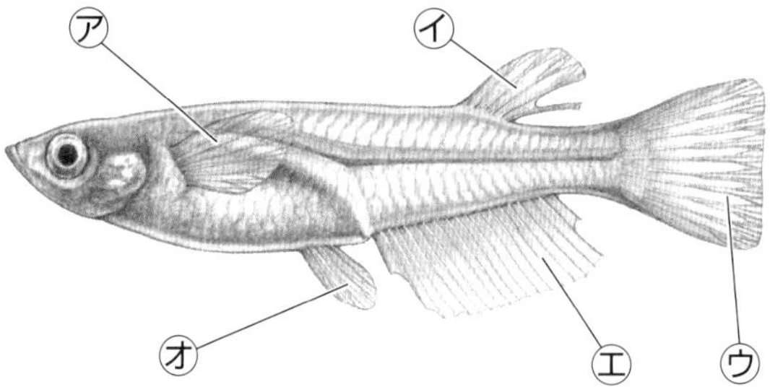

(1) 上の図のメダカがめすかおすかを見分けようと思います。どのひれを手がかりにするとよいですか。図の㋐～㋔から2つ選び、記号をかきましょう。

(　　　と　　　)

(2) 上の図のメダカは、めすとおすのどちらですか。

(　　　　)

(3) 次の文の(　①　)、(　②　)にあてはまる言葉をかきましょう。

メダカのめすが産んだたまごが、おすの出す(　①　)と結びつくことを、(　②　)といいます。

①(　　　　)　②(　　　　)

(4) 次の写真は、メダカのたまごが育っていくとちゅうの様子です。たまごが変化していく順に、1～5の番号をつけましょう。

①(　　)　②(　　)　③(　　)　④(　　)　⑤(　　)

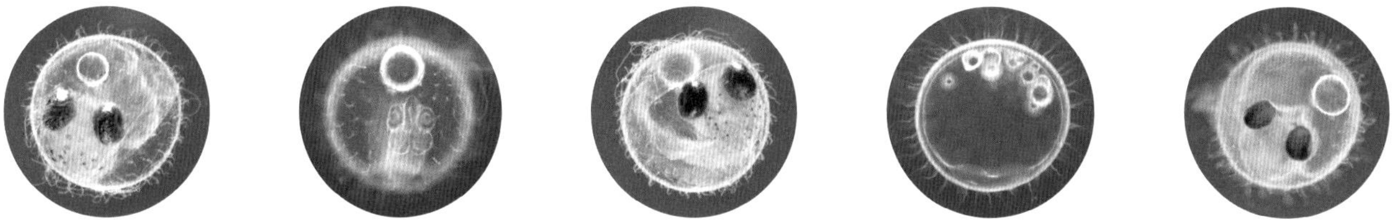

(5) たまごからかえって2～3日の間のメダカの子の様子について、正しいものに○をつけましょう。

①(　　)はらの中の養分を使って育つ。

②(　　)自分で食べ物をとる。

③(　　)親のメダカが食べ物をあたえる。

学習日　　月　　日

❷ メダカのたまごの育ちを観察しました。

技能 1つ5点(20点)

⑴ ㋐、㋑の器具の名前をそれぞれかきましょう。

㋐(　　　　　　　　)

㋑(　　　　　　　　)

⑵ ㋐や㋑の器具は、どんなところに置いて使いますか。正しいほうに○をつけましょう。

①(　　)日光が直接(ちょくせつ)当たるところ。

②(　　)日光が直接当たらないところ。

⑶ メダカのたまごを観察するときは、どのようにすればよいですか。正しいほうに○をつけましょう。

①(　　)水草についたたまごだけをピンセットで容器(ようき)に移(うつ)して観察する。

②(　　)たまごのついた水草ごと容器に移して観察する。

㋐

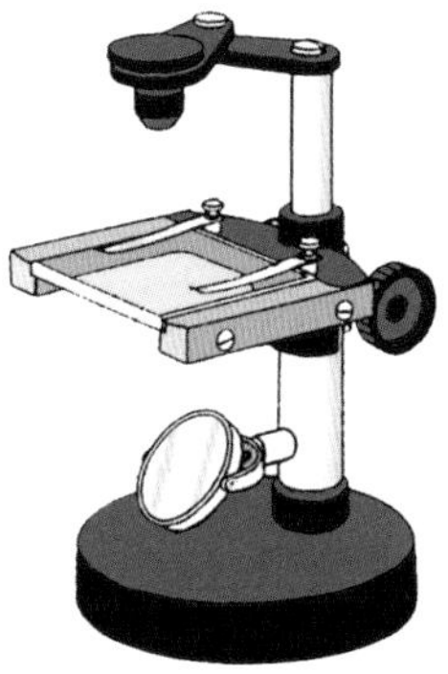

㋑

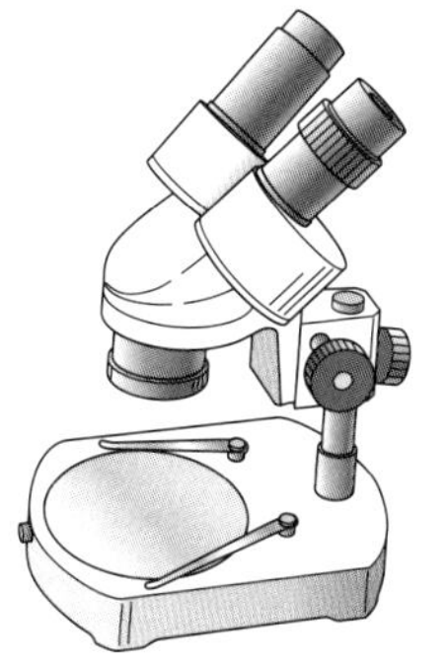

できたらスゴイ!

❸ メダカのたんじょうについて、正しいものには○を、正しくないものには×をつけましょう。

1つ8点(32点)

①(　　)

めすのメダカの体の中で育って、メダカの子は生まれてくるよ。

②(　　)

メダカはたまごの中の養分を使って育つんだね。

③(　　)

メダカのたまごが精子(せいし)と結びつくと、4日間くらいでメダカの子がかえるよ。

④(　　)

たまごと精子が結びつくと、たまごは育ち始めるんだね。

ふりかえり

❶の問題がわからないときは、16ページの❶にもどって確(かく)にんしましょう。
❸の問題がわからないときは、18ページの❶にもどって確にんしましょう。

4. ふりこ

ふりこ(1)

めあて
長さを変えて、ふりこが1往復する時間のきまりを確にんしよう。

教科書 60〜69ページ　答え 12ページ

次の(　)にあてはまる言葉をかくか、あてはまるものを○で囲《かこ》もう。

1 ふりこの1往復《おうふく》する時間をはかってみよう。

教科書 60〜62ページ

▶おもりを糸などでつり下げて一点で支《ささ》え、ゆらせるようにしたものを(①　　　　)という。

▶ふりこの支点《してん》からおもりの中心までのきょりを、ふりこの(②　　　　)という。

▶ふりこをゆらし始めるときの糸とおもりがいちばん下にくるときの角度を、ふりこの(③　　　　)という。

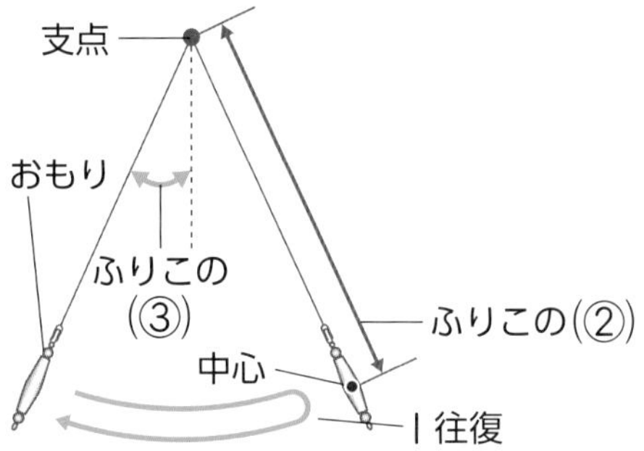
支点
おもり
ふりこの(③)
ふりこの(②)
中心
1往復

▶ふりこの1往復する時間のはかり方

ふりこの1往復する時間＝ふりこの10往復する時間÷(④　　　　)

2 ふりこの1往復する時間は、ふりこの長さによって変わるのだろうか。

教科書 62〜69ページ

▶ふりこの1往復する時間とふりこの長さの関係を調べる。

変える条件《じょうけん》		同じにする条件
ふりこの長さ	㋐ 30 cm	おもりの重さ、ふりこのふれはば
	㋑ 60 cm	

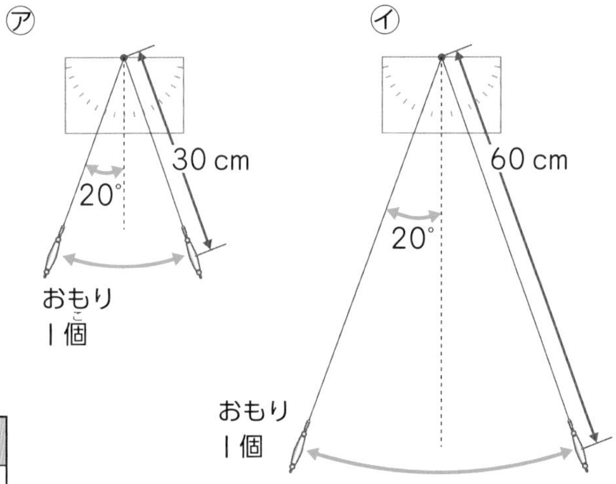
㋐
30 cm
20°
おもり
1個《こ》
㋑
60 cm
20°
おもり
1個

結果

ふりこの長さとふりこの1往復する時間(秒)

	1回め	2回め	3回め	4回め	5回め
㋐	1.11	1.04	1.10	1.13	1.12
㋑	1.58	1.56	1.57	1.59	1.57

▶ふりこの1往復する時間は、ふりこの長さによって変わり、長いふりこのほうが1往復する時間が(①　長く　・　短く　)なる。

ここが、だいじ！
①糸などでおもりをつり下げて、ゆらせるようにしたものをふりこという。
②ふりこの1往復する時間は、ふりこの長さによって変わる。

ぴたトリビア ふりこの性質を利用したものの1つに、ふりこ時計《とけい》があります。北海道札幌市《ほっかいどうさっぽろし》には大きなふりこ時計のついた時計台があります。

4. ふりこ

ふりこ(1)

教科書 60～69ページ ／ 答え 12ページ

1 糸におもりをつり下げて、ふりこをつくりました。

(1) ふりこの長さは、㋐～㋒のどれですか。

( )

(2) ふりこのふれはばは、㋕、㋖のどちらですか。

( )

(3) ふりこを①からふらせます。ふりこの1往復《おうふく》とは、どこからどこまでですか。正しいものに○をつけましょう。

ア( )①→②→①

イ( )①→②→③

ウ( )①→②→③→②

エ( )①→②→③→②→①

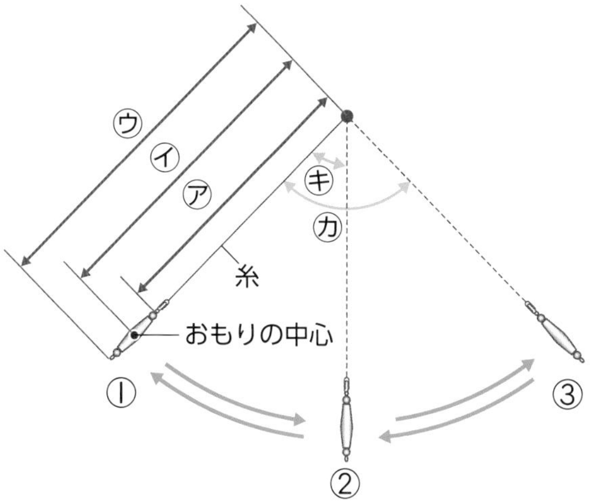

2 ふりこの長さを変えて、ふりこの1往復する時間をはかりました。

(1) この実験をするときに変えない条件《じょうけん》はどれですか。あてはまるものすべてに○をつけましょう。

ア( )おもりの重さ

イ( )ふりこの長さ

ウ( )ふりこのふれはば

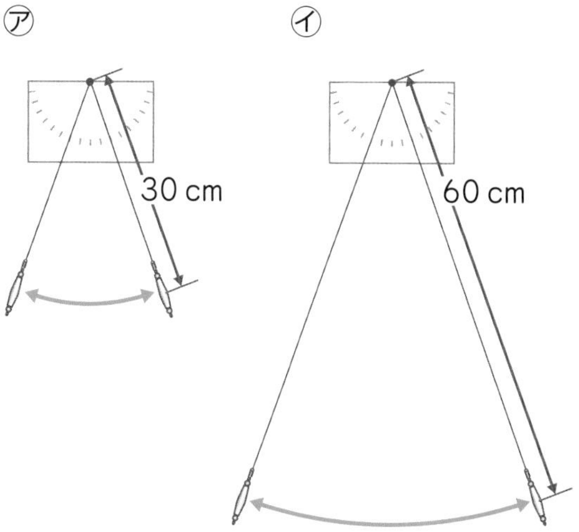

(2) ㋐のふりこの10往復する時間は11.2秒でした。㋐のふりこの1往復する時間は何秒ですか。

( )

(3) ふりこの長さを変えたとき、ふりこの1往復する時間はどうなりますか。( )にあてはまる言葉をかきましょう。

> ふりこの1往復する時間は、ふりこの長さによって( )。
> 長いふりこのほうが、ふりこの1往復する時間が( )なる。

ぴったり１
準備
4. ふりこ
ふりこ(2)

学習日　　月　　日

めあて
重さやふれはばを変えて、ふりこが１往復する時間のきまりを確にんしよう。

教科書　62〜69ページ　答え　13ページ

次の(　　)にあてはまる言葉をかくか、あてはまるものを○で囲《かこ》もう。

1 ふりこの｜往復《おうふく》する時間は、おもりの重さやふれはばによって変わるのだろうか。 教科書　62〜69ページ

▶ふりこの｜往復する時間とおもりの重さの関係を調べる。

変える条件《じょうけん》		同じにする条件
おもりの重さ	㋒おもり｜個《こ》	ふりこの(①　　　　)、ふりこのふれはば
	㋓おもり２個	

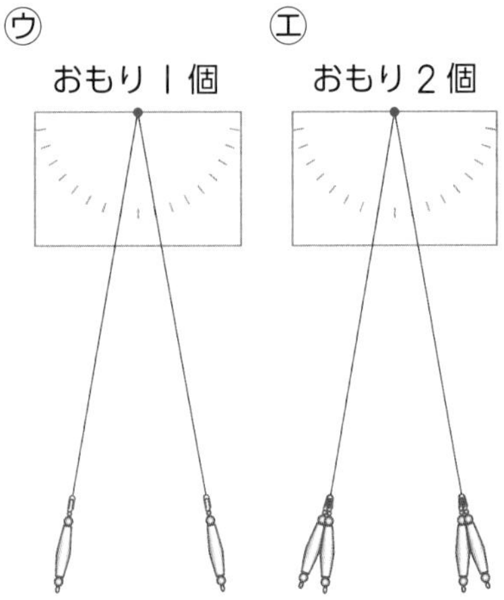

結果

おもりの重さとふりこの｜往復する時間(秒)

	｜回め	２回め	３回め	４回め	５回め
㋒	1.12	1.12	1.13	1.13	1.12
㋓	1.14	1.12	1.13	1.11	1.14

▶ふりこの｜往復する時間は、おもりの重さによって(②　変わる　・　変わらない　)。

▶ふりこの｜往復する時間とふりこのふれはばの関係を調べる。

変える条件		同じにする条件
ふりこのふれはば	㋔ 10°	ふりこの(③　　　　)、おもりの重さ
	㋕ 20°	

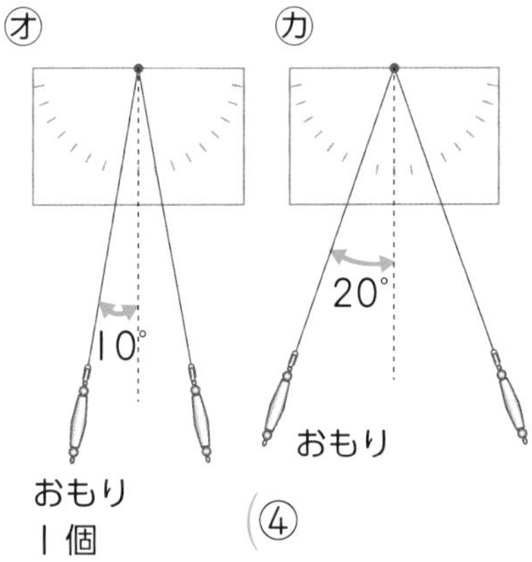

(④　　　　　　)

結果

ふりこのふれはばとふりこの｜往復する時間(秒)

	｜回め	２回め	３回め	４回め	５回め
㋔	1.13	1.11	1.13	1.13	1.12
㋕	1.11	1.12	1.13	1.11	1.12

▶ふりこの｜往復する時間は、ふりこのふれはばによって(⑤　変わる　・　変わらない　)。

ここが、だいじ！
①ふりこの｜往復する時間は、おもりの重さによって変わらない。
②ふりこの｜往復する時間は、ふりこのふれはばによって変わらない。

ぴたトリビア
同じ長さのふりこの｜往復する時間が、ふりこの重さやふれはばを変えても変わらないことを「ふりこの等時性《とうじせい》」といいます。

4. ふりこ

ふりこ(2)

教科書 62〜69ページ　答え 13ページ

1 おもりの重さを変えて、ふりこの1往復《おうふく》する時間をはかりました。

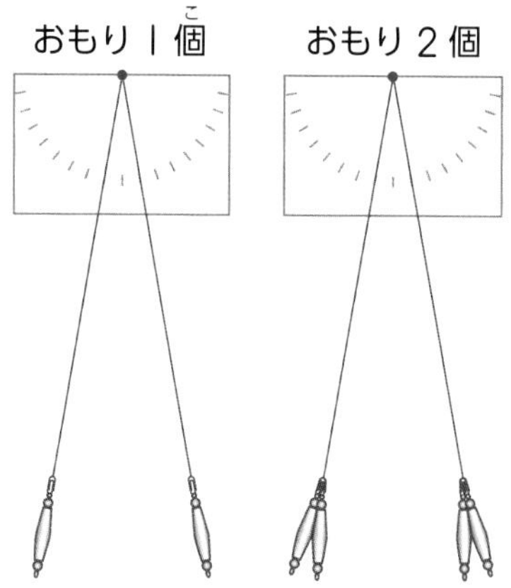

(1) この実験をするときに変えない条件《じょうけん》はどれですか。あてはまるものすべてに○をつけましょう。

ア(　　)おもりの重さ
イ(　　)ふりこの長さ
ウ(　　)ふりこのふれはば

(2) この実験の結果を表に表すと、どのようになりますか。正しいものに○をつけましょう。

①(　　)　おもりの重さとふりこの1往復する時間(秒)

	1回め	2回め	3回め	4回め	5回め
おもり1個	1.12	1.12	1.13	1.13	1.12
おもり2個	1.59	1.57	1.57	1.58	1.56

②(　　)　おもりの重さとふりこの1往復する時間(秒)

	1回め	2回め	3回め	4回め	5回め
おもり1個	1.56	1.58	1.59	1.57	1.57
おもり2個	1.14	1.12	1.13	1.11	1.14

③(　　)　おもりの重さとふりこの1往復する時間(秒)

	1回め	2回め	3回め	4回め	5回め
おもり1個	1.12	1.12	1.13	1.13	1.12
おもり2個	1.14	1.12	1.13	1.11	1.14

2 ふりこのふれはばを変えて、ふりこの1往復する時間をはかりました。

(1) この実験をするときに変えない条件すべてに○をつけましょう。

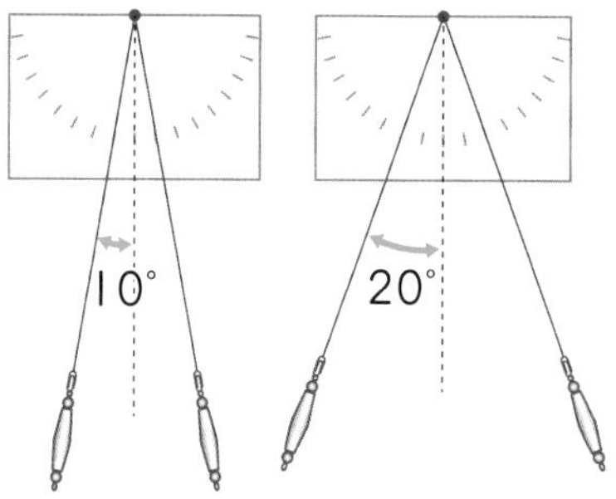

ア(　　)おもりの重さ
イ(　　)ふりこの長さ
ウ(　　)ふりこのふれはば

(2) ふりこのふれはばを変えると、ふりこの1往復する時間は変わりますか、変わりませんか。

(　　　　　　　　　　)

4. ふりこ

時間 30 分　／100　合格 70 点

教科書 60～73ページ　答え 14ページ

よく出る

1 図のようなふりこをふらせました。

1つ5点、(4)は全部できて5点(30点)

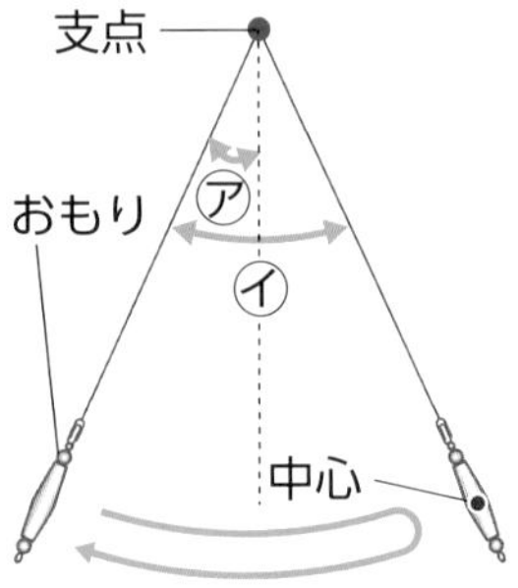

(1) ふりこの長さとは、①～③のどれですか。正しいものに○をつけましょう。

①(　　)糸の長さ

②(　　)ふりこの支点《してん》からおもりの中心までのきょり

③(　　)ふりこの支点からおもりの下のはしまでのきょり

(2) ふれはばは、ア、イのどちらの角度のことですか。

(　　)

(3) ふりこの1往復《おうふく》する時間は、ふりこのおもりがどこからどこまでゆれる時間ですか。正しいものに○をつけましょう。

①(　　)ふりこのおもりが一方のはしから、もう一方のはしまでゆれる時間

②(　　)ふりこのおもりがいちばん下にきたときから、一方のはしまでゆれる時間

③(　　)ふりこのおもりが一方のはしからもう一方のはしまでゆれたあと、元の位置にもどってくるまでの時間

(4) ①～③のうち、ふりこの1往復する時間について正しいものには○を、正しくないものには×をつけましょう。

①(　　)ふりこのふれはばを変えても、ふりこの1往復する時間は変わらない。

②(　　)ふりこのおもりの重さが重いほど、ふりこの1往復する時間は長くなる。

③(　　)ふりこの長さを変えても、ふりこの1往復する時間は変わらない。

(5) 表は、ふりこの10往復する時間を5回はかってまとめたものです。1回めと5回めの(　　)にあてはまる数をかきましょう。

	1回め	2回め	3回め	4回め	5回め
ふりこの10往復する時間	11.3秒	11.2秒	11.2秒	11.2秒	11.4秒
ふりこの1往復する時間	(　　)秒	1.12秒	1.12秒	1.12秒	(　　)秒

できたらスゴイ！

2 ①〜④の4つのふりこで、ふりこの1往復する時間を比《くら》べる実験をしました。

1つ10点、(4)、(7)は全部できて10点(70点)

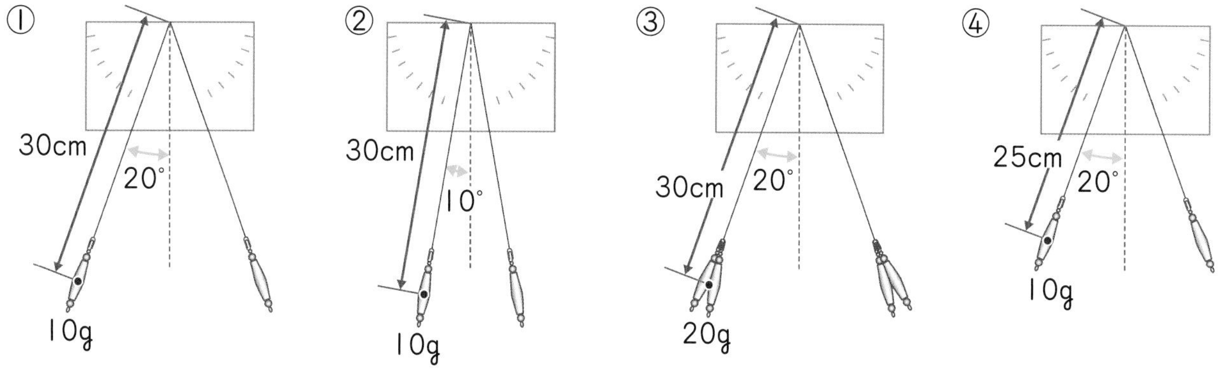

①
30cm
20°
10g
②
30cm
10°
10g
③
30cm
20°
20g
④
25cm
20°
10g

(1) ①〜④のうち、1つだけふれはばがちがうのはどれですか。

（　　）

(2) (1)で答えたふりこのふれはばは何度かかきましょう。

（　　）

(3) ①〜④のふりこで、おもりの重さと、ふりこの1往復する時間の関係を調べるとき、①とどれを比べればよいですか。正しいものに○をつけましょう。

ア（　　）①と②
イ（　　）①と③
ウ（　　）①と④

(4) ①〜④のふりこで、ふりこの長さと、ふりこの1往復する時間の関係を調べるとき、どれとどれを比べればよいですか。

（　　と　　）

(5) ①〜④のふりこで、ふりこの1往復する時間がいちばん短いのはどれですか。

（　　）

(6) (5)で答えた以外の3つのふりこでは、ふりこの1往復する時間はどのようになりますか。正しいものに○をつけましょう。

ア（　　）ふりこの1往復する時間は全て同じになる。
イ（　　）ふりこの1往復する時間は、2つは同じで、1つはそれより長い。
ウ（　　）ふりこの1往復する時間は全てちがう。

(7) ア〜カで、正しいものすべてに○をつけましょう。

ア（　　）ふりこのふれはばによって、ふりこの1往復する時間は変わる。
イ（　　）ふりこのふれはばを大きくしても、ふりこの1往復する時間は変わらない。
ウ（　　）おもりの重さによって、ふりこの1往復する時間は変わる。
エ（　　）おもりの重さを重くしても、ふりこの1往復する時間は変わらない。
オ（　　）ふりこの長さによって、ふりこの1往復する時間は変わる。
カ（　　）ふりこの長さを長くしても、ふりこの1往復する時間は変わらない。

この本の終わりにある「夏のチャレンジテスト」をやってみよう！

ふりかえり
1の問題がわからないときは、22ページの1、2と24ページの1にもどって確《かく》にんしましょう。
2の問題がわからないときは、22ページの1、2と24ページの1にもどって確にんしましょう。

5. 花から実へ

①花のつくり(1)

学習日　　月　　日

めあて
アサガオとヘチマの花のつくりを確にんしよう。

教科書 77～81ページ　答え 15ページ

次の(　　)にあてはまる言葉をかこう。

1 花は、どのようなつくりをしているのだろうか。

教科書 77～81ページ

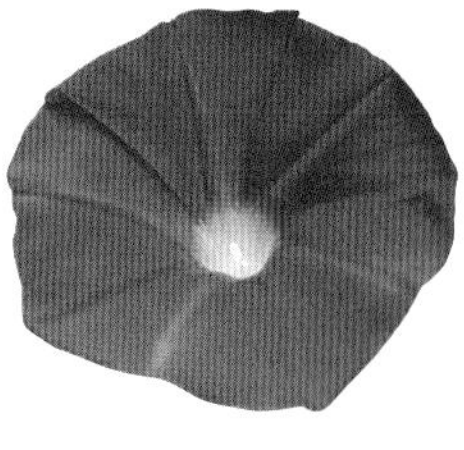

アサガオ

ヘチマのめばな

ヘチマのおばな

ツルレイシにもめばなとおばながあるよ。

▶アサガオの花のつくり

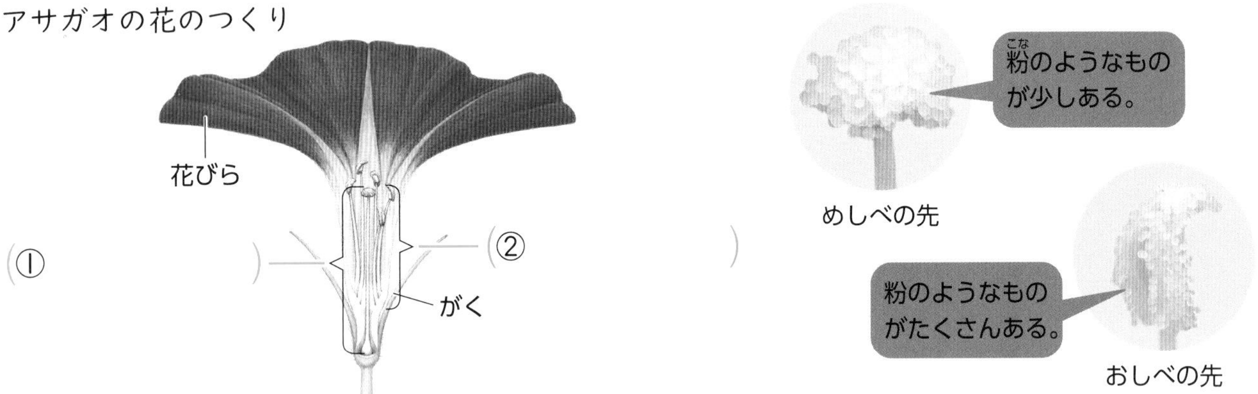
花びら
(①　　　　)
(②　　　　)
がく
めしべの先
粉《こな》のようなものが少しある。
粉のようなものがたくさんある。
おしべの先

▶ヘチマの花には、(③　　　　)とおばなという形のちがう２つの種類がある。

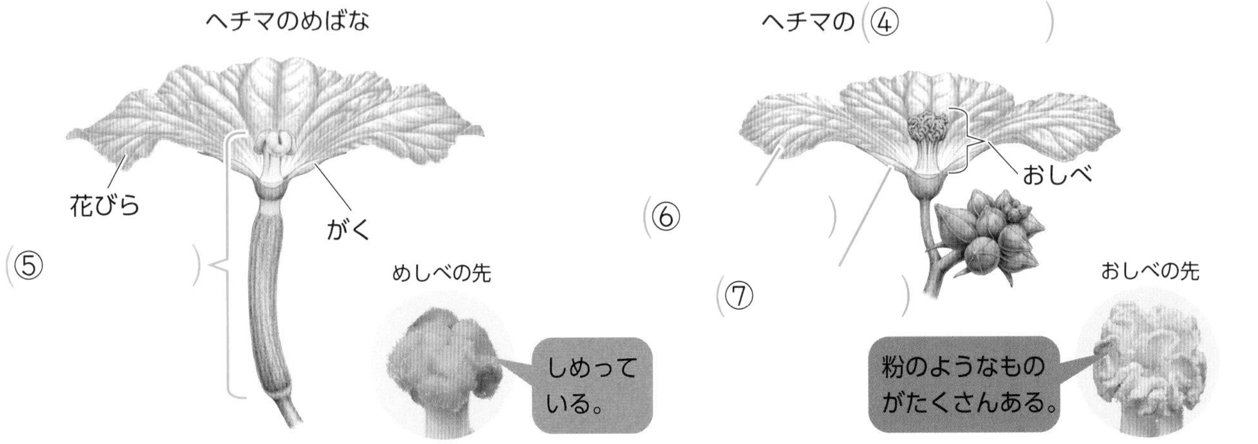
ヘチマのめばな
花びら
がく
(⑤　　　　)
めしべの先
しめっている。
ヘチマの(④　　　　)
おしべ
(⑥　　　　)
(⑦　　　　)
おしべの先
粉のようなものがたくさんある。

▶花がさいたあとのおしべやめしべの先にある粉のようなものを、(⑧　　　　)といい、おしべでつくられる。

▶花は、(⑨　　　　)、おしべ、花びら、(⑩　　　　)からできている。

▶花には、(⑨)とおしべが１つの花にあるものと、(⑪　　　　)にあるものとがある。

ここがだいじ！

①花は、めしべ、おしべ、花びら、がくからできていて、花粉《かふん》はおしべでつくられる。

②花には、めしべとおしべが１つの花にあるものと、別々の花にあるものとがある。

ぴたトリビア アサガオやヘチマの花のように、花びらが１つにくっついているものを「合弁花《ごうべんか》」といいます。

5.花から実へ

①花のつくり(1)

教科書 77~81ページ
答え 15ページ

1 アサガオの花のつくりを調べました。

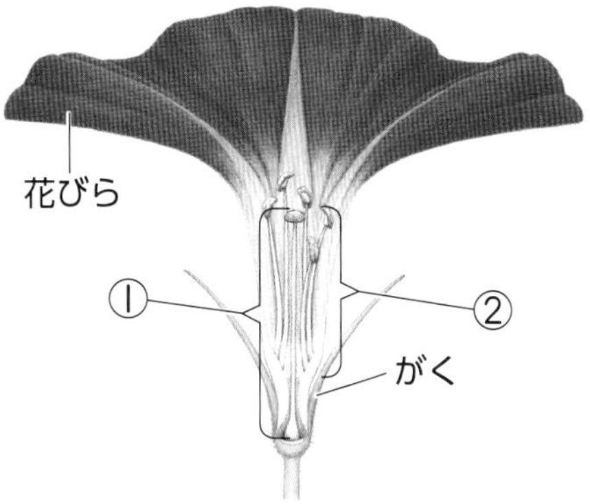

(1) ①、②の部分をそれぞれ何といいますか。

①(　　　　　)
②(　　　　　)

(2) 花粉《かふん》がつくられるのは、①の先、②の先のどちらですか。

(　　　　　)

2 ヘチマの花のつくりを調べました。

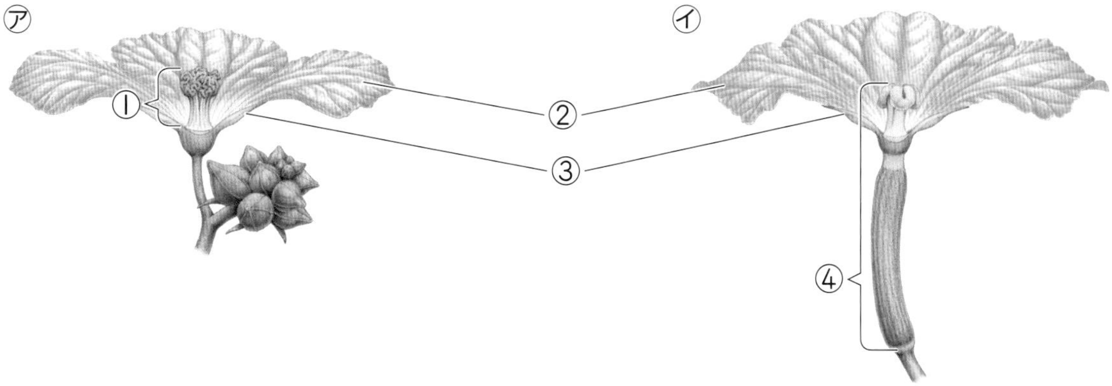

(1) ヘチマの花のめばなは、㋐、㋑のどちらですか。記号をかきましょう。

(　　)

(2) ①~④の部分をそれぞれ何といいますか。

①(　　　　　)
②(　　　　　)
③(　　　　　)
④(　　　　　)

(3) しめっているのは、①の先、④の先のどちらですか。

(　　　　　)

5. 花から実へ

①花のつくり(2)

めあて
けんび鏡の使い方を確にんしよう。

教科書　81、194ページ　答え　16ページ

次の(　　)にあてはまる言葉をかくか、あてはまるものを〇で囲《かこ》もう。

1 アサガオやヘチマの花粉《かふん》を観察してみよう。

教科書　81、194ページ

▶(①　　　　)を使うと、虫眼鏡《めがね》では見えない小さいものでも、大きく見ることができる。

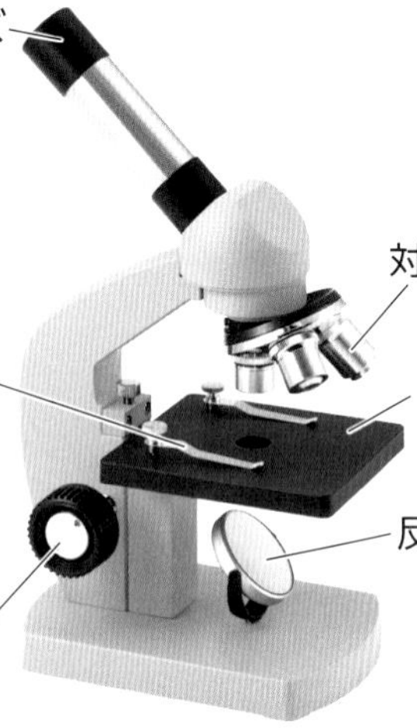
接眼《せつがん》レンズ
対物レンズ
クリップ
ステージ
反しゃ鏡
調節ねじ

(1) 日光が直接《ちょくせつ》(② 当たる ・ 当たらない)明るいところに置く。

(2) (③　　　　)レンズをいちばん低い倍率《ばいりつ》のものにする。

(3) 接眼レンズをのぞき、明るく見えるように(④　　　　)の向きを変える。

(4) (⑤　　　　)の中央に観察するものがくるように置き、クリップでとめる。

(5) 横から見ながら、(⑥　　　　)を回し、対物レンズとステージとの間を近づける。

(6) 接眼レンズをのぞきながら調節ねじを回し、対物レンズとステージとの間を(⑦ 近づけて ・ 遠ざけて)いき、はっきり見えたところで止める。

(7) 観察するものが小さいときは、倍率の高い(⑧ 接眼 ・ 対物)レンズにかえる。

▶ (⑨　　　　)レンズの倍率 × 対物レンズの倍率 ＝ けんび鏡の倍率

▶アサガオとヘチマの花粉の観察(アサガオの花で調べる場合)

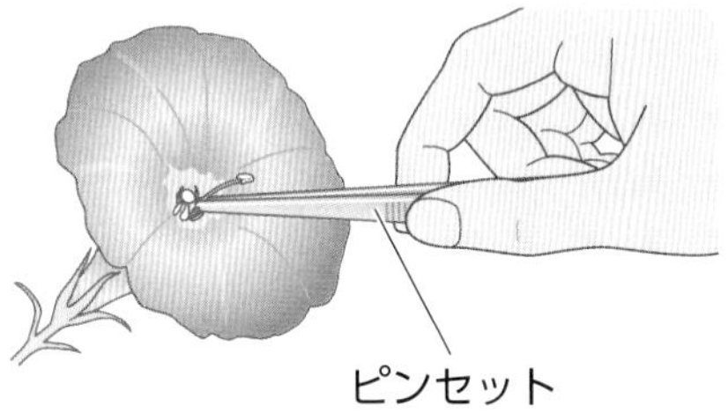
ピンセット

おしべをピンセットではさんで、花からはずす。

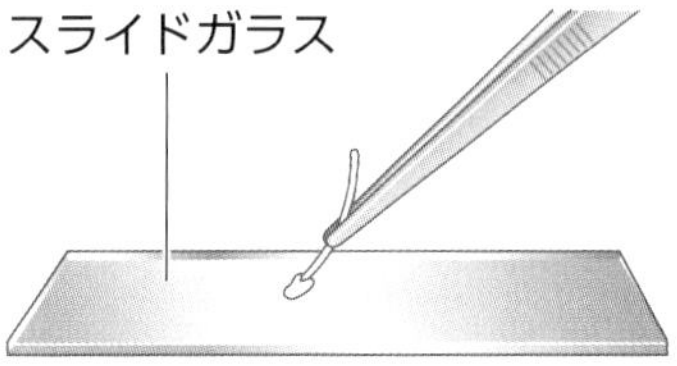
スライドガラス

スライドガラスの上に花粉を落とす。

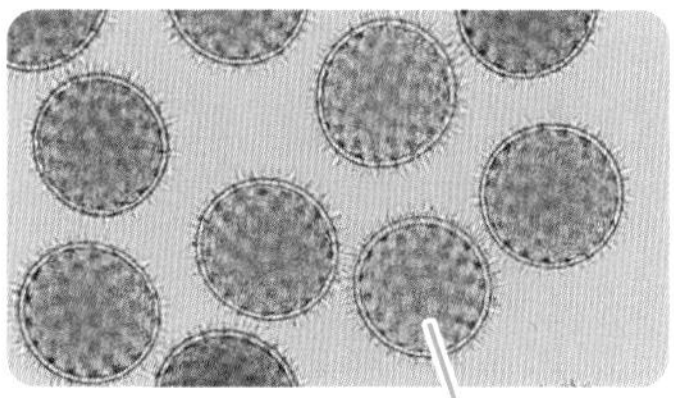

アサガオの(⑩　　　　)

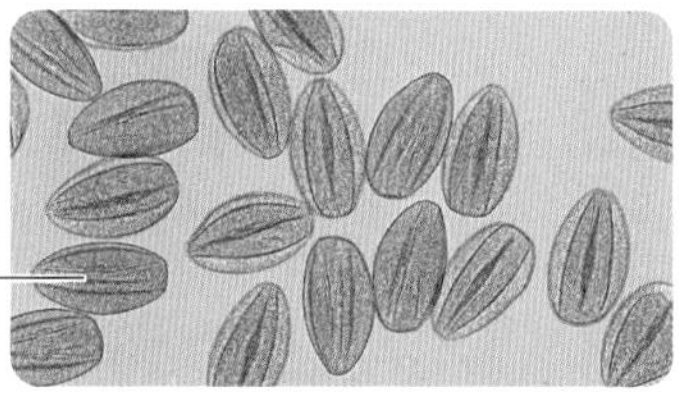

ヘチマの(⑩)

ここが だいじ！
①けんび鏡を使うと、小さいものを大きく見ることができる。
②けんび鏡は、日光が直接当たらない明るいところで使い、対物レンズとステージとの間を遠ざけていき、はっきり見えたところで止める。

ぴたトリビア　けんび鏡を使うことで、観察物を約 40～600 倍にして観察することができます。

5. 花から実へ

①花のつくり(2)

教科書 81、194ページ　答え 16ページ

1 けんび鏡について、次の問いに答えましょう。

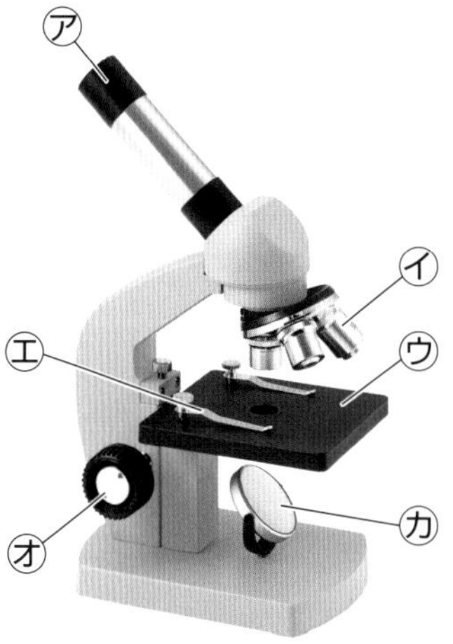

(1) ㋐～㋕の部分の名前をそれぞれかきましょう。

㋐(　　　　)　㋑(　　　　)
㋒(　　　　)　㋓(　　　　)
㋔(　　　　)　㋕(　　　　)

(2) 次の文は、けんび鏡の使い方を説明したものです。正しい順になるように、**ア～カ**に1～6の番号をつけましょう。

ア(　　)観察するものをステージに置く。
イ(　　)日光が直接《ちょくせつ》当たらない明るいところに置く。
ウ(　　)横から見ながら、対物レンズとステージとの間を近づける。
エ(　　)対物レンズをいちばん低い倍率《ばいりつ》にする。
オ(　　)接眼《せつがん》レンズをのぞきながら、対物レンズとステージの間を遠ざけていき、はっきり見えたところで止める。
カ(　　)接眼レンズをのぞき、明るく見えるように反しゃ鏡の向きを変える。

2 アサガオの花の花粉《かふん》をくわしく観察しました。

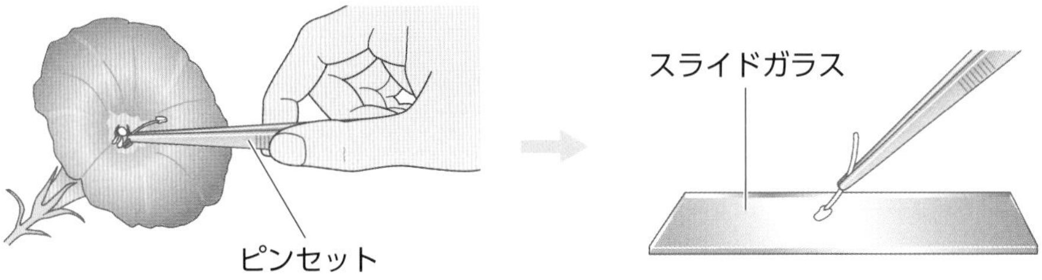

(1) ピンセットではさんで花からはずして、スライドガラスの上に花粉を落とすのは、めしべとおしべのどちらがよいですか。

(　　　　)

(2) スライドガラスに落とした花粉は、何を使って観察するとよいですか。

(　　　　)

ぴったり3 確かめのテスト

5. 花から実へ①

時間 30 分

／100

合格 70 点

教科書 77~81、90~91、194ページ　答え 17ページ

よく出る

1 アサガオの花とヘチマの花のつくりを調べました。

1つ6点(48点)

アサガオ　ヘチマ

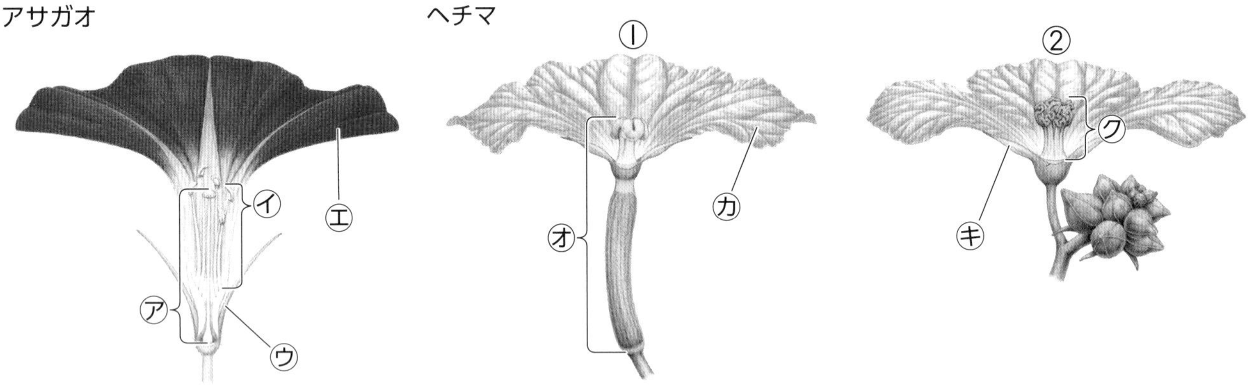

(1) ㋐～㋓の部分をそれぞれ何といいますか。

㋐(　　　　) ㋑(　　　　)

㋒(　　　　) ㋓(　　　　)

(2) ヘチマのめばなは、①、②のどちらですか。 (　　)

(3) アサガオの花の㋐、㋑の部分は、ヘチマの花ではどこですか。㋔～㋗からそれぞれ選んで、記号をかきましょう。 ㋐(　　) ㋑(　　)

(4) アサガオとヘチマの花のつくりについて、正しいものに○をつけましょう。

①(　　)アサガオの花もヘチマの花もおばなとめばながある。

②(　　)ヘチマのめばなは、めしべ、おしべ、花びら、がくからできている。

③(　　)ヘチマのおばなのおしべの先には、花粉(かふん)がたくさんある。

2 アサガオの花の花粉をけんび鏡で観察しました。

1つ6点(12点)

(1) アサガオの花粉の観察のしかたについて、正しいものに○をつけましょう。

①(　　)スライドガラスにめしべをのせて、めしべごと花粉を観察する。

②(　　)スライドガラスにおしべを軽くたたいて、花粉をスライドガラスの上に落として観察する。

③(　　)ステージの上に直接(ちょくせつ)アサガオの花を置いて観察する。

(2) 右のア、イの写真で、アサガオの花粉に○をつけましょう。

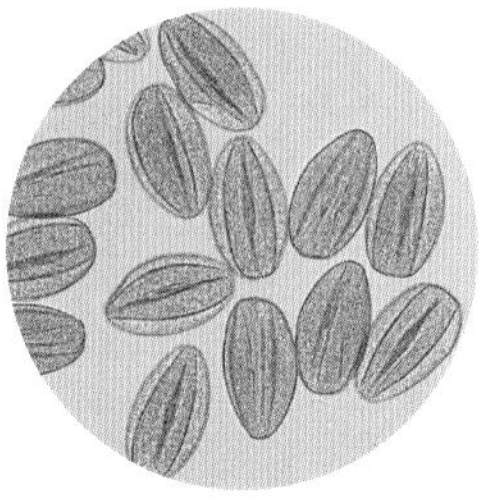

ア(　　)

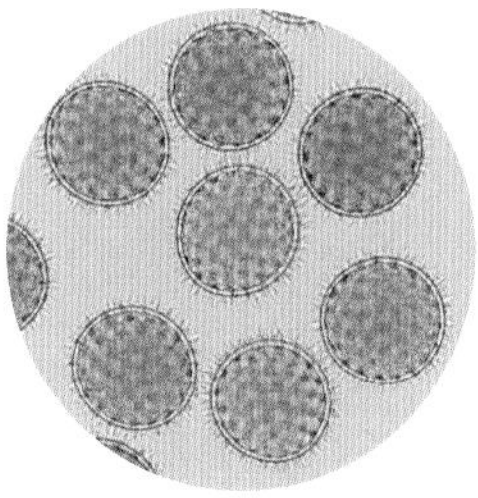

イ(　　)

学習日　　月　　日

よく出る

③ 次の写真のけんび鏡を使って、花粉を観察しました。

1つ8点(40点)

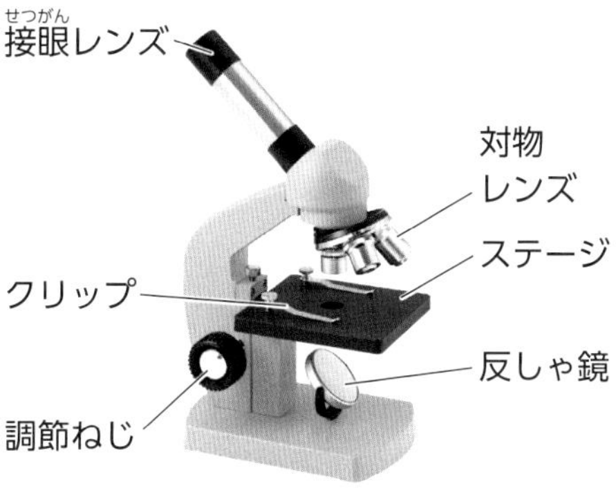
接眼《せつがん》レンズ
対物
レンズ
ステージ
クリップ
反しゃ鏡
調節ねじ

(1) けんび鏡は、日光が直接当たるところで使ってもよいですか、よくないですか。

(　　　　　　)

(2) 花粉を観察する前に、接眼レンズをのぞきながら、明るく見えるようにします。けんび鏡のどこを動かして明るく見えるようにしますか。

(　　　　　　)

(3) 観察するものは、けんび鏡のどこに置きますか。

(　　　　　　)

(4) 観察するものを置いたあと、どのようにしてはっきり見えるようにしますか。正しいものに○をつけましょう。

ア(　　)対物レンズとステージの間を近づけてから、接眼レンズをのぞきながら、対物レンズとステージの間を遠ざけていく。

イ(　　)対物レンズとステージの間を遠ざけてから、接眼レンズをのぞきながら、対物レンズとステージの間を近づけていく。

ウ(　　)対物レンズとステージの間を遠ざけてから、接眼レンズをのぞきながら、対物レンズとステージの間を近づけたり遠ざけたりする。

(5) 低い倍率《ばいりつ》で観察したあと、高い倍率で観察しようと思います。どのようにして倍率を高くしますか。正しいものに○をつけましょう。

ア(　　)対物レンズはそのままにして、接眼レンズを倍率の高いものにかえる。

イ(　　)接眼レンズはそのままにして、対物レンズを倍率の高いものにかえる。

ウ(　　)接眼レンズと対物レンズの両方を倍率の高いものにかえる。

ふりかえり
①の問題がわからないときは、28ページの①にもどって確《かく》にんしましょう。
③の問題がわからないときは、30ページの①にもどって確にんしましょう。

ぴったり1
準備

5. 花から実へ
②実のでき方

学習日 月 日

めあて
受粉の役わりや実のでき方を確にんしよう。

教科書 82～88ページ　答え 18ページ

次の（　）にあてはまる言葉をかくか、あてはまるものを○で囲《かこ》もう。

1 めしべのもとが実になるためには、めしべの先に花粉《かふん》がつくことが必要なのだろうか。　教科書 82～88ページ

花がさきそうなつぼみの（① めしべ ・ おしべ ）を全て取りのぞき、ふくろをかぶせる。

花がさいたら、一方だけ、めしべの先に（②　　　　）をつける。

花粉をつける花

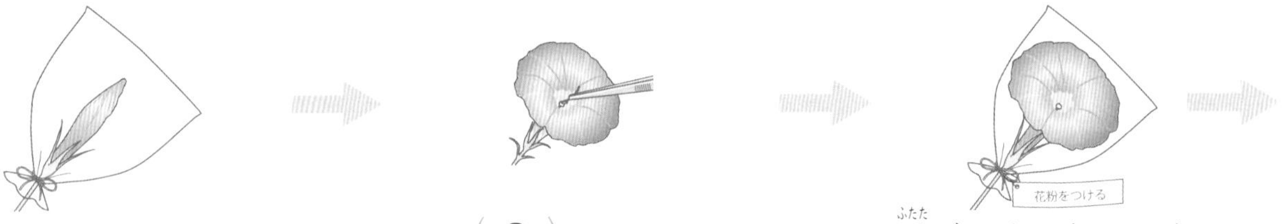

（②）をつける。

再《ふたた》びふくろをかぶせる。

花粉をつけない花

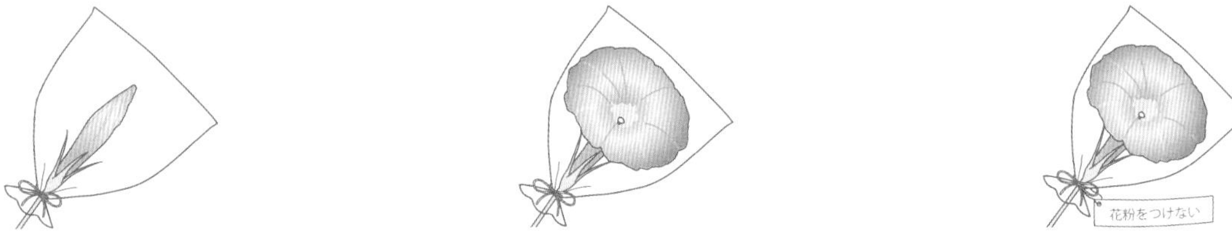

そのままにしておく。

そのままにしておく。

花粉をつけた花

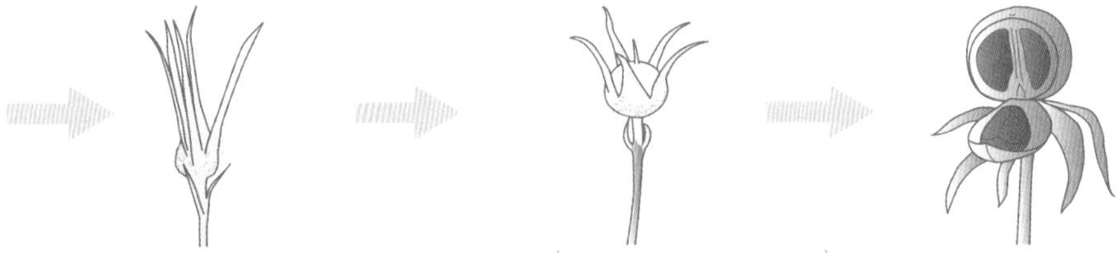

（③　　　　）になる。

（④　　　　）ができる。

花がしぼんだら、両方ともふくろを取り外す。

花粉をつけなかった花

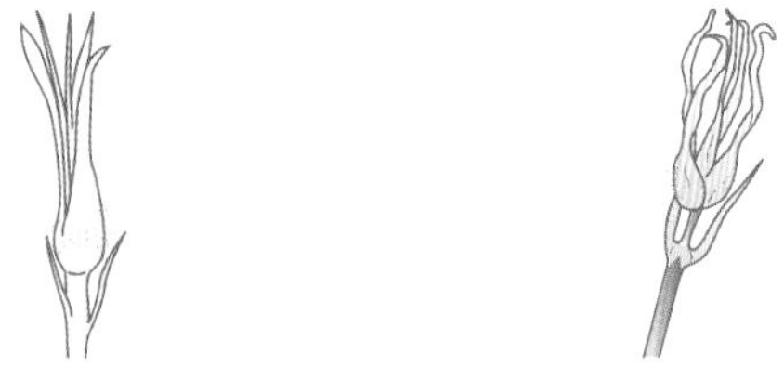

実にならない。

▶めしべの先におしべの花粉がつくことを（⑤　　　　）という。
▶花は、（⑤）すると、めしべの（⑥ 先 ・ もと ）が実になる。
▶実の中には（⑦　　　　）ができる。
▶多くの植物では、こん虫や鳥などによって（⑧　　　　）する。

風や水によって花粉が運ばれる植物もあるよ。

ここが、だいじ！
①めしべの先におしべの花粉がつくことを受粉《じゅふん》という。
②めしべのもとが実になるには、めしべの先に花粉がつくことが必要である。

ぴたトリビア　ハチなどのこん虫に花粉を運ばせて受粉させることは、農業でも利用されています。

ぴったり2
練習

5. 花から実へ
②実のでき方

学習日　　月　　日

教科書 82～88ページ　答え 18ページ

1 育てているアサガオで、花粉《かふん》のはたらきと実のでき方を調べました。

㋐

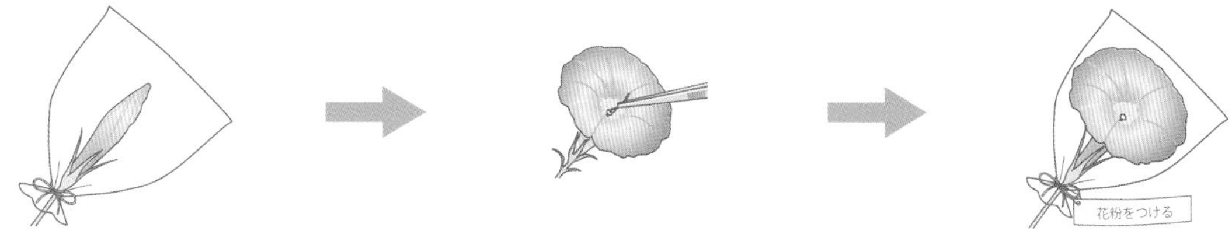

花がさきそうなつぼみからおしべを取りのぞき、ふくろをかぶせる。 → 花がさいたらめしべの先に花粉をつける。 → 再《ふたた》びふくろをかぶせる。

㋑

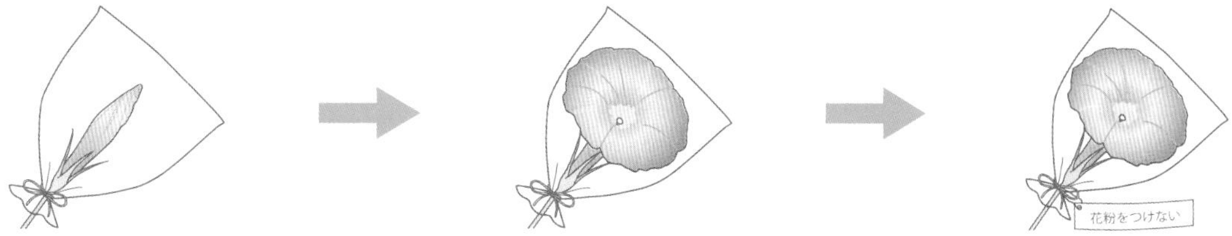

花がさきそうなつぼみからおしべを取りのぞき、ふくろをかぶせる。 → そのままにしておく。 → そのままにしておく。

(1) つぼみにふくろをかぶせるのはなぜですか。正しいものに○をつけましょう。

①（　　）日光を直接《ちょくせつ》当てないようにするため。

②（　　）雨や風に当てないようにするため。

③（　　）花がさいたときに、めしべの先に花粉がつかないようにするため。

(2) めしべの先におしべの花粉がつくことを何といいますか。

（　　　　　　　）

(3) 花がしぼんだあと、㋐、㋑の両方ともふくろを取り外すと、①、②のようになりました。㋐、㋑のどちらの結果ですか。それぞれ記号をかきましょう。

①（　　）

実にならない。

②（　　）

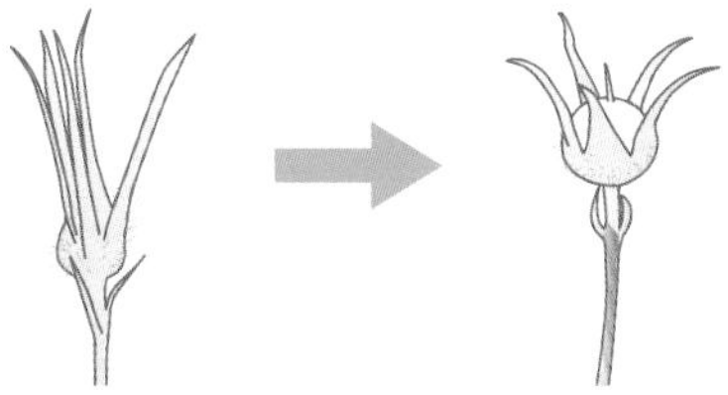

実になる。

(4) 実が育つと、中に何ができますか。

（　　　　　　　）

ヒント ❶ (1)おしべを取りのぞいた、つぼみの中のめしべには、花粉がついていません。

ぴったり3 確かめのテスト

5. 花から実へ②

時間 30分　　/100　　合格 70点

教科書 82～91ページ　答え 19ページ

よく出る

1 育てているアサガオを使って、花粉《かふん》のはたらきと実のでき方を調べました。

1つ8点(40点)

㋐

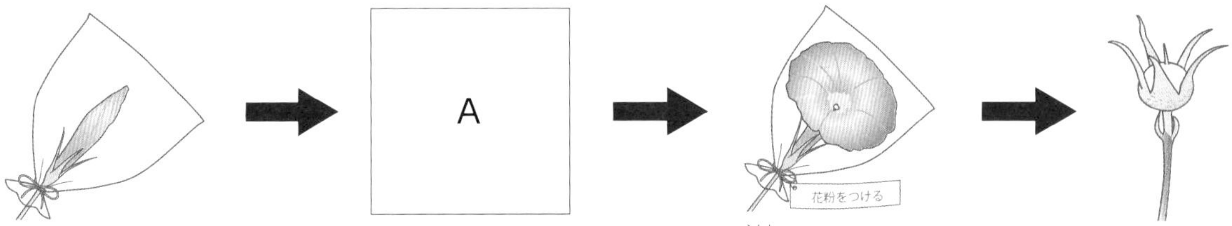

花がさきそうなつぼみにふくろをかぶせる。　→　A　→　再《ふたた》びふくろをかぶせる。　→　実になる。

㋑

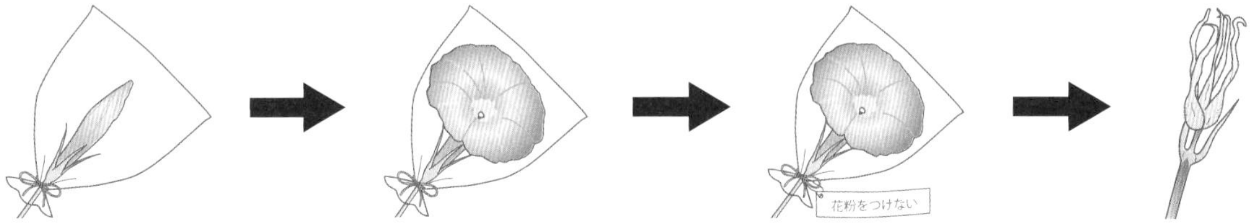

花がさきそうなつぼみにふくろをかぶせる。　→　そのままにしておく。　→　そのままにしておく。　→　実にならない。

(1) さきそうなつぼみにふくろをかぶせる前に、アサガオのつぼみにしておくこととして、正しいものに○をつけましょう。

①(　　)めしべを取りのぞく。

②(　　)おしべを１本取りのぞく。

③(　　)おしべを全て取りのぞく。

(2) 図の㋐のAで、アサガオにしておくこととして、正しいものに○をつけましょう。

①(　　)ふくろを取り外して、めしべを取りのぞく。

②(　　)ふくろを取り外して、めしべの先におしべの花粉をつける。

③(　　)ふくろを取り外して、めしべの先に水をつける。

(3) 図の㋐で、実ができるところはどこですか。正しいものに○をつけましょう。

①(　　)おしべの先　　②(　　)めしべの先　　③(　　)めしべのもと

(4) 実のでき方について、次の文の(①)、(②)にあてはまる言葉をかきましょう。

花が(①)すると実ができ、実の中には(②)ができる。

①(　　　　)　②(　　　　)

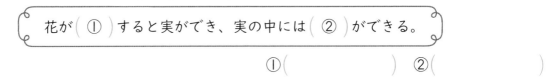

できたらスゴイ!

2 ヘチマの花は、どのようなときに実ができるのかを調べました。

1つ15点(60点)

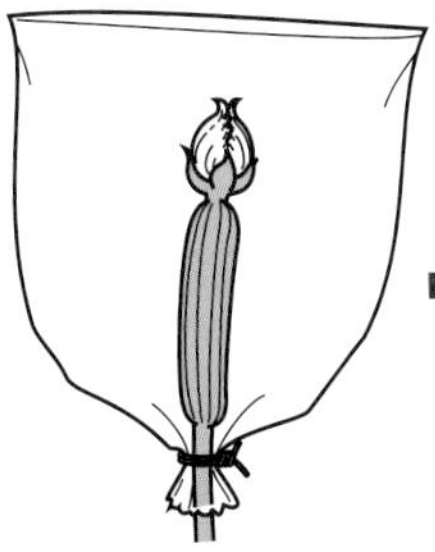

めばなのつぼみに
ふくろをかぶせる。

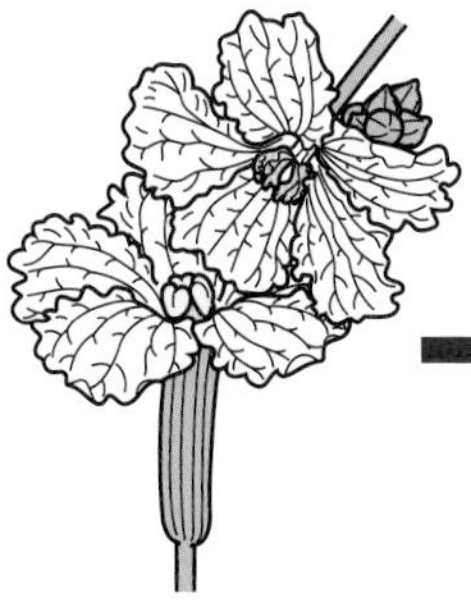

めばながさいたら
受粉《じゅふん》させる。

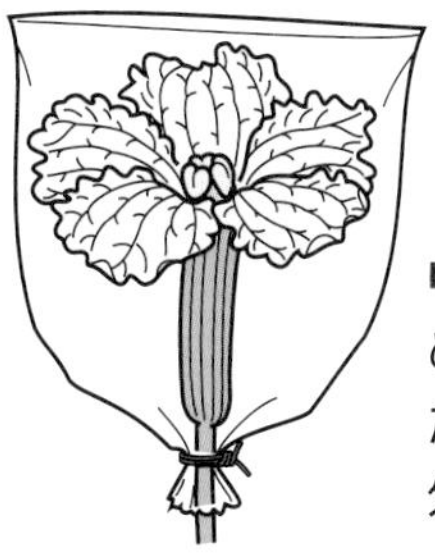

再びふくろをかぶせる。

めばながしぼんだら、ふくろを外す。

実になった。

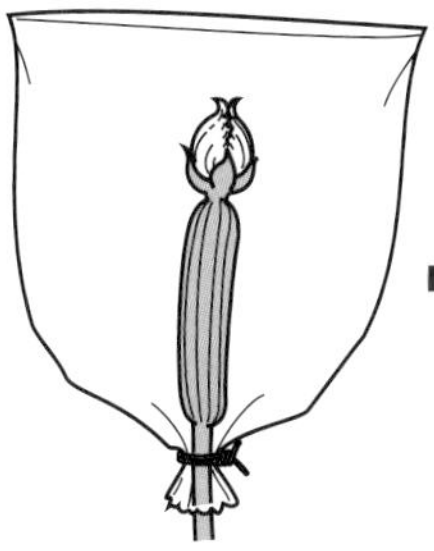

めばなのつぼみに
ふくろをかぶせる。

めばながさいても
そのままにしておく。

そのままにしておく。

めばながしぼんだら、ふくろを外す。

実にならなかった。

(1) さいているめばなではなく、つぼみにふくろをかぶせるのはなぜですか。正しいものに○をつけましょう。　**技能**

ア(　　)つぼみの中のめしべの先には花粉がついていないので、花がさいたときに花粉がつくようにしている。

イ(　　)つぼみの中のめしべの先には花粉がついていないので、花がさいたときに花粉がつかないようにしている。

ウ(　　)つぼみの中のめしべの先には花粉がついているので、花がさいたときにもっと花粉がつくようにしている。

エ(　　)つぼみの中のめしべの先には花粉がついているので、花がさいたときにもう花粉がつかないようにしている。

(2) 記述 受粉させためばなに、再びふくろをかぶせるのはなぜですか。

(　　　　　　　　　　　　　　　　　　　　)

(3) 記述 この実験から、どんなことがわかりますか。　**思考・表現**

(　　　　　　　　　　　　　　　　　　　　)

(4) この実験では、人がおしべの花粉をめしべの先につけていますが、自然にあるヘチマで、おしべからめしべに花粉を運んでいるものは何ですか。

(　　　　　　)

ふりかえり
1 の問題がわからないときは、34 ページの 1 にもどって確《かく》にんしましょう。
2 の問題がわからないときは、34 ページの 1 にもどって確にんしましょう。

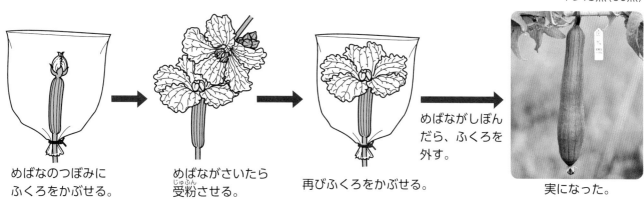

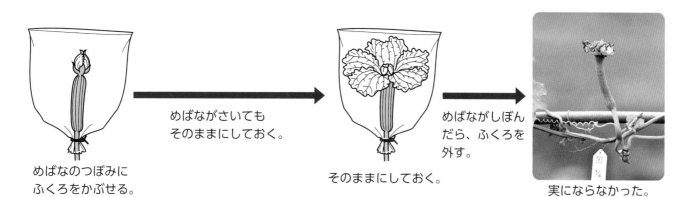

ぴったり1 準備

★台風接近《たいふうせっきん》

3分でまとめ

学習日　　月　　日

めあて
台風の動きや台風が近づいてきたときの天気を確にんしよう。

教科書 93〜101ページ　答え 20ページ

次の(　)にあてはまる言葉をかこう。

1 台風はどのように動き、天気はどのように変わるのだろうか。

教科書 93〜101ページ

(①　　　　　　　)…非常《ひじょう》に発達した積乱雲《せきらんうん》の集まりで、うずをまいている。

雲画像《くもがぞう》

(アメダスの情報《じょうほう》)こう水量

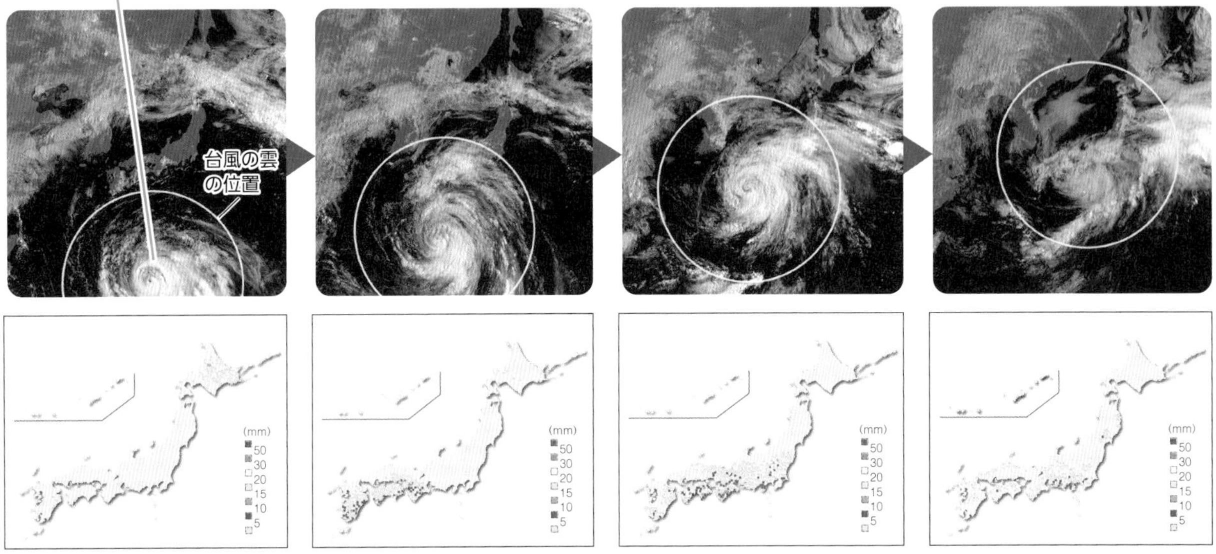

台風の雲の位置
(mm)
50
30
20
15
10
5

1日目　午前9時　　2日目　午前9時　　3日目　午前9時　　4日目　午前9時

▶台風は、夏から(②　　　　　　)にかけて日本に近づくことが多くなる。

▶ふつう、台風は、日本のはるか(③　　　　　　)の海上で発生し、勢《いきお》いを強めながら西や(④　　　　　　)の方へ動く。そのあと、日本付近では、北や(⑤　　　　　　)へ向かって進み、やがて勢いが弱くなっていく。

▶台風が近づくと、(⑥　　　　　　)がふったり、(⑦　　　　　　)がふいたりして、災害《さいがい》が起こることがある。

台風による雨で土地がうるおう一方で、こうずいや山くずれなどの災害が起こることもあるね。

ここがだいじ!

①ふつう、台風は、日本のはるか南の海上で発生し、西や北へ向かって進む。そのあと、日本付近では北や東へ向かって進む。

②台風が近づくと、大雨がふったり、強風がふいたりする。

ぴたトリビア　自然災害が起こったときに予想されるひ害を、地図上に表したものを「ハザードマップ」といいます。

ぴったり2

練習

★台風接近《たいふうせっきん》

学習日　　月　　日

教科書　93〜101ページ　　答え　20ページ

1 下の㋐〜㋒は、ある連続した3日間の、同じ時こくの雲《くも》画《が》像《ぞう》です。

㋐

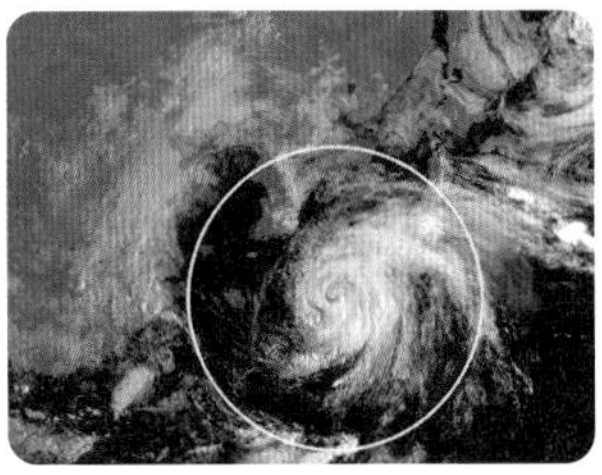

㋑

㋒

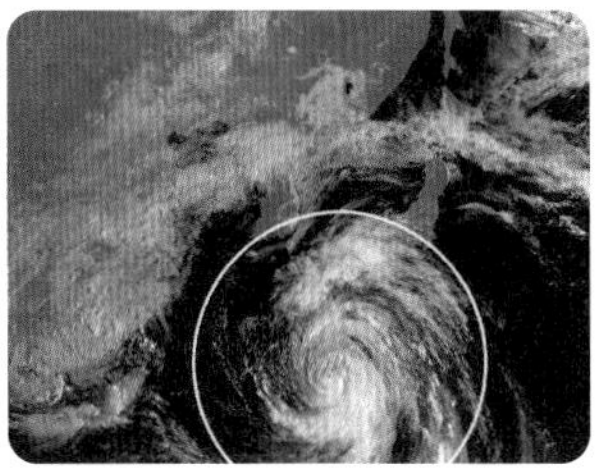

(1) ㋐〜㋒を日づけの順に、記号でならべましょう。

(　　　)→(　　　)→(　　　)

(2) (1)で答えた順になるわけとして、正しいものに○をつけましょう。

①(　　)台風は、日本付近では北や東の方に進むから。

②(　　)台風は、日本付近では南や西の方に進むから。

③(　　)雲がだんだん多くなるから。

(3) 台風が日本に近づくことが多いのは、いつごろですか。正しいものに○をつけましょう。

①(　　)春〜夏　　②(　　)夏〜秋

③(　　)秋〜冬　　④(　　)冬〜春

(4) 台風は、各地に大雨や強風をもたらし、やがて勢《いきお》いはどうなりますか。正しいものに○をつけましょう。

①(　　)強くなる。

②(　　)弱くなる。

③(　　)変わらない。

2 次の①〜⑥の災害《さいがい》を、雨による災害と風による災害とに分け、(　　)に「雨」か「風」をかき入れましょう。

①(　　　)こうずいがおき、家の中に水が入ってくる。

②(　　　)かん板や屋根がわらが、ふきとばされる。

③(　　　)山くずれがおきて、家がおしつぶされたり、道路がふさがれたりする。

④(　　　)収かく前の果物が、大量に地面に落ちる。

⑤(　　　)電線を支《ささ》える電柱がたおされる。

⑥(　　　)川の水が増《ふ》えて、橋が流される。

ぴったり3

確かめのテスト ★ 台風接近《たいふうせっきん》

時間 30 分

／100

合格 70 点

教科書 93〜101ページ　答え 21ページ

よく出る

1 下の①〜④は台風が近づいているときの連続した４日間の同じ時こくの日本付近の雲画像《くもがぞう》で、㋐〜㋓はそのときのアメダスの情報《じょうほう》です。ただし、㋐〜㋓は順番にはならんでいません。

1つ8点、⑵、⑷は全部できて8点（32点）

［雲画像］

①

②

③

④

［こう水量（アメダスの情報）］

㋐

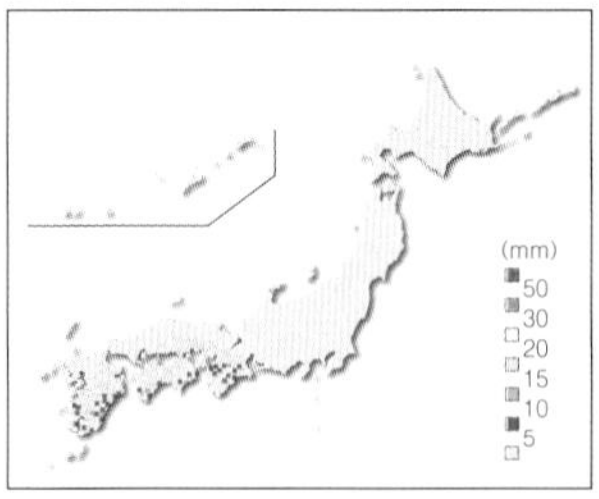

㋑

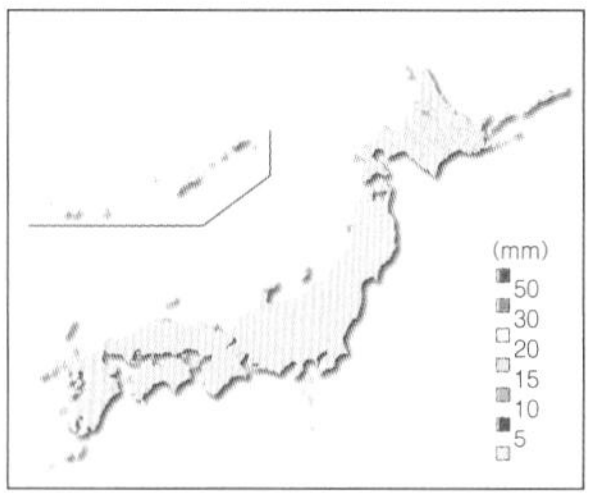

㋒

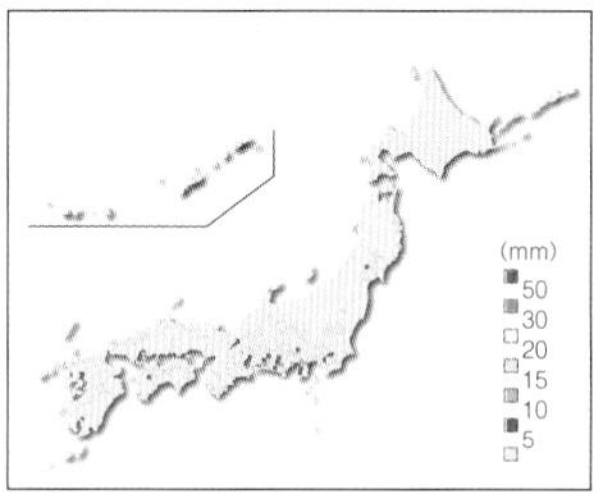

㋓

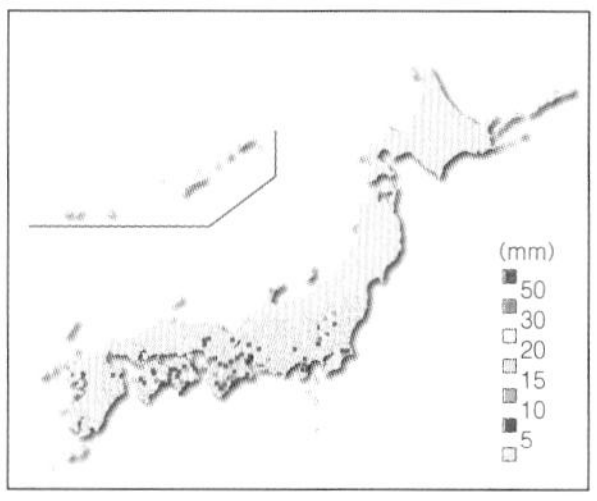

⑴ 次の（　　）にあてはまる言葉をかきましょう。

台風は、非常《ひじょう》に発達した（　　　　　　　）雲の集まりです。

⑵ ㋐〜㋓の情報を、①〜④に合うように順番にならべましょう。

①（　　　）→②（　　　）→③（　　　）→④（　　　）

⑶ ①〜④のとき、台風は、およそどの方位からどの方位へ動いたといえますか。正しいものに○をつけましょう。

ア（　　）東から西

イ（　　）北から南

ウ（　　）南から北

⑷ 台風が近づくと、どのようなことが起こりますか。正しいものすべてに○をつけましょう。

ア（　　）強風がふく。

イ（　　）晴れて暑くなる。

ウ（　　）雪がたくさんふる。

エ（　　）大雨がふる。

❷ 日本付近での、台風の動きと天気の変化について調べました。

1つ8点(32点)

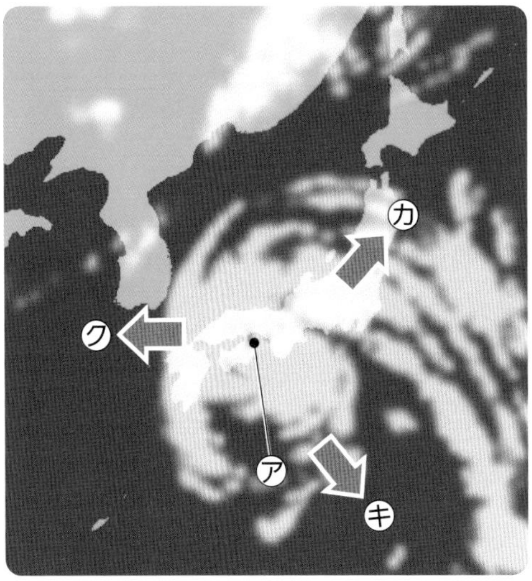

(1) 気象衛星《きしょうえいせい》から送られてくる観測《かんそく》データをしょりして、日本付近の雲の様子を表したものを何といいますか。

(　　　　　　)

(2) 日本付近の台風の動きと天気の変化について調べるには、何月ごろの気象情報を集めるとよいですか。正しいものに○をつけましょう。

①(　　)1～2月ごろ
②(　　)3～4月ごろ
③(　　)8～9月ごろ
④(　　)12～1月ごろ

(3) ㋐の地いきの天気として、あてはまると考えられるものに○をつけましょう。

①(　　)強風がふき、はげしい雨がふっている。
②(　　)雨はふっていないがくもっている。
③(　　)風や雨はおさまり、晴れている。

(4) このあと台風は、どの向きに動くと考えられますか。図の㋕～㋗の矢印から選んで、記号で答えましょう。(　　)

できたらスゴイ!

❸ 下の図は、日本付近の台風の雲の様子を表しています。

1つ12点(36点)

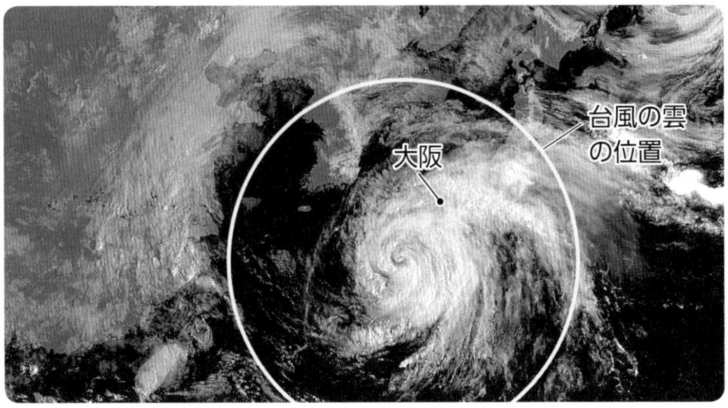

(1) このときの大阪《おおさか》の天気として、もっとも正しいと考えられるものに○をつけましょう。

ア(　　)雨
イ(　　)晴れ
ウ(　　)快晴《かいせい》

(2) 2日後、大阪の天気が変化しました。どのように変化しましたか。

(　　　　　　　　　　)

(3) 記述 (2)のように考えたわけをかきましょう。

(　　　　　　　　　　　　　　　　　　)

ふりかえり
❶の問題がわからないときは、38ページの❶にもどって確《かく》にんしましょう。
❸の問題がわからないときは、38ページの❶にもどって確にんしましょう。

ぴったり1 準備

3分でまとめ

6. 流れる水と土地

①川の上流と下流

学習日　　月　　日

[めあて] 川の上流と下流の様子のちがいについて、確にんしよう。

教科書 103〜110ページ　答え 22ページ

次の(　　)にあてはまる言葉をかくか、あてはまるものを○で囲(かこ)もう。

1 川の上流と下流では、どのようなちがいがあるのだろうか。　教科書 103〜110ページ

▶川の上流では、川はばが(① 広く ・ せまく)、川の下流では、川はばが(② 広い ・ せまい)。

▶川の上流では、角ばった(③ 大きい ・ 小さい)石が多く、川の下流では、丸い(④ 大きい ・ 小さい)石が多い。

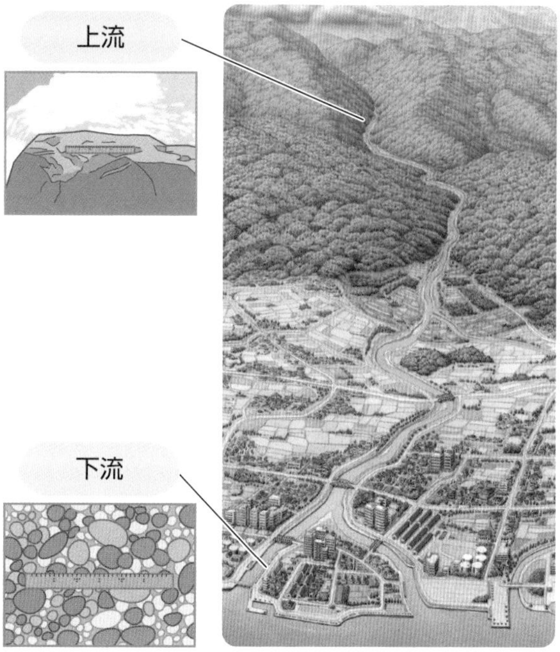

川の上流と下流で、川はばや石の大きさがちがうね。

▶次の㋐〜㋕のうち、上流の図は、(⑤　　　)、(⑥　　　)、(⑦　　　)である。

㋐

㋑

㋒

㋓

㋔

㋕

ここが、だいじ!

①川の上流では、川はばがせまく、川の下流では、川はばが広い。

②川の上流では、角ばった大きい石がよく見られ、川の下流では、丸い小さい石がよく見られる。

ぴたトリビア　高い場所から低い場所へ川の水は流れていきます。山の上流を流れる小さな川は、ほかの川といっしょになって大きな川となり、海へ流れていきます。

ぴったり2 練習

6. 流れる水と土地

①川の上流と下流

学習日　　月　　日

教科書 103～110ページ　答え 22ページ

1 右の図は、川の上流から下流までを表したものです。

(1) ①と②で、川はばが広いのはどちらですか。

（　　　）

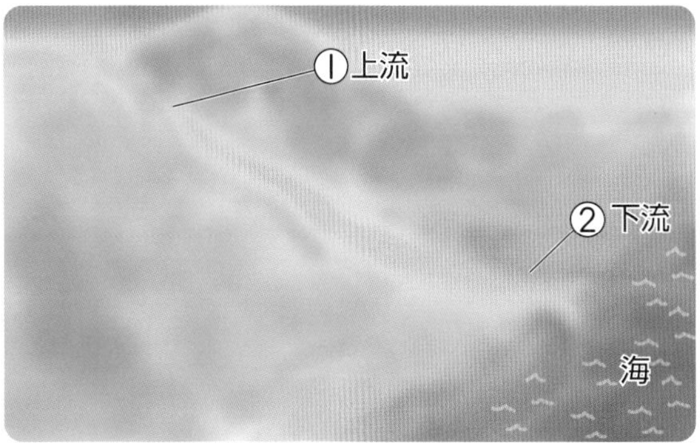

(2) 下の図のア、イは、右の①、②のどちらでよく見られる石ですか。（　　）に番号をかきましょう。

ア（　　　）　イ（　　　）

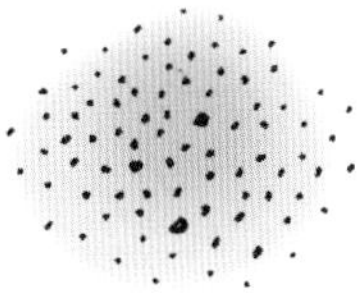

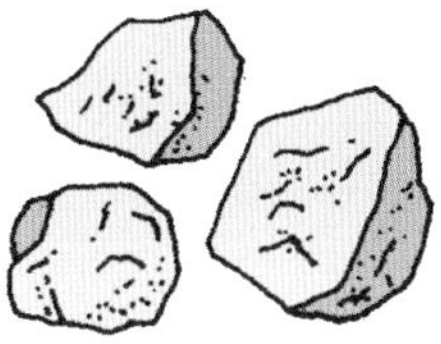

(3) 下の図のカ～サのうち、下流の図をすべて選び、記号で答えましょう。

（　　　　　）

カ

キ

ク

ケ

コ

サ

6. 流れる水と土地

②流れる水のはたらき

学習日　　月　　日

めあて
流れる水にはどのようなはたらきがあるのか、確にんしよう。

教科書　111～115ページ　答え　23ページ

次の(　　)にあてはまる言葉をかくか、あてはまるものを○で囲《かこ》もう。

1 流れる水には、どのようなはたらきがあるのだろうか。

教科書　111～115ページ

雨水が流れる地面の様子

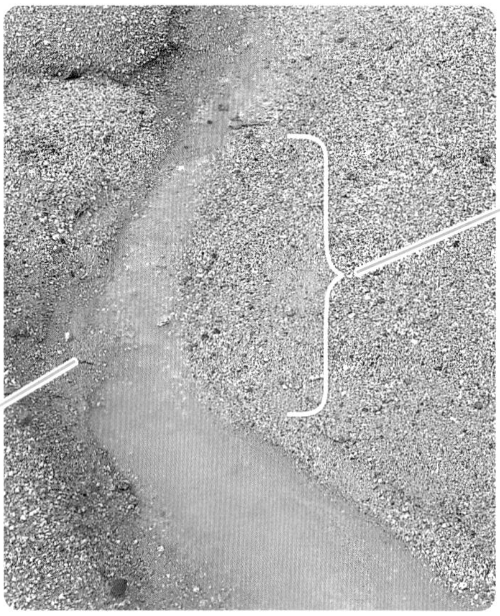

地面が(① 積もった ・ けずられた)ところ

土が(② 積もった ・ けずられた)ところ

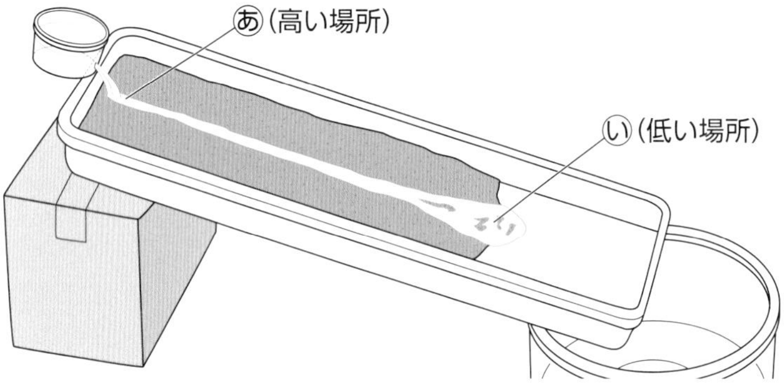

- あの部分では、土が(③ けずられて ・ 積もって)いる。
- いの部分では、土が(④ けずられて ・ 積もって)いる。
- 流れる水には、地面をけずったり、土を運んだり、運んだ土を積もらせたりするはたらきがある。
- 流れる水が地面をけずることを(⑤　　　　)という。
- 流れる水が石や土を運ぶことを(⑥　　　　)という。
- 流れる水によって運ばれた石や土が積もることを(⑦　　　　)という。
- 川の上流では(⑧　　　　)のはたらきで谷ができることが多く、川の下流では(⑨　　　　)のはたらきで平野や広い川原《かわら》ができることが多い。

ここがだいじ!
①流れる水には、地面をけずったり(しん食)、土を運んだり(運ぱん)、運んだ土を積もらせたり(たい積)するはたらきがある。

ぴたトリビア
山の上から流れた川は、川底をしん食して、長い年月をかけて深い谷をつくります。このようにできた地形は、アルファベットのV《ブイ》の字に似《に》ていることから「V字谷《じこく》」とよばれます。

6. 流れる水と土地

②流れる水のはたらき

教科書　111～115ページ　答え　23ページ

1 雨水が流れる地面の様子を調べました。

⑴ 地面がけずられたところを、㋐～㋓から２つ選んでかきましょう。

(　　)(　　)

⑵ 流れる水が地面をけずることを何といいますか。正しいものに○をつけましょう。

ア(　　)たい積
イ(　　)運ぱん
ウ(　　)しん食

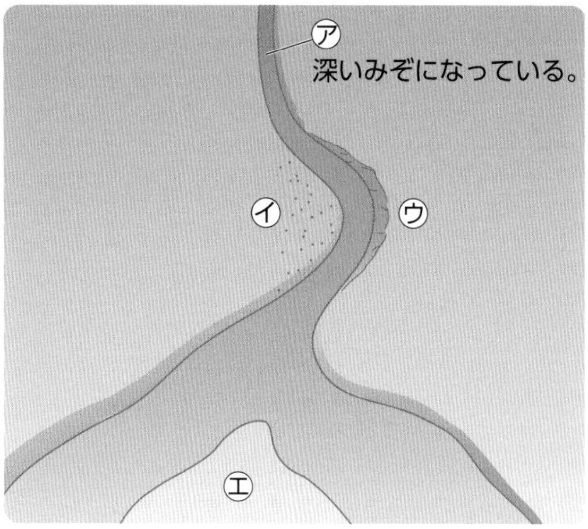
㋐
深いみぞになっている。
㋑
㋒
㋓

2 プランターのトレイに入れた土に水を流して、流れる水のはたらきを調べました。

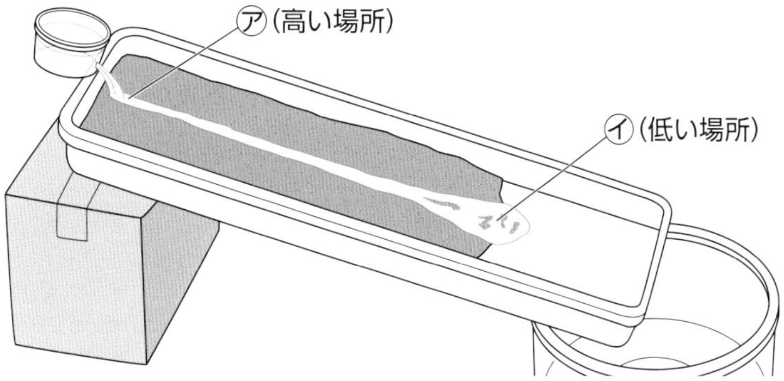
㋐(高い場所)
㋑(低い場所)

⑴ 土がけずられて、がけのようになったのは、㋐、㋑のどちらですか。

(　　)

⑵ 土が積もって、川原《かわら》のようになったのは、㋐、㋑のどちらですか。

(　　)

⑶ ㋑の部分は、流れる水の何というはたらきによってできましたか。２つ答えましょう。

(　　)、(　　)

⑷ 土がけずられて、谷ができることが多いのは、上流ですか、下流ですか。

(　　)

⑸ 運ばれた石や土が積もって、平野や広い川原ができることが多いのは、上流ですか、下流ですか。

(　　)

ぴったり1 準備

3分でまとめ

6. 流れる水と土地　★川と災害《さいがい》

③流れる水の量が増《ふ》えるとき

学習日　　月　　日

めあて
流れる水が増えたときの川の様子や災害について、確にんしよう。

教科書 116〜127ページ　答え 24ページ

次の(　　)にあてはまる言葉をかくか、あてはまるものを○で囲《かこ》もう。

1 水量が増えると、流れる水のはたらきは、どのように変わるのだろうか。

教科書 116〜121ページ

▶土に流す水の量と流れる水のはたらきとの関係を調べる。

- 土がけずられる様子は、水量が多いときのほうが、より(① 多く ・ 少なく)けずられる。
- 土が積もる様子は、水量が多いときのほうが、より(② 多く ・ 少なく)積もる。

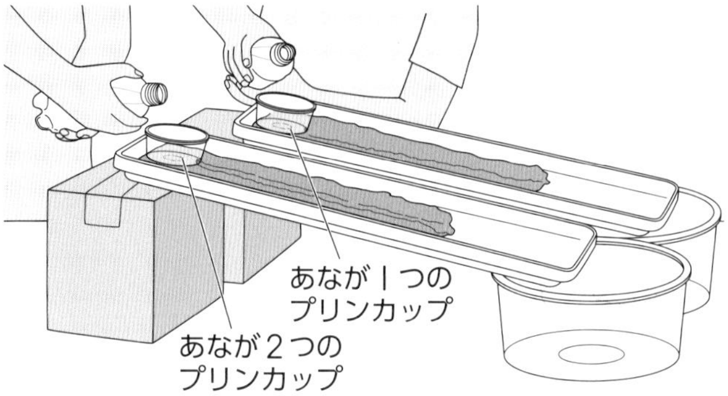

あなが１つの
プリンカップ
あなが２つの
プリンカップ

▶流れる水の量が増えると、しん食や運ぱんのはたらきが(③ 大きく ・ 小さく)なり、下流には石や土が(④ 多く ・ 少なく)たい積する。

2 川による災害を防《ふせ》ぐくふうを調べてみよう。

教科書 122〜127ページ

▶大雨などで川の水量が増えて、流れる水のはたらきが大きくなると、こうずいなどの災害が起こることがある。

災害を防ぐくふう

(①　　　　)

川の水をためて水量を調整する。

(②　　　　)

川の水量が増えたときに水があふれるのを防ぐ。

(③　　　　)

石や土が一度に流されるのを防ぐ。

他にも、水の勢《いきお》いを弱めて、川岸がけずられるのを防ぐブロック、川の水量が増えたときに水を一時的にためられるようにして、こうずいを防ぐ遊水地などがある。

ここが だいじ!
①水量が増えると、流れる水のはたらきは大きくなり、より大きくしん食したり、より多く運ぱんしたりする。

ぴたトリビア
川の水をたくわえるダムは、その水が生活に利用されるだけでなく、電気をつくったりこうずいを防いだりするなど、さまざまな役わりを果たしています。

学習日　　月　　日

6. 流れる水と土地　★川と災害《さいがい》

③流れる水の量が増《ふ》えるとき

教科書 116～127ページ　答え 24ページ

1 川の水量が増えたときの、流れる水のはたらきの変化について調べました。

(1) 川の水量が増えると、流れる水の次のはたらきは、どのようになりますか。大きくなるものには「大」、小さくなるものには「小」、変わらないものには「×」をそれぞれかきましょう。

ア(　　)しん食

イ(　　)運ぱん

(2) 写真の様子は、流れる水のどのはたらきによるものですか。正しいものに○をつけましょう。

ア(　　)しん食

イ(　　)運ぱん

ウ(　　)たい積

こうずいによってけずり取られた田畑

2 川の水量が増えて起こる災害を防《ふせ》ぐくふうについて調べました。

㋐

㋑

㋒

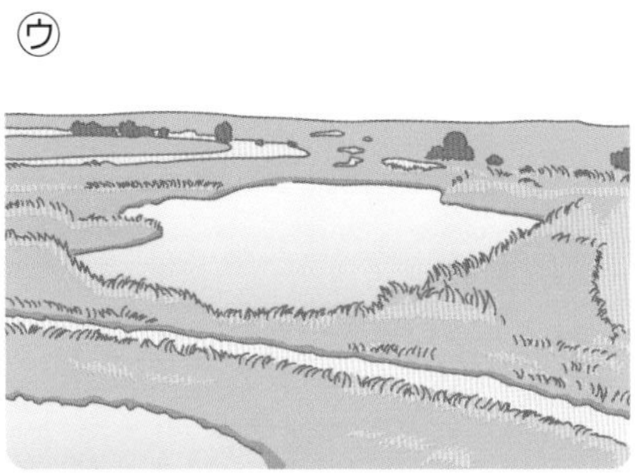

(1) 川の災害を防ぐくふうを示《しめ》している㋐～㋒の名前をそれぞれかきましょう。

㋐(　　　　　　)　㋑(　　　　　　)　㋒(　　　　　　)

(2) ㋐～㋒について、川の増水《ぞうすい》などで起こる災害を防ぐくふうの説明として正しいものを、次の①～④からそれぞれ選びましょう。

㋐(　　)　㋑(　　)　㋒(　　)

①流れてくる石や土が一度に流されるのを防ぐ。

②大雨などで川が増水したとき、水があふれ出すのを防ぐ。

③川の水を一時的にためられるようにして、こうずいを防ぐ。

④水の勢《いきお》いを弱め、水が急に減《へ》るのを防ぐ。

ぴったり3
確かめのテスト

6. 流れる水と土地
★ 川と災害《さいがい》

時間 30 分

／100

合格 70 点

教科書 103～129ページ　答え 25ページ

よく出る

1 ①上流と②下流の川の様子のちがいについて調べました。　1つ5点(35点)

(1) ①と②で、土を積もらせるはたらきが大きいのはどちらですか。
(　　　)

(2) ①と②で、深い谷ができているのはどちらですか。
(　　　)

(3) ②の川はばは、せまいですか、広いですか。
(　　　　)

(4) ①と②で、大きくて角ばった石が見られるのはどちらですか。
(　　　)

(5) ア～ウの川はそれぞれ、①と②のどちらの図ですか。

ア(　　　)　イ(　　　)　ウ(　　　)

よく出る

2 図のようなそうちを使って、土のしゃ面をつくってみぞをつけ、みぞに水を流しました。　1つ5点(25点)

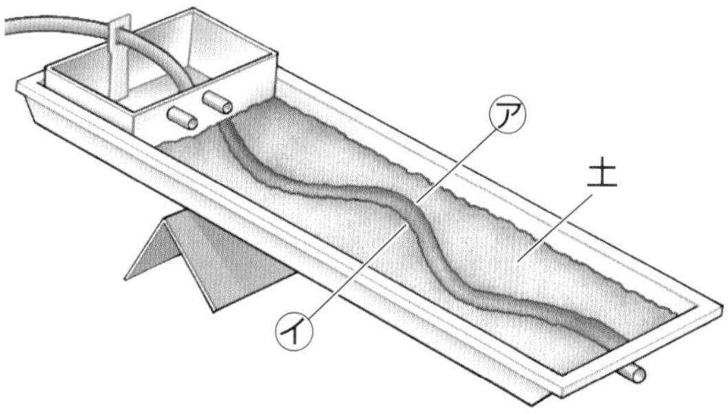

(1) 流れる水が土をけずるはたらきが大きいのは、㋐と㋑のどちらですか。
(　　　)

(2) 流す水の量を増《ふ》やすと、土をけずったり、運んだりするはたらきはどうなりますか。
(　　　　　　　　)

(3) 流れる水のはたらきについて、あてはまるものを線でつなぎましょう。

しん食 ・	・ 土をけずるはたらき
運ぱん ・	・ 土を積もらせるはたらき
たい積 ・	・ 土を運ぶはたらき

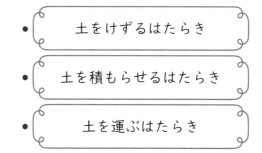

❸ 川による災害について考えます。

1つ5点(20点)

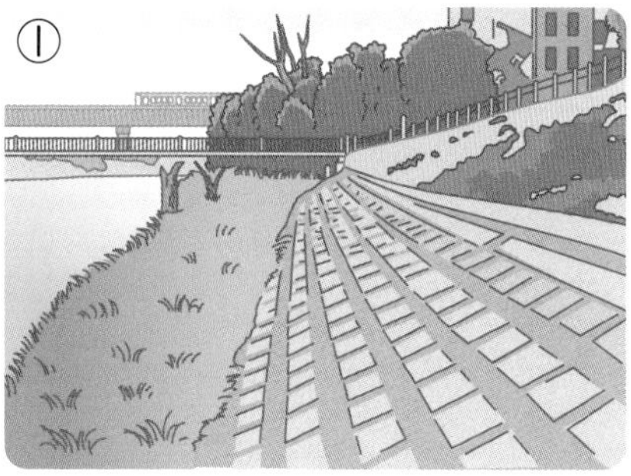

㋐川の水量が増えたとき、川の水があふれるのを防《ふせ》ぐ。

㋑川の水をため、水量を調節することで水不足やこうずいを防ぐ。

㋒川の水を一時的にためられるようにして、こうずいを防ぐ。

(1) 川による災害を防ぐくふうを表す図①～③と、それぞれのくふうについて説明している㋐～㋒を線でそれぞれつなぎましょう。

(2) 川岸に置いて、水の勢《いきお》いを弱め、川岸がけずられるのを防ぐことができるものはどれですか。正しいものに○をつけましょう。

ア(　　)ブロック
イ(　　)ダム
ウ(　　)遊水地

できたらスゴイ!

❹ 梅雨《つゆ》や台風《たいふう》などで、長い間雨がふったり、短時間に大雨がふったりすることがあります。

(1)は1つ5点、(2)は10点(20点)

(1) 大雨がふって、ふだんより川の水量が増えると、①水の流れる速さ、②川の水が川岸をけずるはたらきは、それぞれどうなりますか。

①(　　　　　　　　)
②(　　　　　　　　)

(2) 記述 図のようなところで、川岸にてい防《ぼう》をつくるとき、流れの外側につくります。このことから、川が曲がったところの外側は内側と比《くら》べて、どのようなちがいがありますか。

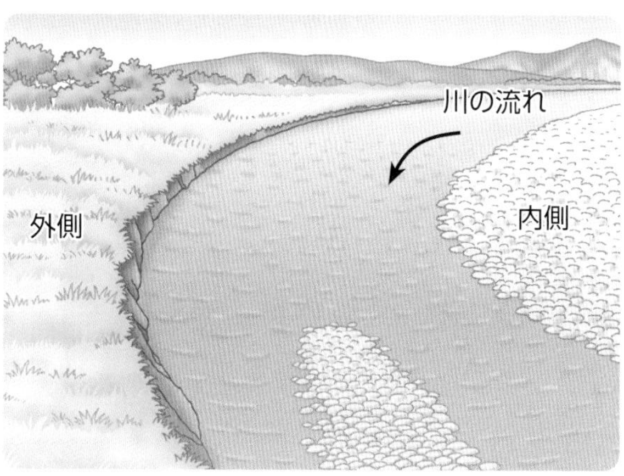

思考・表現

(　　　　　　　　　　　　　　　　　　　　　　　　　　　　)

ふりかえり
❶の問題がわからないときは、42ページの❶と44ページの❶にもどって確《かく》にんしましょう。
❹の問題がわからないときは、44ページの❶と46ページの❶、❷にもどって確にんしましょう。

ぴったり1 準備

3分でまとめ

7. 電流が生み出す力

①電磁石《でんじしゃく》の性質《せいしつ》

学習日　月　日

めあて
電磁石のはたらきと、その極の性質を確にんしよう。

教科書 130～137ページ　答え 26ページ

次の(　　)にあてはまる言葉をかこう。

1 電磁石には、どのような性質があるのだろうか。

教科書 130～137ページ

- 導線《どうせん》を何回もまいたものを(① 　　　　　)という。
- 鉄心を入れたコイルに電流を流し、鉄を引き付けるようにしたものを(② 　　　　　)という。
- 電磁石の作り方

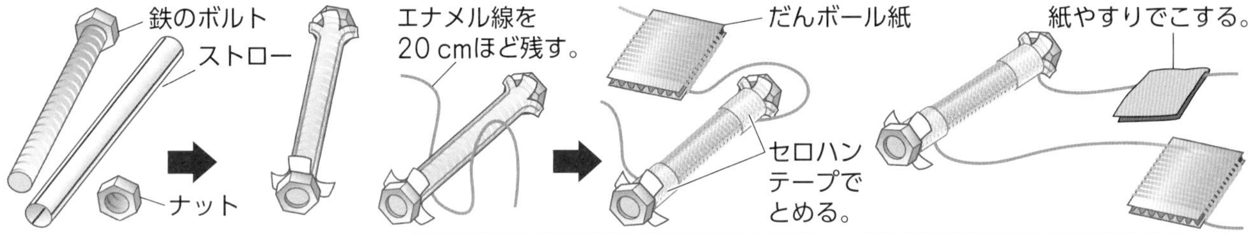

鉄のボルト
ストロー
ナット
エナメル線を
20 cmほど残す。
だんボール紙
セロハン
テープで
とめる。
紙やすりでこする。

㋐ストローの先を広げてボルトを入れて、ナットでとめる。

㋑ボルトに、エナメル線をまく。余《あま》ったエナメル線は、だんボール紙にまく。

㋒エナメル線のはしの表面をけずり取り、(③ 　　　　　)が通るようにする。

- 電磁石は、コイルに(④ 　　　　　)が流れているときだけ、鉄心が鉄を引き付ける。
- 電磁石には、磁石と同じようにN《エヌ》極と(⑤ 　　　　　)極がある。
- かん電池のつなぎ方を反対にすると、流れる電流の向きは(⑥ 　　　　　)になる。
- 回路に流れる電流の向きを変えると、電磁石の極は(⑦ 　　　　　)。

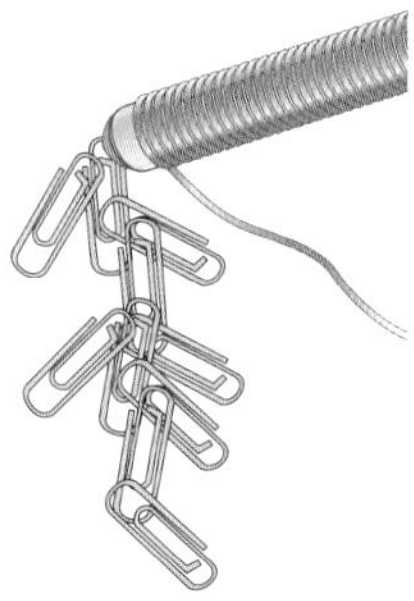

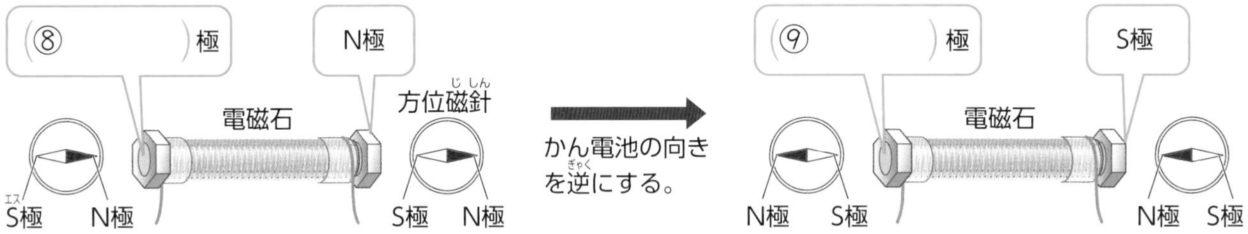

(⑧ 　　　　)極
N極
電磁石
方位磁針《じしん》
S《エス》極　N極
S極　N極
かん電池の向きを逆《ぎゃく》にする。
(⑨ 　　　　)極
S極
電磁石
N極　S極
N極　S極

ここがだいじ!
①電磁石は、コイルに電流を流しているときだけ磁石になる。
②電磁石には、磁石と同じようにN極とS極がある。
③電流の向きを変えると、電磁石の極は入れかわる。

ぴたトリビア
磁石に付いていた鉄くぎが、磁石からはなれても鉄を引き付けることがあるように、電磁石の鉄心にしていた鉄くぎが、電流を切ったあとも鉄を引き付けることがあります。

7. 電流が生み出す力

①電磁石《でんじしゃく》の性質《せいしつ》

教科書　130〜137ページ　答え　26ページ

1 電磁石を、かん電池やスイッチにつないで、スイッチを入れました。

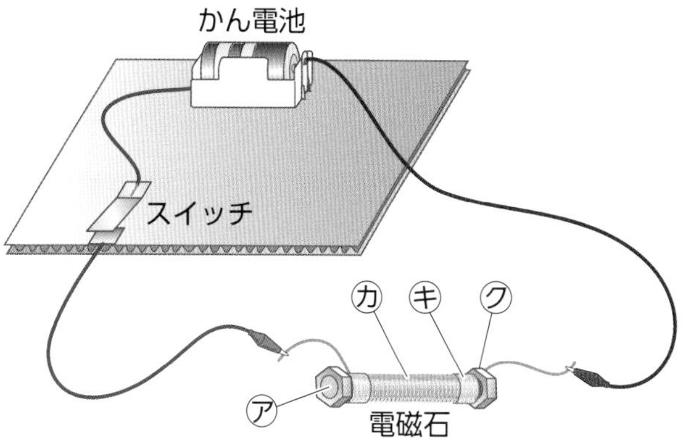

(1) 電磁石の㋐のボルトは何でできていますか。
正しいものに○をつけましょう。

ア（　　）鉄
イ（　　）銅《どう》
ウ（　　）木
エ（　　）プラスチック

(2) 次のうち、電磁石に引き付けられるのはどれですか。正しいものに○をつけましょう。

ア（　　）鉄のクリップ
イ（　　）ガラスのコップ
ウ（　　）アルミニウムのかん
エ（　　）プラスチックのストロー

(3) (2)のものがよく引き付けられるのは、図の㋕〜㋗のどの部分ですか。

（　　）

2 電磁石を使って図のような回路をつくり、電磁石のはしに方位磁針《じしん》を置きました。

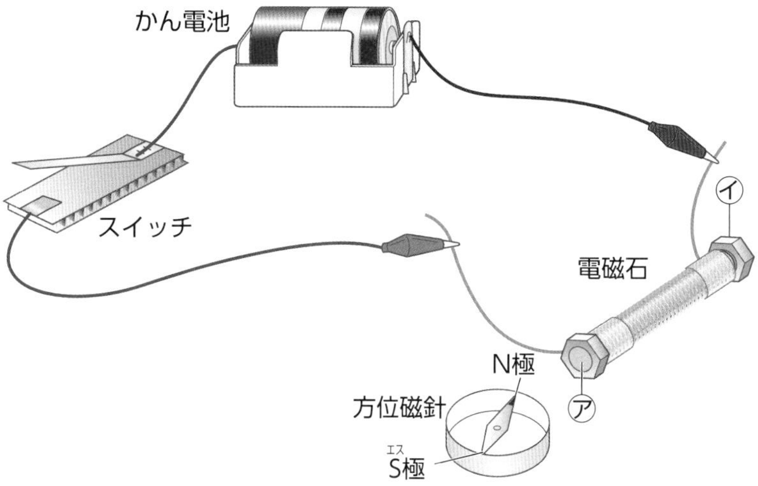

(1) スイッチを入れると、方位磁針のN《エヌ》極が㋐に引き付けられました。電磁石の㋐は何極になっていますか。

（　　）

(2) (1)のとき、㋑は何極になっていますか。

（　　）

(3) かん電池のつなぎ方を反対にしてスイッチを入れると、回路に流れる電流の向きはどうなりますか。

（　　）

(4) (3)のとき、㋐は何極になっていますか。（　　）

(5) (3)のとき、㋑は何極になっていますか。（　　）

学習日　　月　　日

7. 電流が生み出す力

②電磁石《でんじしゃく》のはたらき

めあて
電磁石のはたらきを変える方法を確にんしよう。

教科書 138〜143、195ページ　答え 27ページ

次の(　　)にあてはまる言葉をかこう。

1 電磁石のはたらきを大きくするには、どうすればよいのだろうか。

教科書 138〜143、195ページ

▶電流の大きさを変えて、引き付けるクリップの数を調べる。

変える条件《じょうけん》		同じにする条件
電池	㋐かん電池1個《こ》	コイルのまき数 導線《どうせん》の長さ
	㋑かん電池2個の(①　　　　)つなぎ	

▶コイルのまき数を変えて、引き付けるクリップの数を調べる。

変える条件		同じにする条件
まき数	㋒100回まき	かん電池1個 (電流の大きさ) 導線の長さ
	㋓200回まき	

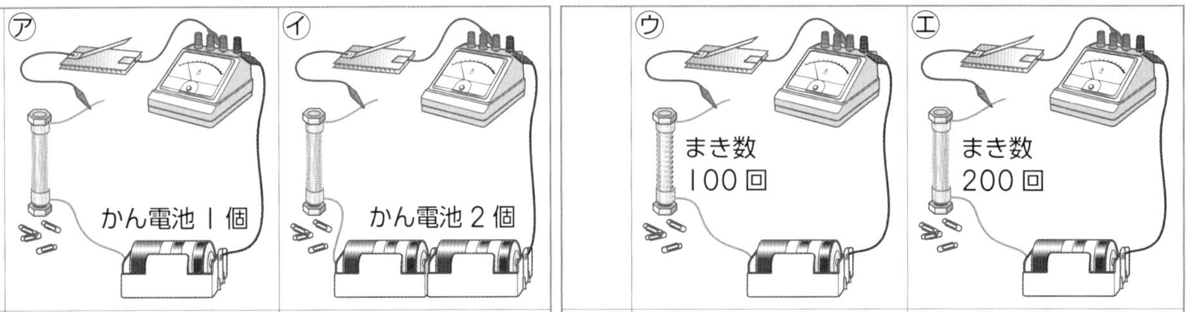

㋐
かん電池1個
㋑
かん電池2個
㋒
まき数
100回
㋓
まき数
200回

	㋐	㋑	㋒	㋓
クリップの数	(②　　　　)	多い	(③　　　　)	多い

▶電磁石が鉄を引き付けるはたらきは、電流が大きいほど(④　　　　)。

▶電磁石が鉄を引き付けるはたらきは、コイルのまき数が多いほど(⑤　　　　)。

▶電流計の使い方

電流計の+《プラス》たんしはかん電池の(⑥　　　　)極側、−《マイナス》たんしはかん電池の−極側の導線をつなぐ。

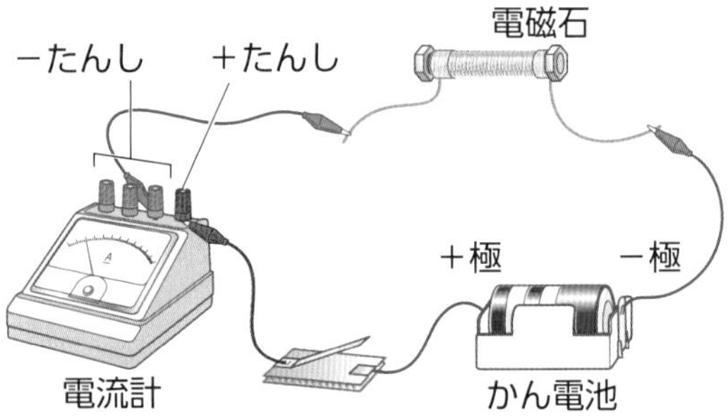

−たんし
+たんし
電磁石
+極
−極
電流計
かん電池

▶電流の大きさは、(⑦　　　　)(A)という単位で表し、電流計を使うと調べることができる。

▶電流計のはりがさす目もりによって、次のように−たんしをつなぎかえる。

①はじめは、電流計の(⑧　　　　)の−たんしに、かん電池の−極側の導線をつなぐ。

②はりのふれが0.5A《アンペア》より小さいときは(⑨　　　　)mA《ミリアンペア》の−たんしにつなぎかえる。

mA(ミリアンペア)も、電流の大きさを表す単位だよ。
1A＝1000mA

ここがだいじ!

①電磁石のはたらきは、流れる電流の大きさを大きくするほど、大きくなる。

②電磁石のはたらきは、コイルのまき数を多くするほど、大きくなる。

③電流の大きさは、電流計を使うと調べることができる。

ぴたトリビア　電流を流したコイルを方位磁針《じしん》に近づけると、針は向きを変えますが、コイルに鉄心を入れると、磁石の力はより強くなります。

7. 電流が生み出す力

②電磁石《でんじしゃく》のはたらき

学習日　　月　　日

教科書 138〜143、195ページ　答え 27ページ

1 ㋐〜㋒のスイッチを入れて、電磁石をそれぞれ鉄のクリップに近づけました。導線《どうせん》の長さは全て同じです。

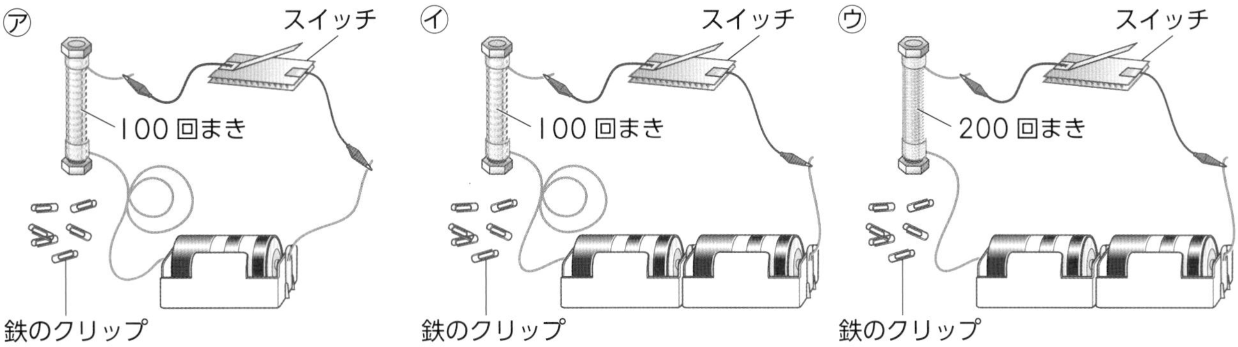

(1) 電磁石に流れる電流の大きさがもっとも小さいのは、どれですか。図の㋐〜㋒から選びましょう。
（　　）

(2) 電磁石に鉄のクリップがもっとも多く付くのは、どれですか。図の㋐〜㋒から選びましょう。
（　　）

(3) 電磁石について、正しいもの2つに○をつけましょう。

ア（　　）電磁石が鉄を引き付けるはたらきは、電流が大きいほど大きい。
イ（　　）電磁石が鉄を引き付けるはたらきは、電流が小さいほど大きい。
ウ（　　）電磁石が鉄を引き付けるはたらきは、コイルのまき数が多いほど大きい。
エ（　　）電磁石が鉄を引き付けるはたらきは、コイルのまき数が少ないほど大きい。

2 電流計で電流の大きさをはかると、はりが図のようにふれました。

(1) 図の㋐のたんしは、＋《プラス》、－《マイナス》のどちらですか。
（　　）

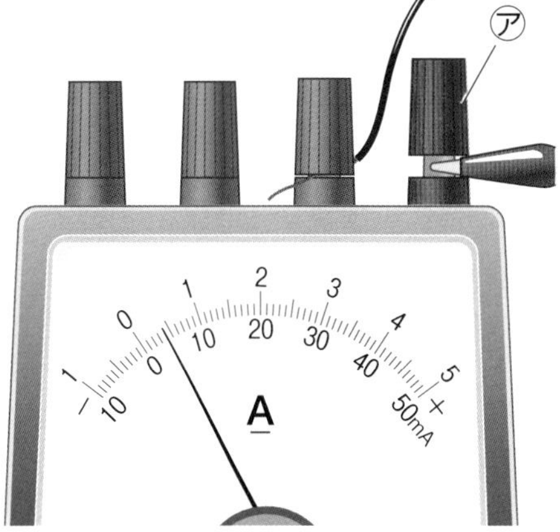

(2) 図の電流計の－たんしには、はじめにつなぐ大きさのたんしに導線をつないであります。そのたんしはどれですか。正しいものに○をつけましょう。

ア（　　）5 A《アンペア》の－たんし
イ（　　）500 mA《ミリアンペア》の－たんし
ウ（　　）50 mAの－たんし

(3) 図のはりのふれは、0.5 Aより大きいですか、小さいですか。
（　　）

(4) はりのふれが(3)のとき、導線をつなぐ－たんしをかえます。どのたんしにつなぎかえるとよいですか。正しいものに○をつけましょう。

ア（　　）5 Aの－たんし　　イ（　　）500 mAの－たんし
ウ（　　）50 mAの－たんし　　エ（　　）＋たんし

7. 電流が生み出す力

時間 30分
／100
合格 70点

教科書 130～149、195ページ　答え 28ページ

よく出る

1 電磁石《でんじしゃく》の両はしに、方位磁針《じしん》を近づけました。

1つ5点(30点)

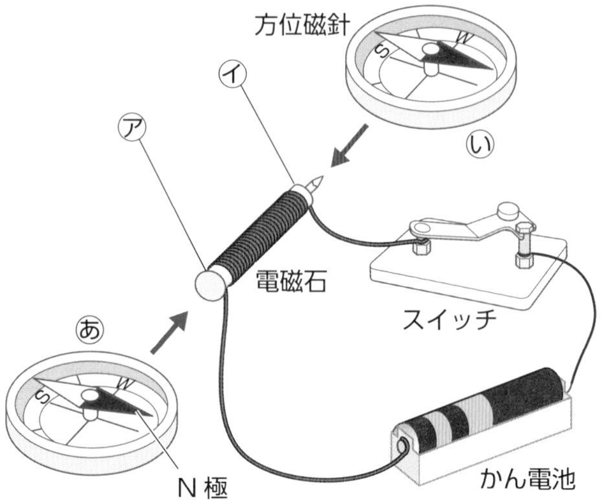

方位磁針
㋑
㋐
い
電磁石
スイッチ
あ
N極
かん電池

(1) 電磁石のスイッチを入れ、あの方位磁針を電磁石の㋐のはしに近づけたところ、N《エヌ》極が引き付けられました。

①㋐のはしは、何極ですか。（　　　　）

②㋑のはしは、何極ですか。（　　　　）

③次に、いの方位磁針を㋑のはしに近づけると、どうなりますか。正しいものに○をつけましょう。

ア（　　）㋑のはしに、N極が引き付けられる。

イ（　　）㋑のはしに、S《エス》極が引き付けられる。

ウ（　　）方位磁針のはりは動かない。

(2) かん電池の＋《プラス》極と－《マイナス》極を逆《ぎゃく》にして、スイッチを入れました。

①あの方位磁針を㋐のはしに近づけると、どうなりますか。正しいものに○をつけましょう。

ア（　　）㋐のはしに、N極が引き付けられる。

イ（　　）㋐のはしに、S極が引き付けられる。

ウ（　　）方位磁針のはりは動かない。

②㋐のはし、㋑のはしは、それぞれ何極ですか。　㋐（　　　　）　㋑（　　　　）

2 電流計の使い方について、次の問いに答えましょう。

1つ5点(20点)

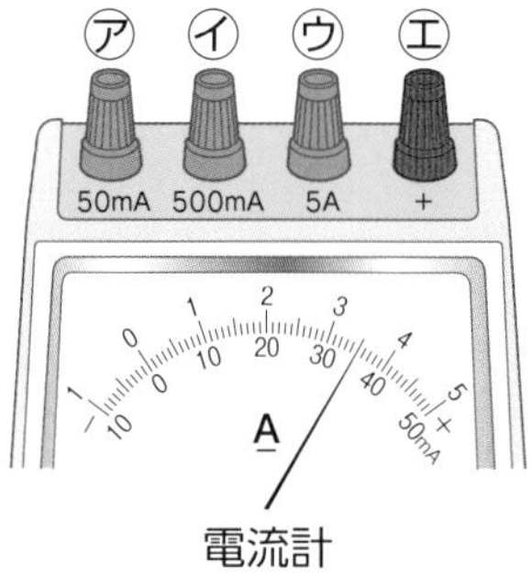

㋐ ㋑ ㋒ ㋓
50mA 500mA 5A +
A
電流計

(1) 50 mA《ミリアンペア》とは、何A《アンペア》ですか。

（　　　　）

(2) 図の電流計を回路につなぐとき、かん電池の＋極側の導線《どうせん》をつなぐのは、どのたんしですか。図の㋐～㋓から選びましょう。

（　　　　）

(3) いちばん大きい電流がはかれる－たんしはどれですか。図の㋐～㋓から選びましょう。

（　　　　）

(4) 500 mAの－たんしにつないでいるとき、電流計のはりが図のようになりました。このときの電流の大きさをかきましょう。

（　　　　）

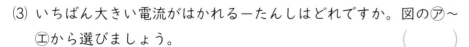

3 **電流の大きさやコイルのまき数を変えると、電磁石のはたらきの大きさが変わるかどうか、実験をしました。**

1つ5点(15点)

㋐ かん電池　1個《こ》
コイルのまき数　100回

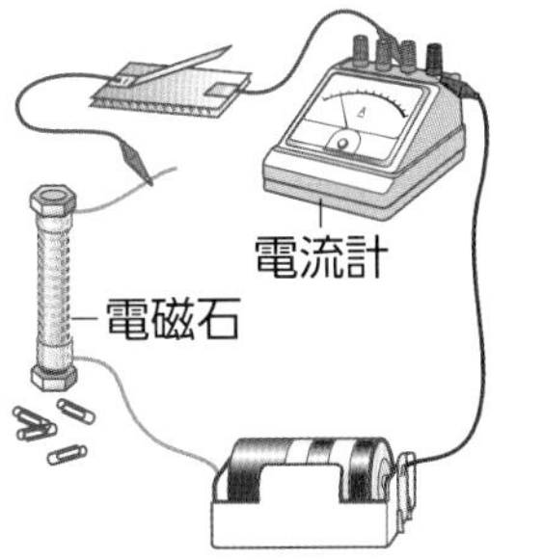

㋑ かん電池　1個
コイルのまき数　200回

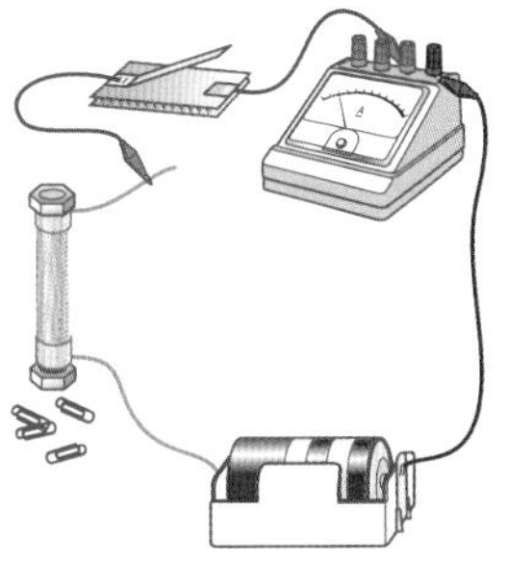

㋒ かん電池　2個
コイルのまき数　100回

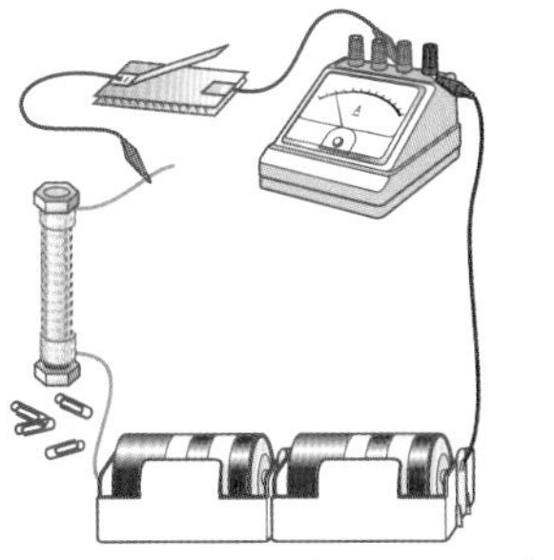

(電磁石を作るエナメル線の長さはどれも同じ。)

(1) 電流の大きさだけを変えて、電磁石のはたらきの大きさが変わるかを調べるには、どれとどれを比《くら》べればよいですか。正しいものに○をつけましょう。

①(　　)㋐と㋑　　②(　　)㋐と㋒
③(　　)㋑と㋒　　④(　　)㋐と㋑と㋒

(2) コイルのまき数だけを変えて、電磁石のはたらきの大きさが変わるかを調べるには、どれとどれを比べればよいですか。正しいものに○をつけましょう。

①(　　)㋐と㋑　　②(　　)㋐と㋒
③(　　)㋑と㋒　　④(　　)㋐と㋑と㋒

(3) スイッチを入れて、電磁石が鉄のクリップを何個引き付けるかを調べたとき、㋐～㋒の中でいちばん引き付けたクリップの数が少ないのはどれですか。

(　　)

できたらスゴイ！

4 **電磁石と磁石は、どちらも鉄のクリップを引き付けます。**

1つ7点(35点)

(1) 次の①～④のうち、電磁石だけにあてはまるものには○を、磁石だけにあてはまるものには△を、どちらにもあてはまるものには◎をつけましょう。

①(　　)N極とS極がある。
②(　　)極は入れかわらない。
③(　　)鉄を引き付けるはたらきを大きくすることができる。
④(　　)電流が流れたときだけ、鉄を引き付ける。

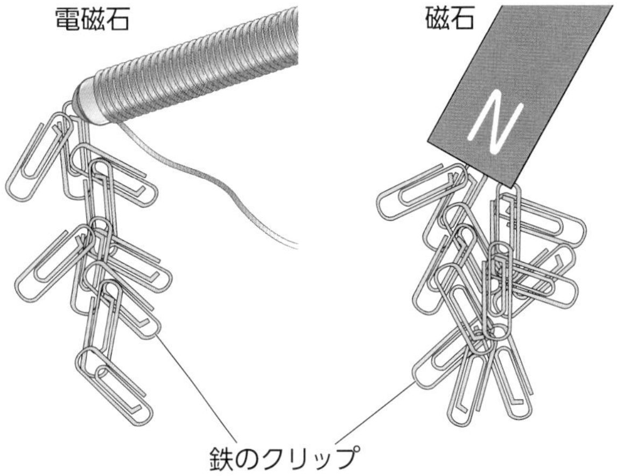

(2) 記述 リサイクル工場で鉄を運ぶときなどに使われるリフティングマグネットには、電磁石が使われています。磁石ではなく、電磁石が使われるのはなぜですか。電磁石や磁石の性質《せいしつ》から答えましょう。

(　　　　)

ふりかえり
1の問題がわからないときは、50ページの**1**にもどって確《かく》にんしましょう。
4の問題がわからないときは、50ページの**1**と52ページの**1**にもどって確にんしましょう。

この本の終わりにある「冬のチャレンジテスト」をやってみよう！

8. もののとけ方

①水《すい》よう液《えき》の重さ

学習日　　月　　日

めあて
ものを水にとかしたとき、全体の重さはどうなるのか、確にんしよう。

教科書　150〜155、196ページ　答え　29ページ

次の(　)にあてはまる言葉をかくか、あてはまるものを○で囲《かこ》もう。

1 食塩やミョウバンを水にとかすとき、全体の重さはとかす前後で変わるのだろうか。 教科書　150〜155、196ページ

▶食塩やコーヒーシュガーなどを水にとかした液のように、ものが水にとけて、とうめいになった液を(①　　　　　)という。

とかす前の食塩またはミョウバンの全体の重さをはかる。　食塩を水に入れてよくふる。　食塩またはミョウバンを水にとかしたあとの全体の重さをはかる。

食塩
薬包紙
水
電子
てんびん
薬包紙
食塩水

全体の重さは、(②　変わる　・　変わらない　)。

▶水にとかした食塩やミョウバンは目に見えなくなっても、(③　　　　　)の中に全部ある。

▶電子てんびんの使い方

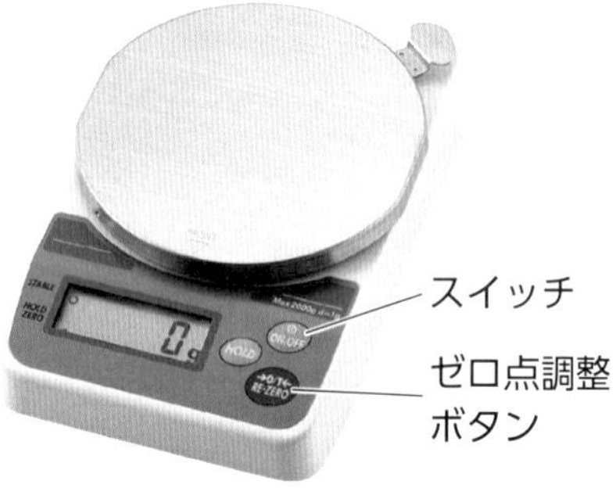
スイッチ
ゼロ点調整
ボタン

(1) 水平な台の上に置いて、スイッチを入れる。
(2) ゼロ点調整ボタンをおして、表示《ひょうじ》を「(④　　　　)」にする。
(3) 重さを調べるものをのせて、表示を読む。
★ 決められた重さよりも(⑤　　　　)とわかっているものはのせない。

▶上皿てんびんの使い方(左ききの人は、右を左に、左を右に読みかえて使う)

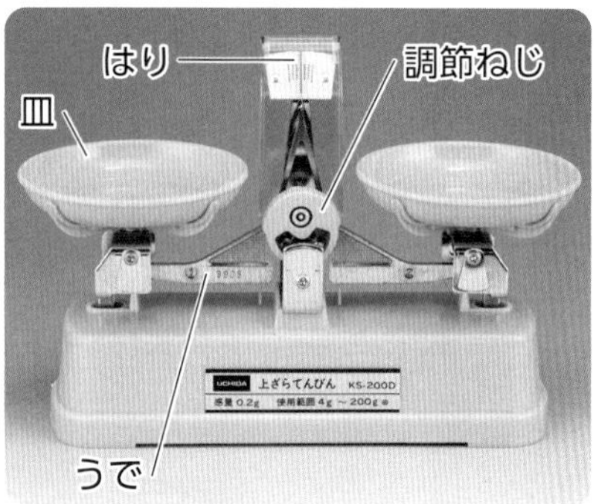
はり
調節ねじ
皿
うで

★ ものをのせていないときにつりあっていない場合は、(⑥　　　　　)を回してつりあうようにする。
(1) 上皿てんびんを(⑦　　　　)な台に置いて、重さを調べたいものを左の皿にのせる。
(2) いちばん重い(⑧　　　　)を右の皿にのせ、重すぎたら、次の重さの(⑧)にのせかえる。
(3) (⑧)の方が軽くなったら、次の重さの(⑧)を加える。
(4) はりが左右に等しくふれるようになってつりあったら、のせた(⑧)の重さを合計する。

ここがだいじ!
①ものが水にとけてとうめいになった液を水よう液という。
②食塩やミョウバンを水にとかす前後で、全体の重さは変わらない。

ぴたトリビア 水にとけると、とけたものは目に見えないほど小さくなっています。なくなったのではなく水の中にあるので、とけたものの重さもなくなりません。

ぴったり2 練習

8. もののとけ方

①水《すい》よう液《えき》の重さ

学習日　　月　　日

教科書　150～155、196ページ　答え　29ページ

1 水に食塩をとかして、とかす前後の全体の重さをはかって、比《くら》べました。

とかす前の全体の重さをはかる。　食塩を水に入れてよくふる。　とかしたあとの全体の重さをはかる。

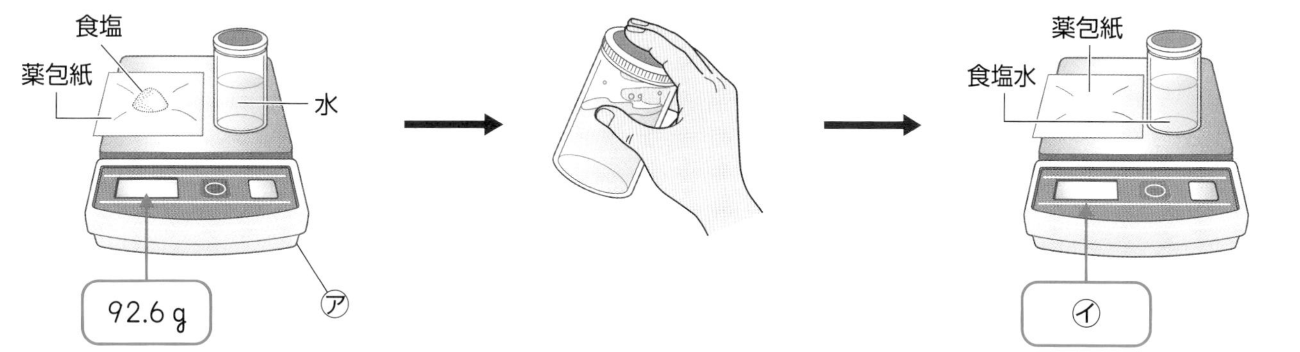

食塩
薬包紙
水
92.6 g
ア
薬包紙
食塩水
イ

(1) ものの重さをはかるために使った図の器具㋐の名前をかきましょう。

（　　　　　　　　）

(2) 食塩を水にとかしたあとの全体の重さ㋑は何 g ですか。

（　　　　　　）

(3) 食塩を水にとかしたあとの全体の重さが、(2)のようになるのはなぜですか。正しいものに○をつけましょう。

①（　　）食塩が水にぬれるから。

②（　　）食塩がなくなるから。

③（　　）食塩は目に見えなくなっても水よう液の中に全部あるから。

2 右ききの人が、図のような器具を使って、ミョウバンの重さを調べます。

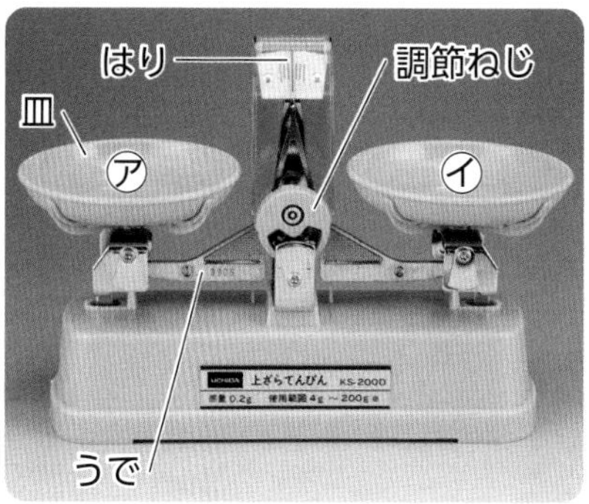

はり
調節ねじ
皿
ア
イ
うで

(1) 図の器具の名前をかきましょう。

（　　　　　　　　）

(2) ミョウバンは、図の器具の㋐、㋑のどちらの皿にのせますか。

（　　　）

(3) ミョウバンを皿にのせたあと、分銅《ふんどう》はいちばん重いものといちばん軽いもののどちらをのせますか。

（　　　　　　　　）

(4) 図の器具がつりあうのはどのようなときですか。正しいほうに○をつけましょう。

①（　　）はりが動かなくなったとき。

②（　　）はりが左右に等しくふれているとき。

8. もののとけ方

②ものが水にとける量(1)

学習日　　月　　日

めあて
ものが水にとける量には限度があるのかを確にんしよう。

教科書 156〜158、197ページ　答え 30ページ

次の(　　)にあてはまる言葉をかくか、あてはまるものを○で囲《かこ》もう。

1 食塩やミョウバンが水にとける量には、限度《げんど》があるのだろうか。

教科書 156〜158、197ページ

▶メスシリンダーの使い方

▶水面の(①　　　　　　)部分を、はかり取る水の量の目もりに合わせる。

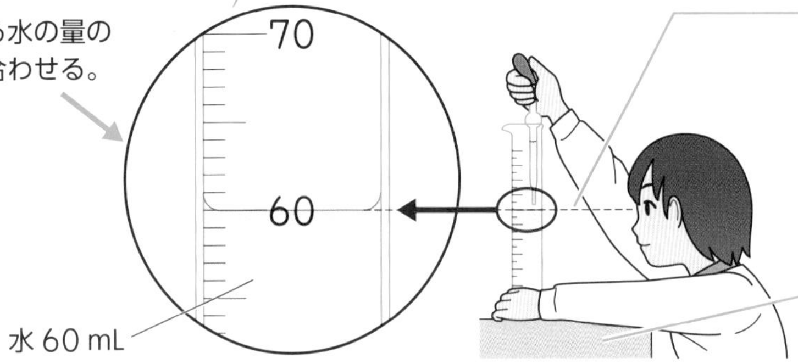
70
60
水 60 mL

▶目もりは、(②　　　　　　)から見る。

▶メスシリンダーは、(③　　　　　　)な台の上に置いて使う。

▶食塩やミョウバンが水にとける量を調べる。

- メスシリンダーで 50 mL の水をはかり取ってビーカーに入れ、食塩を小さじ 1 ぱい分ずつ入れてかき混《ま》ぜ、食塩がとける量と、そのときの液《えき》の温度を調べる。
- 食塩と同じようにして、ミョウバンが 50 mL の水にとける量と、そのときの液の温度を調べる。

結果(例)

[食塩]

50 mL の水にとけた食塩の量	そのときの温度
小さじ3ばい	15℃

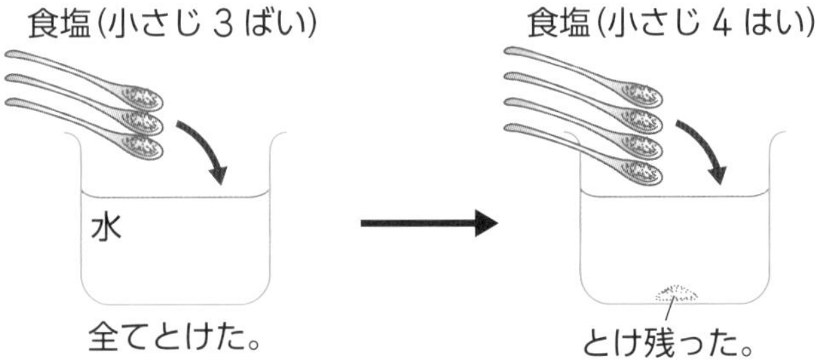
食塩(小さじ 3 ばい)
水
全てとけた。
食塩(小さじ 4 はい)
とけ残った。

[ミョウバン]

50 mL の水にとけたミョウバンの量	そのときの温度
小さじ1ぱい	15℃

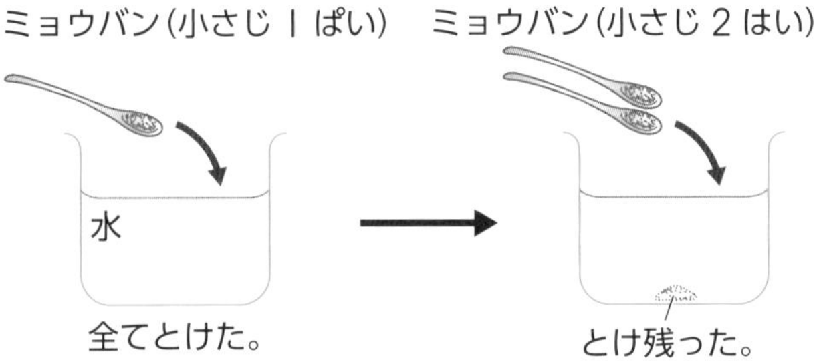
ミョウバン(小さじ 1 ぱい)
水
全てとけた。
ミョウバン(小さじ 2 はい)
とけ残った。

▶食塩やミョウバンが水にとける量には、限度が(④　ある　・　ない　)。

▶水にとける限度は、食塩とミョウバンで(⑤　同じ　・　ちがう　)。

ここが だいじ!
①メスシリンダーを使うと、必要な液体の体積を調べることができる。
②食塩やミョウバンが水にとける量には、限度があり、食塩とミョウバンでちがう。

ぴたトリビア　水の量が半分になると、水にとけるものの量も半分になります。

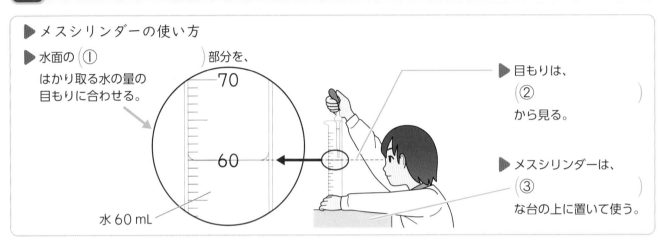

ぴったり2

練習

8. もののとけ方

②ものが水にとける量(1)

学習日　　月　　日

教科書　156～158、197ページ　答え　30ページ

1 **図のような器具を使って、40 mL の水をはかり取ります。**

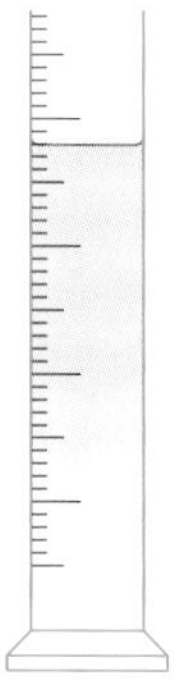

(1) 図の器具の名前をかきましょう。

(　　　　　　　　　)

(2) 図の器具の使い方として、正しいものに○をつけましょう。

①(　　)目もりはななめ上から見る。

②(　　)目もりは真横から見る。

③(　　)目もりはななめ下から見る。

(3) 40 mL の水をはかり取ったときの様子はどれですか。図の㋐～㋒から選びましょう。

(　　)

㋐　　　　　　㋑　　　　　　㋒

2 **温度が 15 ℃の水 50 mL に食塩を小さじ 1 ぱい分ずつ入れて、かき混《ま》ぜることをくり返しました。**

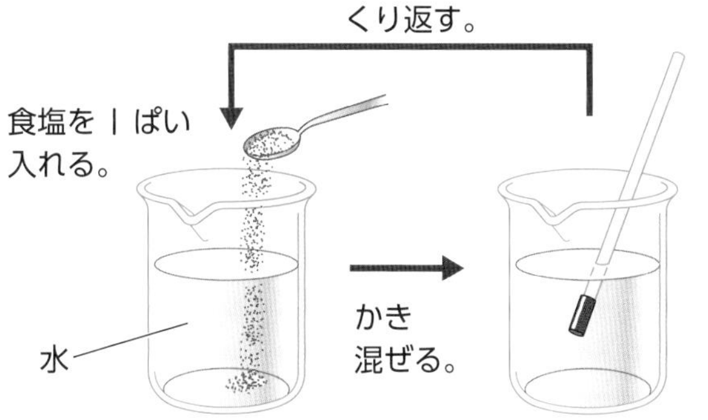

(1) 食塩を小さじ3ばい入れると全てとけましたが、小さじ4はい入れたとき、とけ残りました。食塩が水にとける量には限度《げんど》があるといえますか。

(　　　　　　　　　)

(2) 食塩をミョウバンに変えて、同じように温度が 15 ℃の水 50 mL に、小さじ 1 ぱい分ずつ入れてかき混ぜることをくり返していくと、どうなりますか。正しいものに○をつけましょう。

①(　　)ミョウバンを何ばい入れても、全て水にとける。

②(　　)ある量でミョウバンは水にとけきれなくなるが、その量は食塩とちがう。

③(　　)ある量でミョウバンは水にとけきれなくなるが、その量は食塩と同じ。

8. もののとけ方

②ものが水にとける量(2)

めあて
食塩やミョウバンを水にたくさんとかす方法を確にんしよう。

教科書 158~163ページ　答え 31ページ

次の(　)にあてはまる言葉をかくか、あてはまるものを○で囲《かこ》もう。

1 食塩やミョウバンを水にたくさんとかすには、どうすればよいのだろうか。 教科書 158~163ページ

▶水の量を増《ふ》やして、食塩とミョウバンのとける量を調べる。
・水の量が50 mLのときと100 mLのときで、食塩やミョウバンをとけ残りが出るまで水にとかし、とける量を調べる。

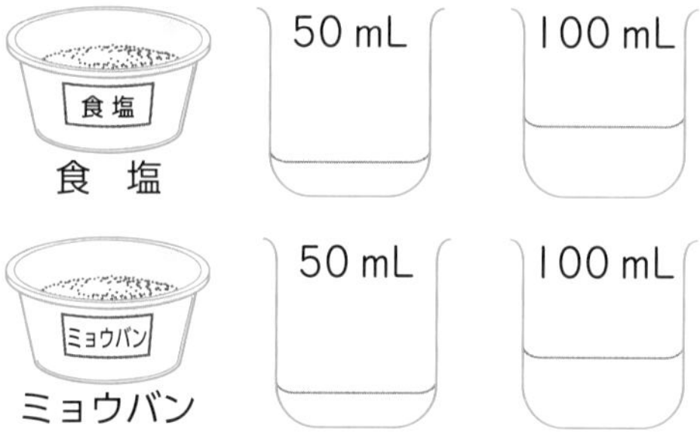
食塩
50 mL
100 mL
食　塩
50 mL
100 mL
ミョウバン
ミョウバン

変える条件《じょうけん》		同じにする条件
水の量	50 mL	水の(①　　　)
	100 mL	

結果(例)

水の量	とけた食塩の量	液《えき》の温度
50 mL	小さじ3ばい	15 ℃
100 mL	小さじ6ぱい	15 ℃

水の量	とけたミョウバンの量	液の温度
50mL	小さじ1ぱい	15 ℃
100 mL	小さじ2はい	15 ℃

▶水の量を増やすと、食塩とミョウバンをたくさんとかすことが(②　できる　・　できない　)。
▶水の温度を上げて、食塩とミョウバンのとける量を調べる。
・水の温度を上げないときと上げるときで、食塩やミョウバンをとけ残りが出るまで水にとかし、とける量を調べる。

食塩
15 ℃
50 ℃
食　塩
15 ℃
50 ℃
ミョウバン
ミョウバン

変える条件		同じにする条件
水の温度	上げない	水の(③　　　)
	上げる	

結果(例)

水の温度	とけた食塩の量	液の温度
上げない	小さじ3ばい	15 ℃
上げる	小さじ3ばい	50 ℃

水の温度	とけたミョウバンの量	液の温度
上げない	小さじ1ぱい	15 ℃
上げる	小さじ3ばい	50 ℃

▶水の温度を上げても、食塩が水にとける量は(④　変わる　・　ほとんど変わらない　)。
▶水の温度を上げると、ミョウバンが水にとける量は(⑤　変わる　・　ほとんど変わらない　)。
▶ものが水にとける量は、とかすものによって変わり方が(⑥　同じ　・　ちがう　)。

ここがだいじ!
①水にたくさんの食塩をとかすには、水の量を増やせばよい。
②水にたくさんのミョウバンをとかすには、水の量を増やしたり、水の温度を上げたりすればよい。

ぴたトリビア　水にとける量だけでなく、水以外の液体《えきたい》にとける量と温度の関係も、ものによってちがいます。

ぴったり2 練習

8. もののとけ方

②ものが水にとける量(2)

学習日　月　日

教科書 158〜163ページ　答え 31ページ

1 水の量による、食塩とミョウバンがとける量を調べる実験をしました。

水の量	とけた食塩の量	とけたミョウバンの量
50 mL	小さじ3ばい	小さじ1ぱい
100 mL	小さじ（ ㋐ ）	小さじ2はい

(1) この実験を行うとき、かならず同じにする条件は何ですか。正しいものに○をつけましょう。

ア（　　）水の量
イ（　　）水の温度
ウ（　　）水に食塩やミョウバンを入れる人

(2) 表の㋐にあてはまる言葉は何ですか。正しいものに○をつけましょう。

ア（　　）1ぱい　　イ（　　）2はい
ウ（　　）3ばい　　エ（　　）6ぱい

(3) 水の量ととけるものの間には、どのような関係がありますか。正しいものに○をつけましょう。

ア（　　）水の量が2倍になると、とけるものの量も2倍になる。
イ（　　）水の量が2倍になると、とけるものの量は$\frac{1}{2}$になる。
ウ（　　）水の量が$\frac{1}{2}$になると、とけるものの量は2倍になる。
エ（　　）水の量が3倍になると、とけるものの量は6倍になる。

2 水の温度による、食塩とミョウバンがとける量の変わり方を調べ、表にまとめました。

水の温度	とけた食塩の量	とけたミョウバンの量
15℃	小さじ3ばい	小さじ1ぱい
50℃	小さじ（ ㋐ ）ばい	小さじ3ばい

(1) この実験を行うとき、かならず同じにする条件は何ですか。正しいものに○をつけましょう。

ア（　　）水の量
イ（　　）水の温度
ウ（　　）水に食塩やミョウバンを入れる人

(2) 表の㋐にあてはまる数を答えましょう。（　　　）

(3) 水の温度を上げることで、たくさんとかすことができるのは、食塩とミョウバンのどちらですか。（　　　）

ぴったり1

準備

8. もののとけ方

③とけているものが出てくるとき

学習日　月　日

めあて
水よう液にとけているものを取り出す方法を確にんしよう。

教科書　164〜171、197ページ　答え　32ページ

次の(　)にあてはまる言葉をかくか、あてはまるものを○で囲《かこ》もう。

1　水《すい》よう液《えき》にとけている食塩やミョウバンは、どうすると出てくるのだろうか。　教科書　164〜171、197ページ

▶ろ過《か》の仕方

▶液をろ過すると、とけ残ったつぶや出てきたつぶと、(①　　　　　)とを分けることができる。

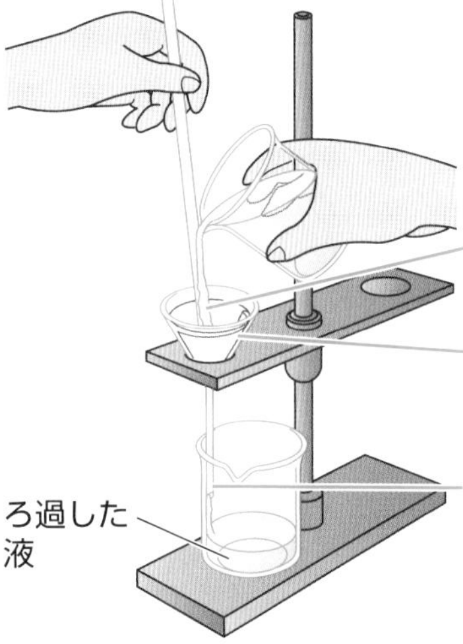

ろ過した液

(②　　　　　)に伝わらせて注ぐ。

ろうとの先の(③　長い　・　短い　)ほうを、ビーカーのかべにつける。

ろ紙を(④　　　　　)でぬらして、ろうとにつける。

▶温度を下げて、とけているものが出てくるかを調べる。

- ミョウバンの水よう液を冷やして、とけているものが出てくるかどうかを調べる。

▶水よう液の温度を下げると、ミョウバンのつぶが(⑤　出てくる　・　出てこない　)。

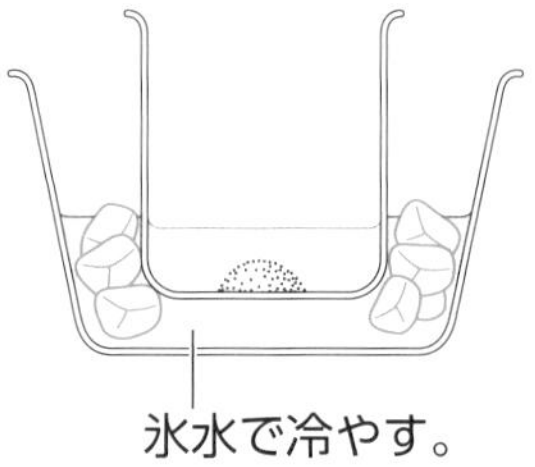

氷水で冷やす。

▶水の量を減《へ》らして、とけているものが出てくるかを調べる。

- 食塩やミョウバンの水よう液から水を蒸発《じょうはつ》させて、とけているものが出てくるかどうかを調べる。

▶水よう液にとけている食塩やミョウバンは、水よう液から水の量を減らすと(⑥　出てくる　・　出てこない　)。

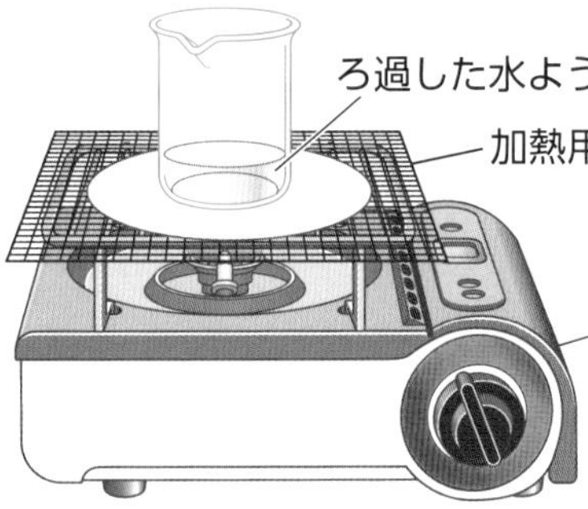

ろ過した水よう液
加熱用金あみ
実験用ガスコンロ

ここが だいじ!
①水よう液にとけているミョウバンは、水よう液の温度を下げたり、水の量を減らしたりすると出てくる。
②水よう液にとけている食塩は、水よう液から水の量を減らすと出てくる。

ぴたトリビア　食塩やミョウバンの水よう液から水を蒸発させると出てくる、規則《きそく》正しい形をした固体を「けっしょう」といいます。

教科書　164～171、197ページ　答え　32ページ

1 **とけ残りのあるミョウバンの水《すい》よう液《えき》をろ過《か》します。**

(1) ろ過の仕方として正しいものに○をつけましょう。

ア(　　)　イ(　　)　ウ(　　)

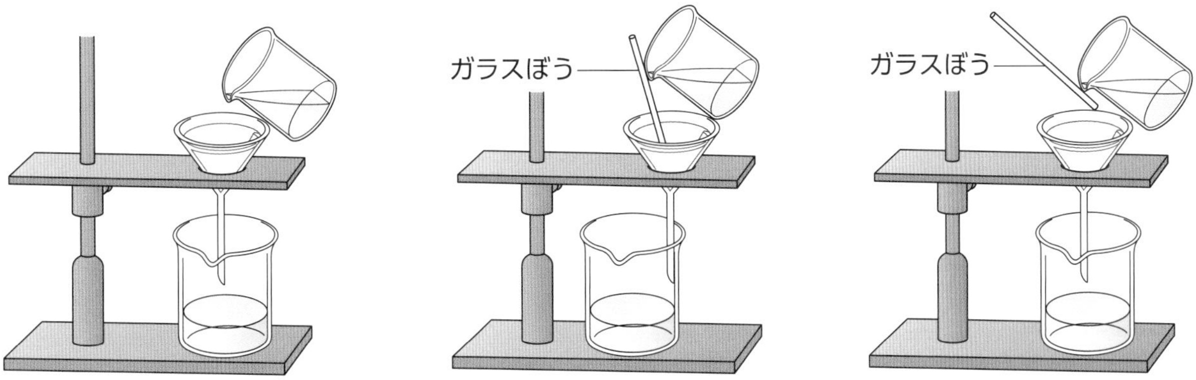

(2) ろ過した液には、ミョウバンのつぶが見えますか、見えませんか。

(　　　　　)

(3) ろ過した液は、ミョウバンの水よう液といえますか、いえませんか。

(　　　　　)

(4) ろ過したあとのろ紙には、ミョウバンのつぶがありますか、ありませんか。

(　　　　　)

2 **ミョウバンの水よう液と食塩水から、それぞれとけているものを取り出します。**

(1) ミョウバンの水よう液を氷水で冷やすと、水よう液からミョウバンのつぶは出てきますか。

(　　　　　)

(2) ミョウバンの水よう液と食塩水から、とけているミョウバンと食塩を取り出す方法として正しいものに○をつけましょう。

ア(　　)水よう液をかき混《ま》ぜる。
イ(　　)水よう液に、水を加える。
ウ(　　)水よう液から、水を蒸発《じょうはつ》させる。

ぴったり3 確かめのテスト

8. もののとけ方

時間 30分　／100　合格 70点

教科書 150〜173、197ページ　答え 33ページ

1 メスシリンダーを使って、水をはかり取ります。

1つ8点(24点)

(1) 目もりを読むとき、目の位置として正しいのは、図の㋐〜㋒のどこですか。

(　　　)

(2) 図の㋓〜㋕の、どの目もりを読めばよいですか。

(　　　)

(3) 図では、水を何 mL はかり取っていますか。

(　　　　　　　)

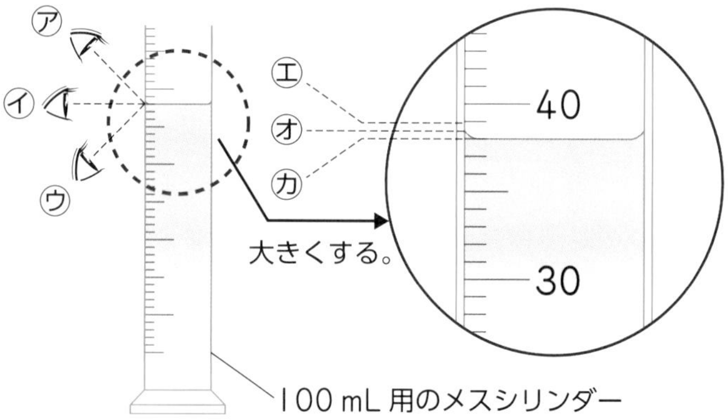

よく出る

2 水 50 mL に、重さを変えて食塩を入れ、かき混《ま》ぜます。

1つ6点(24点)

(1) ㋐〜㋒のうち、1つだけ食塩がとけ残りました。それはどれですか。記号で答えましょう。

(　　　)

(2) 水に食塩がとけた液《えき》は、食塩水以外に何といいますか。(　　)にあてはまる言葉をかき入れましょう。

食塩の(　　　　　　　)

(3) 水に食塩が全てとけた液の様子として、正しいものに○をつけましょう。

ア(　　)食塩のつぶが底にたまっている液である。
イ(　　)色がついていない、とうめいな液である。
ウ(　　)色がついていて、とうめいではない液である。

(4) 水にとかした食塩は目に見えなくなりました。水にとかした食塩は、食塩水の中に全部ありますか、ありませんか。

(　　　　)

❸ とけ残りのあるミョウバンの水《すい》よう液《えき》をろ過《か》しました。

1つ8点、(3)は全部できて8点(24点)

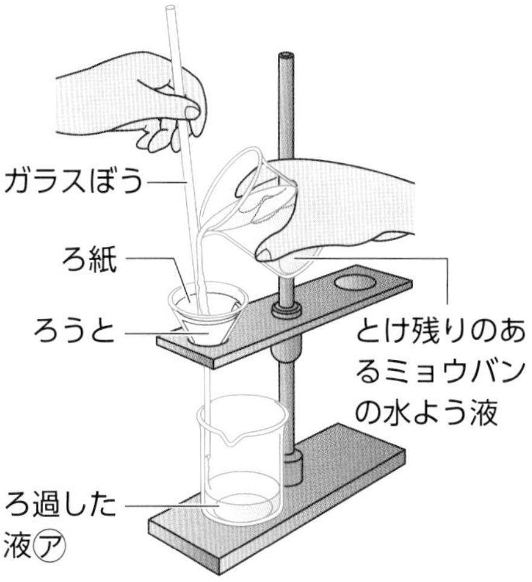

(1) ろ紙をろうとにつけるために、ろ紙をろうとに入れたあと、どのようにしますか。正しいものに○をつけましょう。

ア（　　）ろ紙を入れたろうとをふる。

イ（　　）ろ紙を水でぬらす。

ウ（　　）ろ紙を入れたろうとを加熱器具で熱する。

(2) ろ過した液㋐について正しいものに○をつけましょう。

ア（　　）目に見えるミョウバンのつぶが、底にしずんでいる。

イ（　　）目に見えるミョウバンのつぶが、水の中で均一《きんいつ》に広がっている。

ウ（　　）目に見えないが、ミョウバンがふくまれている。

(3) ろ過した液㋐からミョウバンを取り出せるものすべてに○をつけましょう。

ア（　　）液から水を蒸発《じょうはつ》させる。

イ（　　）液を、氷水で冷やす。

ウ（　　）液を、湯であたためる。

エ（　　）液に、水を入れる。

できたらスゴイ！

❹ 水の温度を変えて、食塩やミョウバンを小さじで１ぱいずつ水にとかしていき、水にどれだけとけるかを調べたところ、表のようになりました。

1つ7点(28点)

水50 mLにとける量

水の温度(℃)／とかすもの	15℃	50℃
食塩	小さじ３ばい	小さじ３ばい
ミョウバン	小さじ１ぱい	小さじ３ばい

(1) 水の温度とものがとける量について、正しいものに○をつけましょう。

①（　　）どんなものでも、水の温度を上げると、とける量も多くなる。

②（　　）どんなものでも、水の温度を上げても、とける量は変わらない。

③（　　）水の温度を変化させたとき、とける量の変化の仕方は、とかすものによってちがう。

(2) 50℃の水にとけるだけとかしてつくったミョウバンの水よう液を氷水で冷やしたとき、ミョウバンのつぶは出てきますか、出てきませんか。

（　　　　　　　　）

(3) 15℃の水100 mLには、食塩は何ばいまでとけると考えられますか。　思考・表現

（　　　　　　　　）

(4) 50℃の水100 mLには、ミョウバンは何ばいまでとけると考えられますか。　思考・表現

（　　　　　　　　）

ふりかえり

❷の問題がわからないときは、56ページの❶と58ページの❶にもどって確《かく》にんしましょう。
❹の問題がわからないときは、60ページの❶にもどって確にんしましょう。

9. 人のたんじょう

人のたんじょう(1)

学習日 月 日

めあて
人の受精卵が育っていく様子を確にんしよう。

教科書 177〜183ページ　答え 34ページ

次の(　)にあてはまる言葉をかくか、あてはまるものを○で囲《かこ》もう。

1 人の受精卵《じゅせいらん》は、母親の体の中で、どのように育って生まれてくるのだろうか。 教科書 177〜183ページ

▶ 成長した女性《じょせい》の体内では、(①　　　　)がつくられ、成長した男性《だんせい》の体内では、(②　　　　)がつくられるようになる。

▶ 卵《らん》は精子《せいし》と結びつく(受精《じゅせい》する)と、(③　　　　)になり、育ち始める。

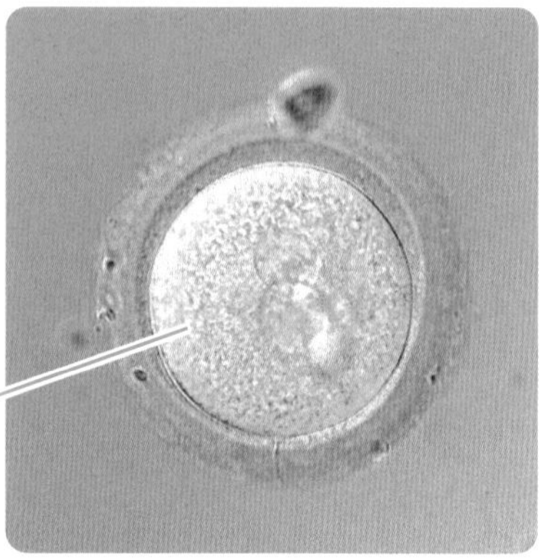

人の卵(卵子《らんし》)
約(④ 0.1cm ・ 0.1mm)
多くの精子が卵を取りまいている。

▶ 女性の体内にある受精卵が育つところを(⑤　　　　)という。

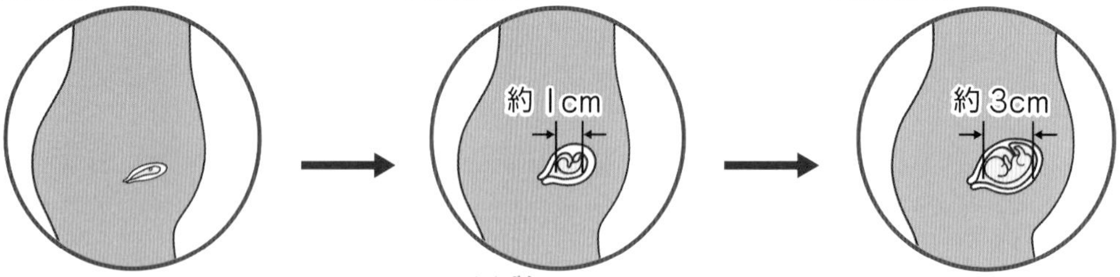
約1cm
約3cm

約1週後
大きさ約0.1mm
受精卵が子宮《しきゅう》のかべにつく。

約4週後
(⑥ 心臓《しんぞう》 ・ 手や足)
が動き始める。

約8週後
顔のつくりがはっきりしてくる。手足が発達して、体が動き始める。

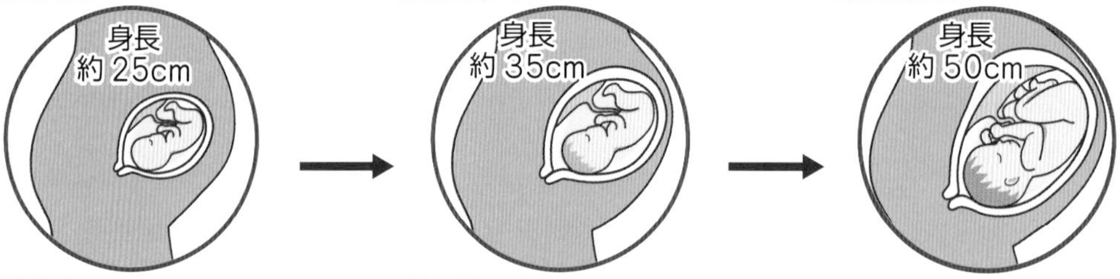
身長
約25cm
身長
約35cm
身長
約50cm

約16週後
体重約250g
鼻や目、耳の感覚が発達する。
性別《せいべつ》が区別できるようになる。

約24週後
体重約1000g
指をにぎったり開いたり、体を動かせるようになる。

約36週後
体重約3000g
いつ生まれてもよい体になる。

だんだん人のすがたに育っていくね。

ここがだいじ!
①人は成長すると、女性の体内では卵(卵子)が、男性の体内では精子がつくられる。
②卵が精子と結びつく(受精する)と受精卵になり、育ち始める。

ぴたトリビア 人のように、ある程度《ていど》育った子を生む増《ふ》やし方を「たい生」といいます。

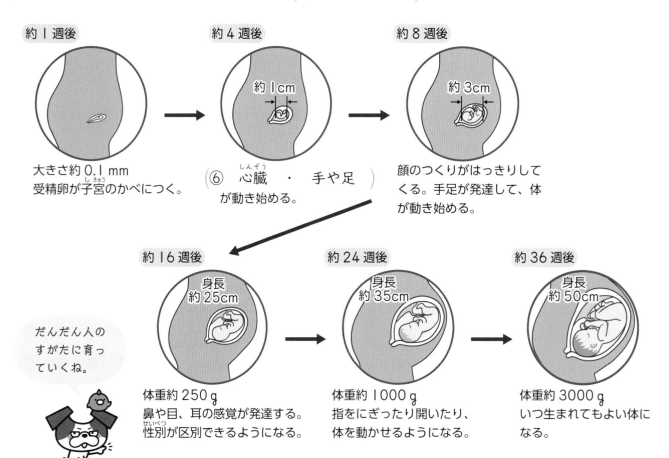

9. 人のたんじょう

人のたんじょう(1)

1 次の写真は、人の卵《らん》(卵子《らんし》)の様子です。

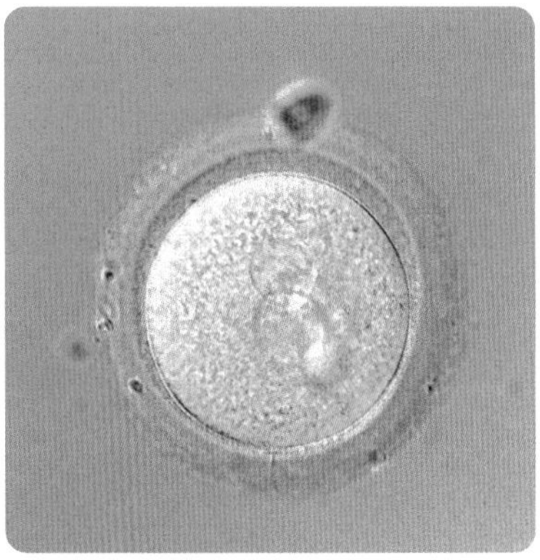

(1) 人の卵の実際《じっさい》の大きさはおよそどれくらいですか。正しいものに○をつけましょう。

①(　　)約 1 cm　　②(　　)約 1 mm

③(　　)約 0.1 mm

(2) 写真で、卵のまわりにたくさん見られるものは、男性《だんせい》の体内でつくられるものです。卵のまわりにたくさん見られるものは何ですか。

(　　　　)

(3) (2)のものと結びついた卵を何といいますか。　(　　　　)

2 次の㋐～㋓の図は、人の受精卵《じゅせいらん》が母親の体内で育っていく様子を表しています。

㋐(　　)　㋑(　　)　㋒(　　)　㋓(　　)

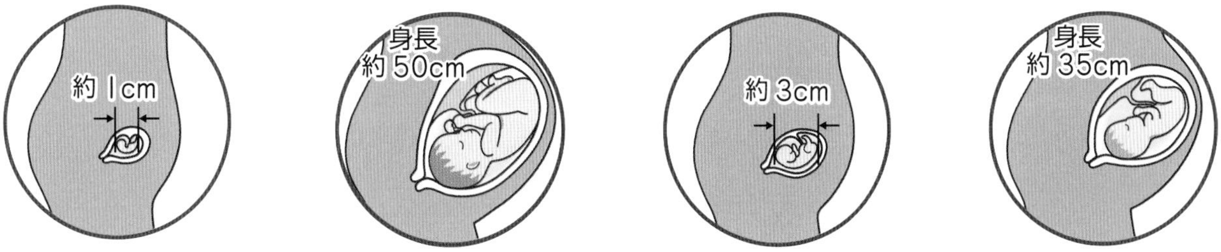

(1) 受精卵は、女性《じょせい》の体内のどこで育ちますか。

(　　　　)

(2) 受精卵が育っていく順に、図の(　　)に 1 ～ 4 の番号をつけましょう。

(3) 次の①～④は、㋐～㋓を説明しています。どの図を説明したものですか。㋐～㋓の記号をかきましょう。

①(　　)いつ生まれてもよい体になる。

②(　　)心臓《しんぞう》が動き始める。

③(　　)指をにぎったり開いたり、体を動かせるようになる。

④(　　)手足が発達して、体が動き始める。

学習日　　月　　日

めあて
子宮での人の育ちや、人のたんじょうを確にんしよう。

教科書 184～186ページ　答え 35ページ

次の(　　)にあてはまる言葉をかくか、あてはまるものを○で囲《かこ》もう。

1 子宮《しきゅう》の中は、どんな様子なのだろうか。

教科書 184～186ページ

- 受精卵《じゅせいらん》は、母親の体内にある(①　　　　　　)の中で育つ。
- 子は、(② たいばん ・ 羊水《ようすい》)から必要なものを取り入れたり、不要なものを送り出したりしている。

子宮の中の様子

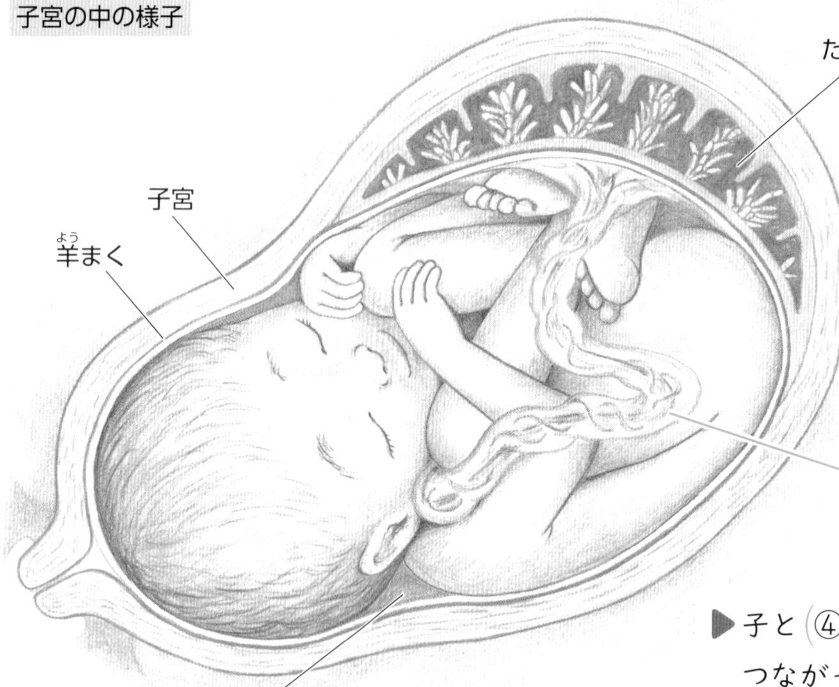

羊水　子宮の中にある液体《えきたい》で、子をしょうげきなどから守っている。

- 子と(④　　　　　　)は、へそのおでつながっている。
- へそのおは、子に必要な(⑤　　　　　　)や不要なものの通り道になっている。

生まれたばかりの人の子

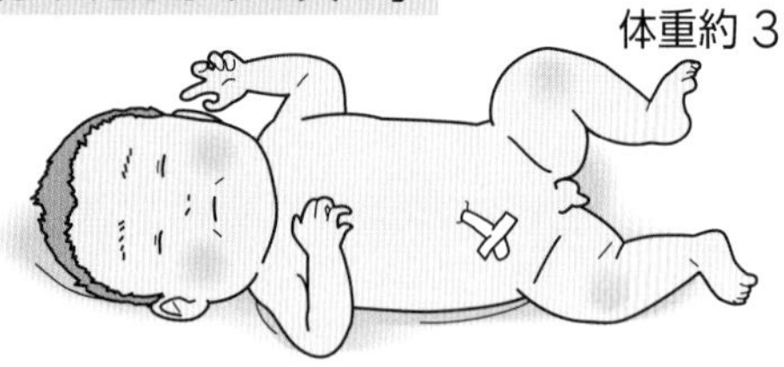

身長約 50 cm、
体重約 3000 g

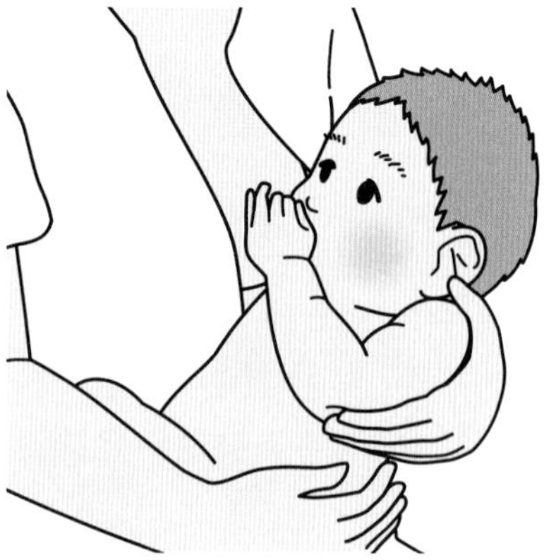

- 人の受精卵は、母親の体内で約(⑥ 28 ・ 38)週かけて育ち、子として生まれてくる。
- 生まれた子は、(⑦ すぐに ・ しばらくしてから)自分で息をし、食べ物をとるようになる。

ここが、だいじ!
①受精卵は母親の体内で、約 38 週かけて育ち、子として生まれてくる。
②母親の体内で、子はたいばんを通して母親から養分などを取り入れ、不要なものを送り出している。

ぴたトリビア　子が親の体の中にいる期間や、１回の出産で生まれる子の数は動物によってちがいます。

9. 人のたんじょう

人のたんじょう(2)

教科書 184〜186ページ　答え 35ページ

1 次の図は、母親の体内にいる子の様子を表しています。

(1) 子がいるのは、母親の体内の何というところですか。

（　　　　　　　　）

(2) ㋐〜㋒の部分を、それぞれ何といいますか。［　　］から選んでかきましょう。

㋐（　　　　　　　　）

㋑（　　　　　　　　）

㋒（　　　　　　　　）

［ へそのお　　羊水《ようすい》　　たいばん ］

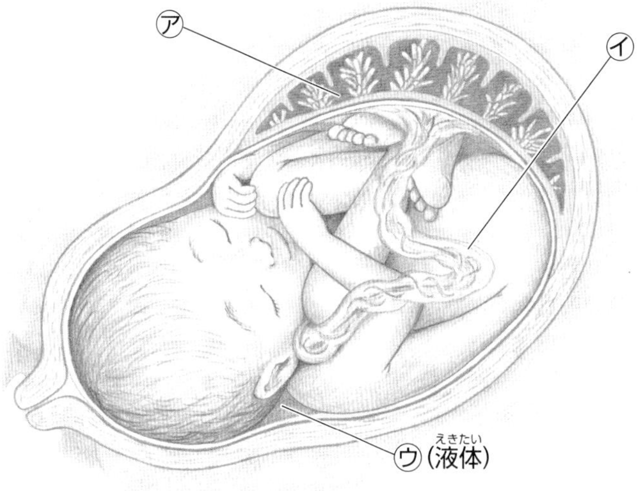

(3) ㋐と㋑はどんなはたらきをしていますか。正しいもの２つに○をつけましょう。

①（　　）母親からの養分を、㋐から㋑を通して子にわたす。

②（　　）母親からの不要なものを、㋐から㋑を通して子にわたす。

③（　　）子からの養分を、㋑を通して㋐で母親にわたす。

④（　　）子からの不要なものを、㋑を通して㋐で母親にわたす。

2 次の図は、生まれたばかりの人の子の様子です。

(1) 子どもが母親の体内で育つのは、およそどれくらいの期間ですか。正しいものに○をつけましょう。

①（　　）約 18 週間

②（　　）約 28 週間

③（　　）約 38 週間

④（　　）約 48 週間

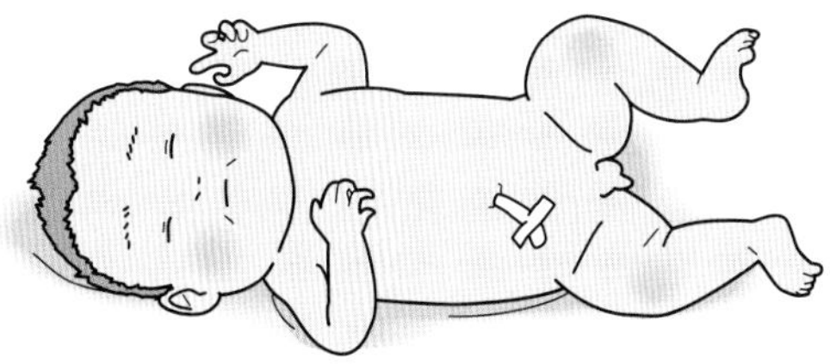

(2) 生まれたばかりの人の子の身長と体重はどれくらいですか。正しいものに○をつけましょう。

①（　　）身長約 20 cm、体重約 1000 g

②（　　）身長約 20 cm、体重約 3000 g

③（　　）身長約 50 cm、体重約 1000 g

④（　　）身長約 50 cm、体重約 3000 g

9. 人のたんじょう

時間 30分
／100
合格 70点

教科書 177～189ページ　答え 36ページ

よく出る

1 次の写真は、人の卵《らん》（卵子《らんし》）と精子《せいし》の様子です。

1つ5点（20点）

(1) ㋐は卵、精子のどちらですか。（　　　）

(2) 精子はどこでつくられますか。正しいほうに○をつけましょう。

①（　　）女性《じょせい》の体内　　②（　　）男性《だんせい》の体内

(3) ㋐の実際《じっさい》の大きさはどれくらいですか。正しいものに○をつけましょう。

①（　　）約 0.1 mm

②（　　）約 0.1 cm

③（　　）約 0.1 m

(4) 次の文の（　　）にあてはまる言葉をかきましょう。

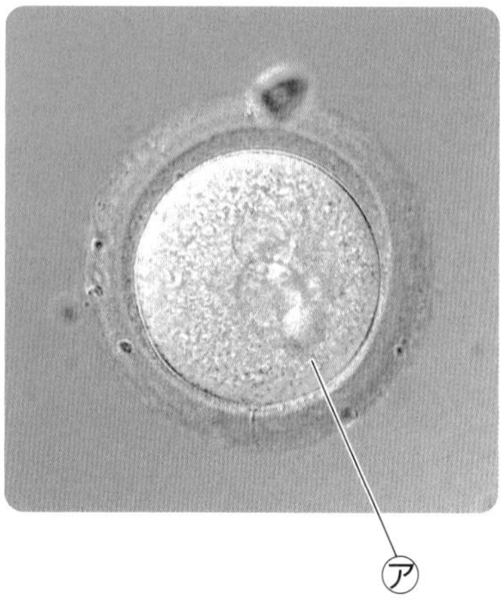

精子と結びついた卵を（　　　　　）という。

よく出る

2 次の図は、子が母親の体内にいるときの様子を表しています。

1つ5点（25点）

(1) ㋐～㋓を、それぞれ何といいますか。

㋐（　　　　　）

㋑（　　　　　）

㋒（　　　　　）

㋓（　　　　　）

(2) 子をしょうげきなどから守るはたらきをしている部分は、㋐～㋓のどれですか。

（　　）

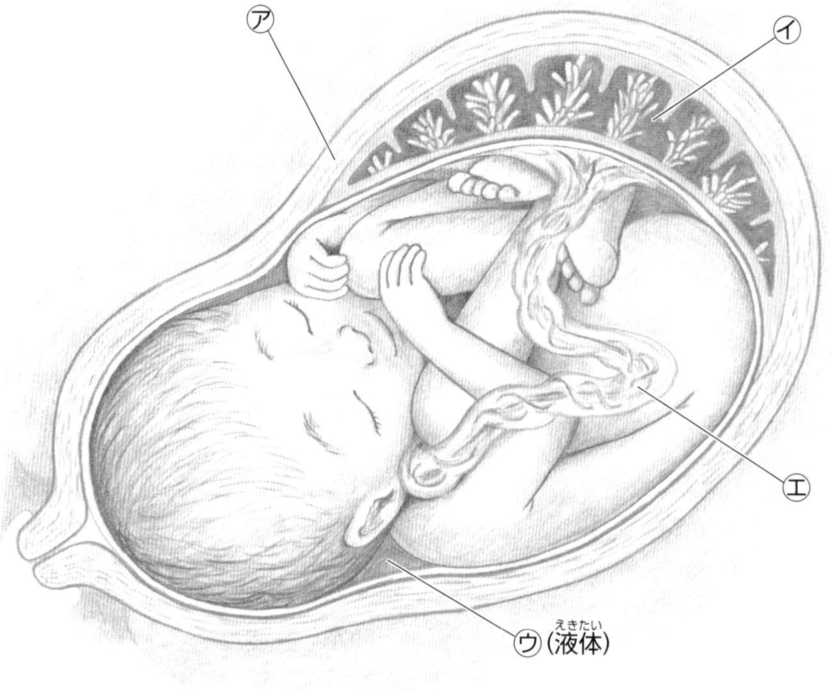

学習日　　月　　日

3 次の図は、母親の体内で子が育つ様子を表しています。

1つ5点(25点)

㋐

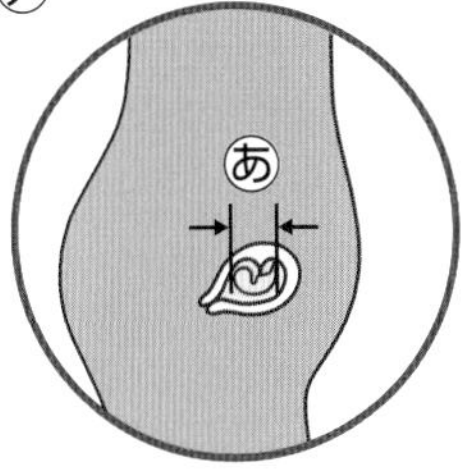

受精してから約４週後

㋑

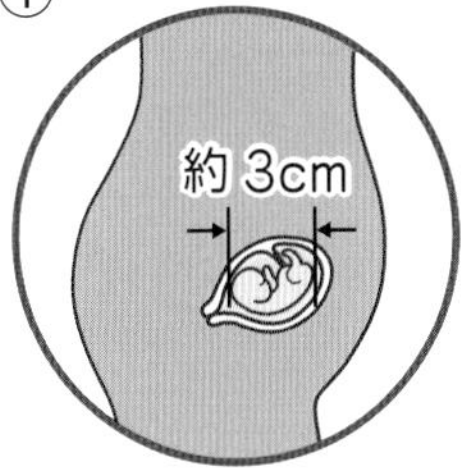

受精してから約８週後

㋒

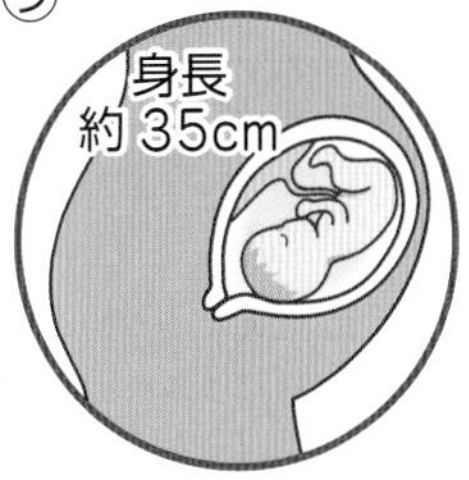

受精してから約 24 週後

㋓

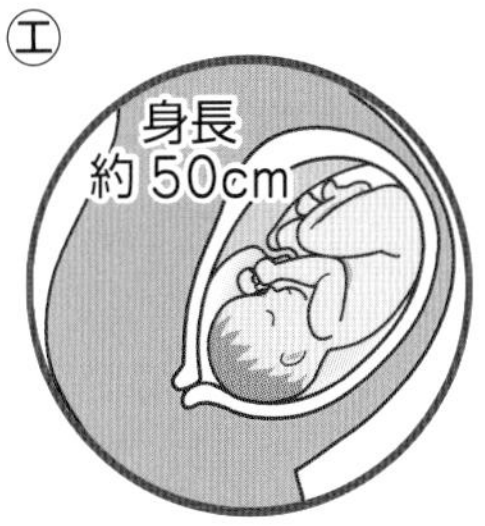

受精してから約 36 週後

(1) 受精してから約４週後の子の大きさ㋐はどれくらいですか。正しいものに○をつけましょう。

①(　　)約 0.1 mm　　②(　　)約 1 cm　　③(　　)約 5 cm

(2) 心臓《しんぞう》が動き始めるのは、㋐～㋓のどのころですか。　(　　　)

(3) 子がたんじょうするのは、受精してから約何週後ですか。正しいものに○をつけましょう。

①(　　)約 32 週後
②(　　)約 38 週後
③(　　)約 50 週後

(4) たんじょうするとき、子の身長と体重はどれくらいになっていますか。正しいものにそれぞれ○をつけましょう。

身長　①(　　)30 cm　　②(　　)50 cm　　③(　　)70 cm
体重　①(　　)3000 g　　②(　　)6000 g　　③(　　)10000 g

できたらスゴイ！

4 人のたんじょうについて、次の問いに答えましょう。

1つ10点(30点)

(1) 記述 たいばんのはたらきを、次の〔　〕の言葉をすべて使って説明しましょう。　思考・表現

〔　子宮《しきゅう》の中の子　母親　養分　不要なもの　〕

(　　　　　　　　　　　　　　　　　　　　　　　　　　　　)

(2) 次の①～⑤は、人のたんじょうについて説明しています。メダカのたんじょうの場合とちがうもの２つに○をつけましょう。

①(　　)受精卵《じゅせいらん》をつくるためには男性(おす)と女性(めす)が必要である。
②(　　)受精卵が育って子がたんじょうする。
③(　　)受精卵は母親の体内で母親から養分などを取り入れて育つ。
④(　　)受精卵が受精してから約 38 週後に子として生まれてくる。
⑤(　　)生まれた子が育って、次の世代へと生命をつなげていく。

ふりかえり
❶の問題がわからないときは、66 ページの 1 にもどって確《かく》にんしましょう。
❹の問題がわからないときは、66 ページの 1 と 68 ページの 1 にもどって確にんしましょう。

ぴったり1

準備

★受けつがれる生命

学習日　月　日

めあて
メダカ・アサガオ・人の生命がどのように受けつがれるのか、確にんしよう。

教科書 190〜191ページ　答え 37ページ

次の(　)にあてはまる言葉をかこう。

1 人や他の生き物の生命はどのようにして受けつがれるのだろうか。　教科書 190〜191ページ

▶メダカ

メダカの(①　　　)
たまごの中でだんだんメダカらしくなる。
たまごからメダカの子がかえる。
めす
おす

▶アサガオ

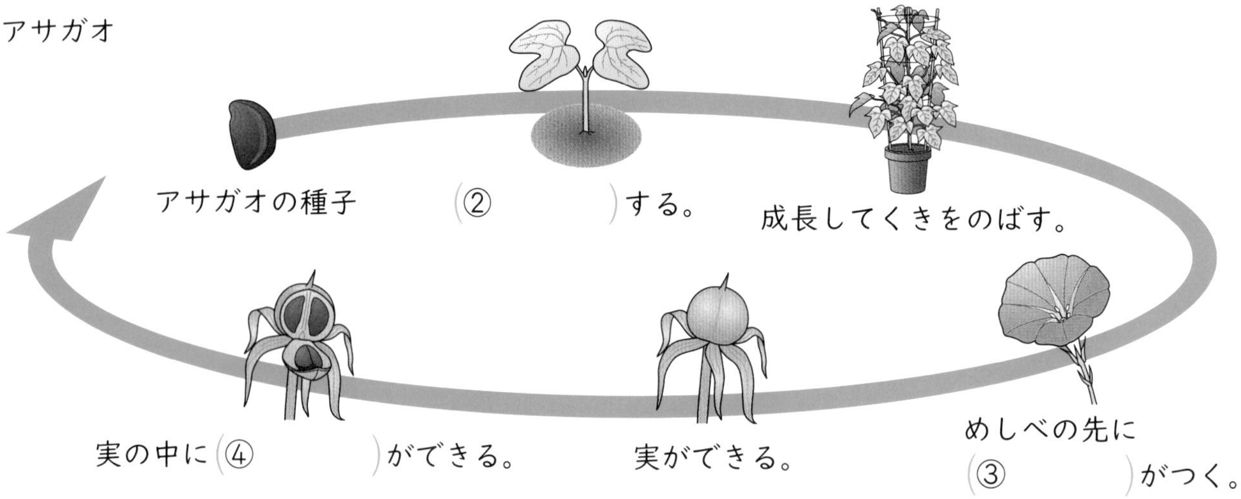

アサガオの種子
(②　　　)する。
成長してくきをのばす。
実の中に(④　　　)ができる。
実ができる。
めしべの先に(③　　　)がつく。

▶人

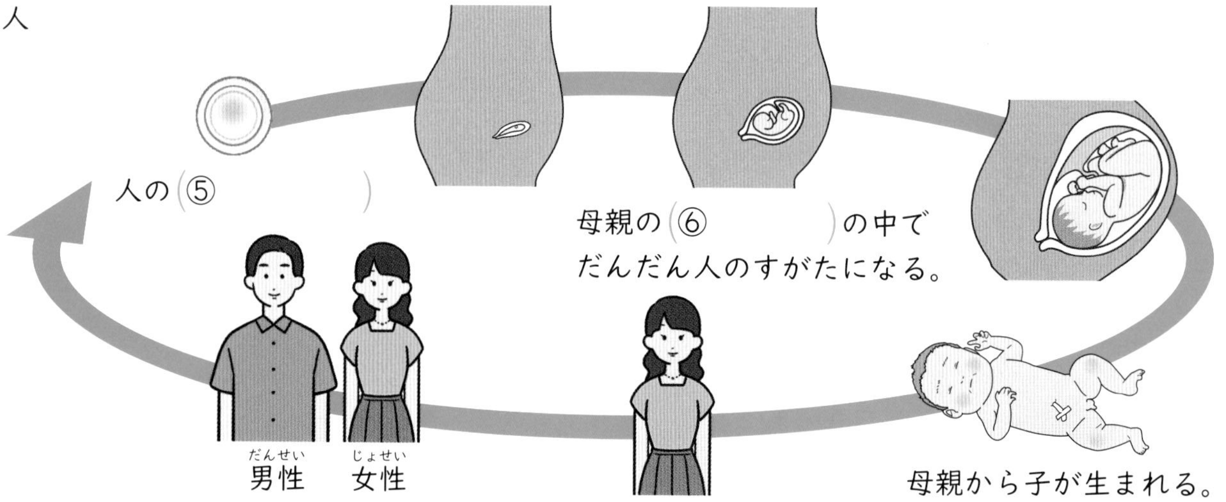

人の(⑤　　　)
母親の(⑥　　　)の中でだんだん人のすがたになる。
男性《だんせい》
女性《じょせい》
母親から子が生まれる。

ここが、だいじ！
①人やメダカなどの動物は、生まれた子が育つことで、アサガオなどの植物は、実の中にできた種子が発芽《はつが》して成長することで、次の世代へと生命をつないでいく。

夏のチャレンジテスト

教科書　8～73、193ページ

月　　日

名前

時間 40分

知識・技能	思考・判断・表現	合格80点
／60	／40	／100

答え38～39ページ

知識・技能

1 空全体の様子をさつえいしました。

1つ4点(8点)

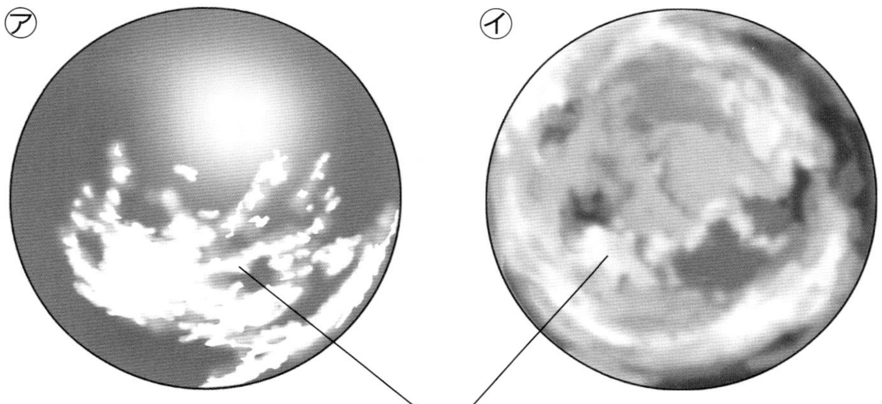
㋐
㋑
雲

(1) ㋐、㋑は、一方は「晴れ」、もう一方は「くもり」のときの雲の様子を表しています。「晴れ」を表しているのはどちらですか。

（　　　）

(2)「晴れ」と「くもり」のちがいは、何によって決められていますか。正しいものに○をつけましょう。

①(　　)雲の動き　②(　　)雲の色

③(　　)雲の形　④(　　)雲の量

3 メダカの受精卵《じゅせいらん》が育ち、メダカの子がかえりました。

1つ4点(20点)

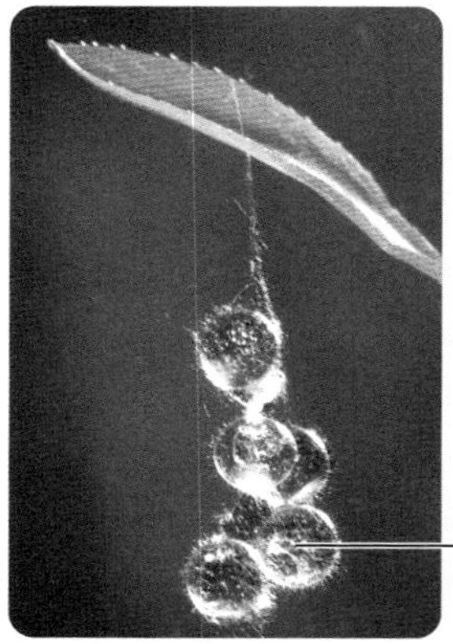
メダカの
受精卵

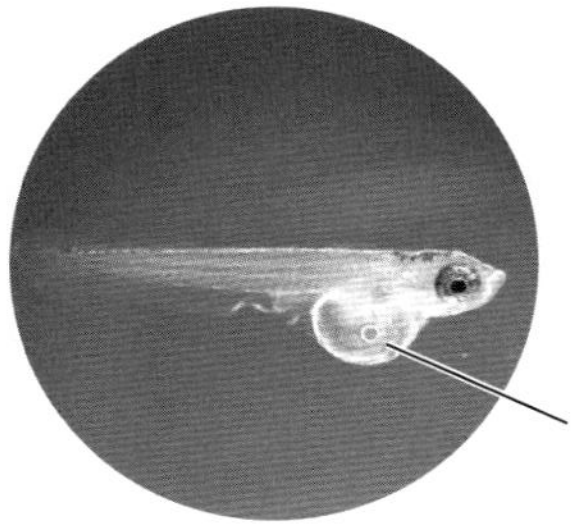
はらの
ふくらみ
かえったばかりの
メダカの子

(1) 受精卵は、めすが産んだたまごと、おすが出した何が結びついてできたものですか。

（　　　）

(2) 次の図のメダカは、めすとおすのどちらですか。

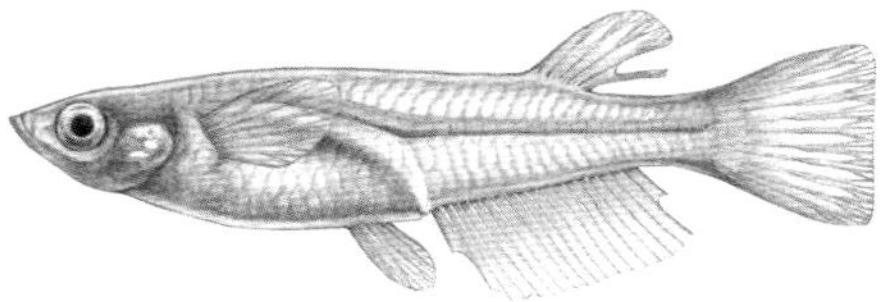

（　　　）

(3) メダカが産んだたまごを、次の図の器具で観察しました。この器具の名前をかきましょう。

4 メダカのたまごの様子を観察しました。

1つ4点(20点)

ア　イ　ウ　エ

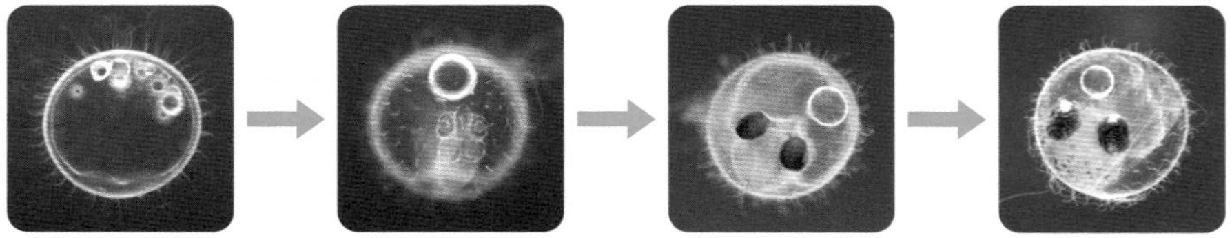

(1) ①～④はどのたまごの様子を説明していますか。ア～エから１つずつ選び、記号をかきましょう。

①目がはっきりしてくる。（　　）

②ふくらんだ部分ができてくる。（　　）

③体がときどき動く。（　　）

④頭が大きくなってくる。（　　）

(2) メダカの子がかえるまでの、たまごの中の様子について、正しいほうに○をつけましょう。

①（　　）たまごの中の様子がだんだんと変化して、メダカの子がかえる。

②（　　）たまごの中の小さなメダカがだんだん大きくなって、メダカの子がかえる。

思考・判断・表現

5 ふりこの１往復《おうふく》する時間に関係する条件《じょうけん》について調べる実験をしました。

(1)、(2)は4点、(3)は7点(15点)

6 インゲンマメの種子が発芽する条件を調べました。

(1)、(4)は1つ3点、(2)、(3)は5点(25点)

ア
水でしめらせただっし綿《めん》
→発芽した。
イ
かわいただっし綿
→発芽しなかった。
ウ
水
水の中にしずめた。
→発芽しなかった。
エ
おおいをする。
水でしめらせただっし綿
→発芽した。
オ
冷ぞう庫の中に置く。
水でしめらせただっし綿
→発芽しなかった。

(1) ①～③の２つの結果を比べることで、種子の発芽にはそれぞれ何が必要かを調べることができますか。

①アとイ（　　）

②アとウ（　　）

③エとオ（　　）

(2) 記述 アとエの結果から、どんなことがわかりますか。次の文の（　　）にあてはまる文をかきましょう。

アとエでは明るさがちがい、それ以外の条件は同じである。どちらも発芽していることから、発芽には（　　）ことがわかる。

はん	1ぱん	2はん	3ぱん	4はん
おもりの重さ	10 g	20 g	10 g	10 g
ふりこの長さ	50 cm	50 cm	50 cm	100 cm
ふ れ は ば	15°	15°	30°	15°

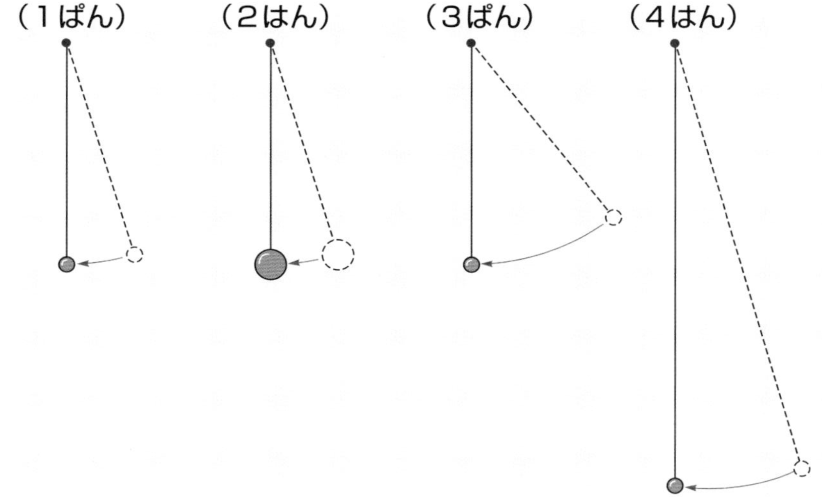

(1) おもりの重さとふりこの1往復する時間との関係を調べるには、何はんと何はんの結果を比《くら》べるとよいですか。

(　　　　と　　　　)

(2) 1ぱんから4はんのふりこで、ふりこの1往復する時間がいちばん長いのはどれですか。

(　　　　)

(3) 記述 (2)のはんのふりこの1往復する時間を、さらに長くするには、何をどのように変えればよいですか。

(　　　　　　　　)

(　　　　　　　　)

(3) 発芽には肥料《ひりょう》が必要かどうか、話し合いました。正しいほうの意見に○をつけましょう。

①(　　)

肥料をあたえて実験していないから、
この実験だけではわからないと思うよ。

②(　　)

肥料をあたえていなくても発芽しているから、
発芽に肥料は必要ないと思うよ。

(4) 植物がよく成長していくには、発芽に必要な条件のほかに、2つ必要な条件があります。その2つの条件をかきましょう。

(　　　　)と(　　　　)

(切り取り線)

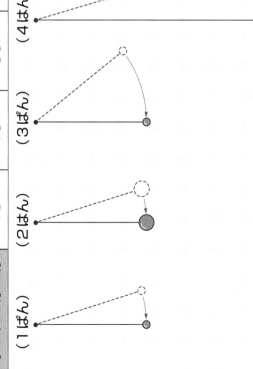

2 インゲンマメの発《はつ》芽《が》前の種子と、発芽後の子葉を調べました。

1つ4点(12点)

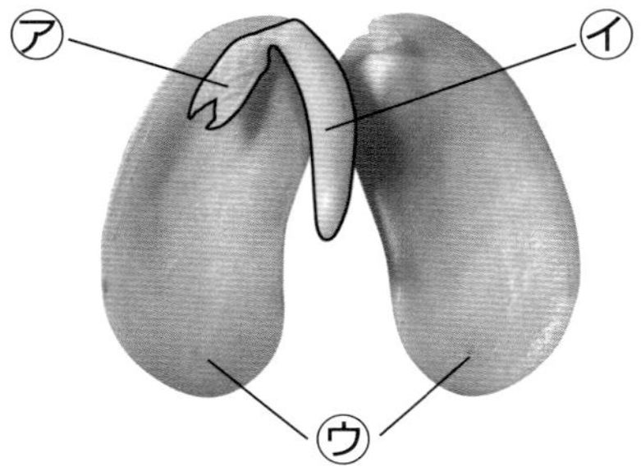

㋐
㋑
㋒

発芽前の種子

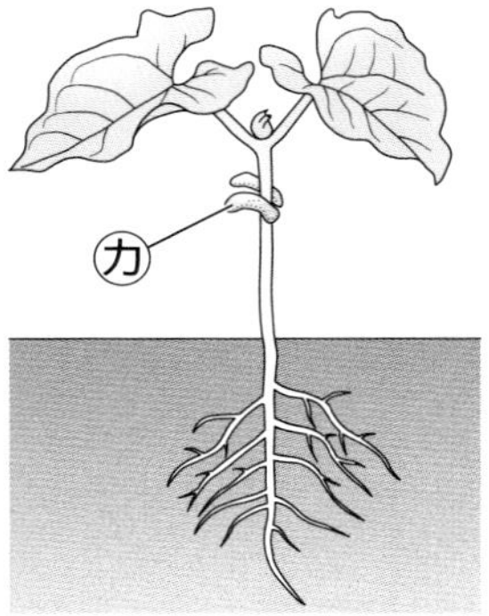

㋕

(1) 発芽後に㋕になるのは、㋐～㋒のどの部分ですか。

(　　　)

(2) 発芽前の種子と発芽後の㋕の部分を半分に切って、ある液《えき》体《たい》をつけたところ、発芽前の種子はこい青むらさき色になりましたが、㋕は色がほとんど変化しませんでした。

①養分があるかどうかを調べるために使ったこの液体の名前をかきましょう。

(　　　)

②発芽前の種子の中には何があることがわかりますか。

(　　　)

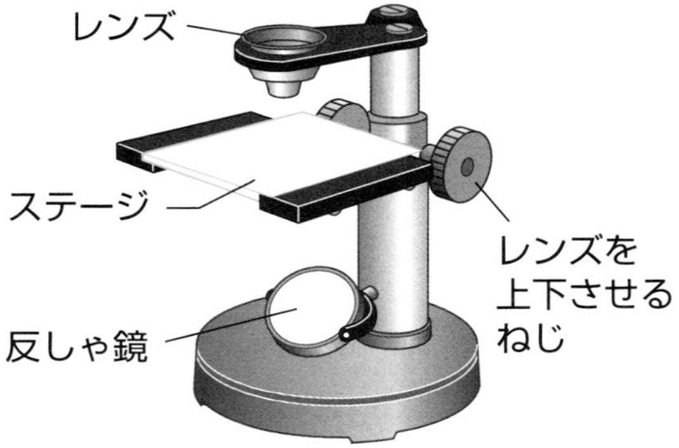

レンズ
ステージ
反しゃ鏡
レンズを
上下させる
ねじ

(　　　)

(4) メダカの子がかえるのは、たまごが受精してどれぐらいたってからですか。正しいものに○をつけましょう。

①(　　)約3日

②(　　)約7日

③(　　)約11日

④(　　)約1か月

(5) たまごからかえったばかりのメダカの子のはらには、ふくらみがあります。この中には何が入っていますか。

(　　　)

うらにも問題があります。

(切り取り線)

冬のチャレンジテスト

教科書 76〜149、195ページ

月　日

名前

時間 40分

知識・技能	思考・判断・表現	合格80点
／60	／40	／100

答え40〜41ページ

知識・技能

1 ヘチマの花のつくりを調べました。

(1)は1つ2点、(2)、(3)は3点(12点)

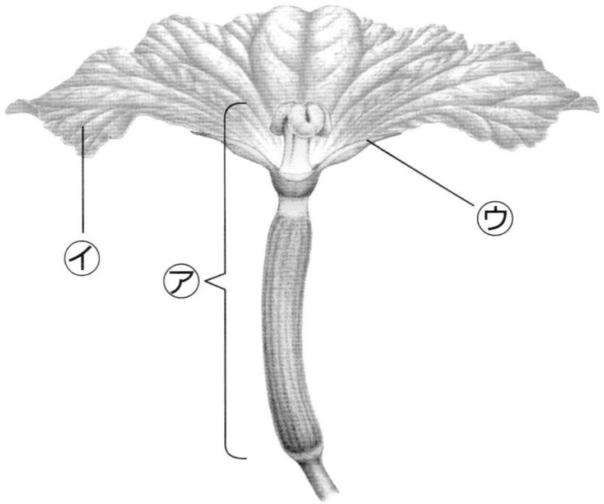

(1) ㋐〜㋒の部分を、それぞれ何といいますか。

㋐(　　　　)

㋑(　　　　)

㋒(　　　　)

(2) ㋐の先の様子について、正しいほうに○をつけましょう。

①(　　)しめっている。

②(　　)花粉《かふん》がたくさんある。

(3) この花は、めばな、おばなのどちらですか。

3 水が流れた地面を観察しました。

(1)は1つ2点、(2)、(3)は1つ3点(15点)

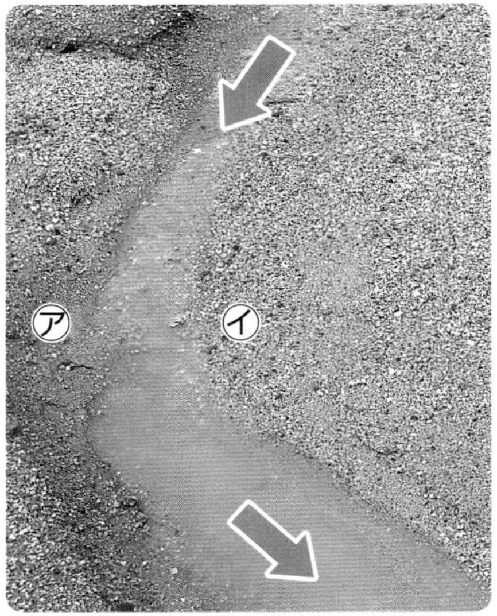

(1) ①〜③の流れる水のはたらきを、それぞれ何といいますか。

①地面をけずるはたらき

(　　　　)

②土を運ぶはたらき

(　　　　)

③土を積もらせるはたらき

(　　　　)

4 ㋐～㋓のような回路をつくり、電磁石《でんじしゃく》が鉄を引き付ける強さを調べました。　(1)は2点、(2)、(3)、(4)は1つ3点（20点）

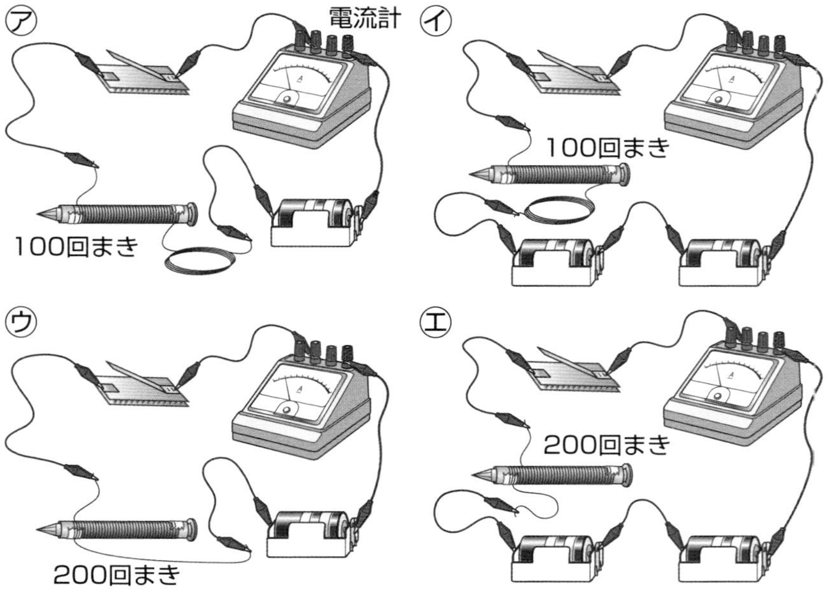
㋐
電流計
100回まき
㋑
100回まき
㋒
200回まき
㋓
200回まき
（電磁石を作るエナメル線の長さはどれも同じ。）

(1) 次の（　　）にあてはまる言葉をかきましょう。

導線《どうせん》を同じ向きに何回もまいた（　　　　）に鉄心を入れ、電流を流すと、鉄心が鉄を引き付けるようになります。これを電磁石といいます。

(2) 回路には電流計をつないでいます。

①電流計を使うと、何を調べることができますか。

（　　　　）

②①は、Aという単位を使って表します。この読み方をかきましょう。

思考・判断・表現

5 ヘチマの花は、どのようにすれば実になるのかを調べました。　1つ4点（20点）

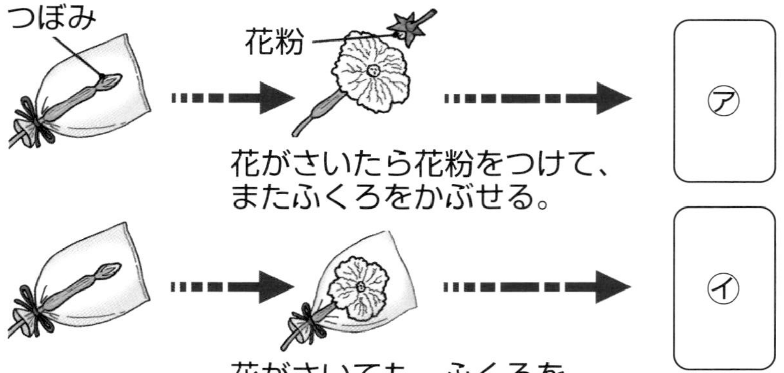
つぼみ
花粉
花がさいたら花粉をつけて、
またふくろをかぶせる。
㋐
花がさいても、ふくろを
かぶせたままにする。
㋑

(1) ふくろをかぶせたままにしておくのは、おばな、めばなのどちらですか。

（　　　　）

(2) 花粉がめしべの先につくことを何といいますか。

（　　　　）

(3) 記述 花がさく前にふくろをかぶせるのは、なぜですか。

（　　　　）

(4) 記述 ㋐、㋑はどうなるか、それぞれかきましょう。

㋐（　　　　）

（　　　　　）

③50 mA の－《マイナス》たんしにつないでいるとして、図の電流計の目もりを読みましょう。

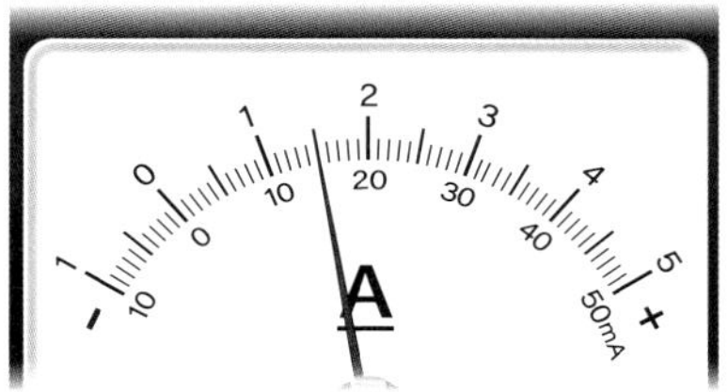

（　　　　　）

(3) コイルのまき数と電磁石のはたらきの関係を調べるには、㋐～㋓のどれとどれの結果を比《くら》べればよいですか。２つかきましょう。

（　　と　　）（　　と　　）

(4) ㋐～㋓の回路に電流を流して、電磁石が引き付ける鉄のゼムクリップの数を調べました。引き付ける鉄のゼムクリップがいちばん多いのは、㋐～㋓のどれですか。

（　　）

㋑（　　　　　）

6 電磁石に流れる電流と電磁石の極の関係を調べました。

1つ4点(20点)

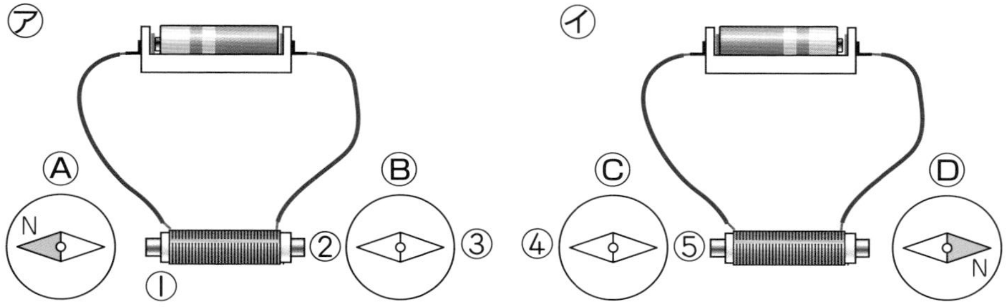

(1) 上の図で、電磁石の極①は何極になっていますか。

（　　　）

(2) 上の図で、ⒷとⒸの方位磁針のN《エヌ》極は、それぞれ②～⑤のどちらを向いていますか。

Ⓑ（　　）　Ⓒ（　　）

(3) 電磁石の極の性質について、（　）にあてはまる言葉をかきましょう。

○○○○ 電磁石は、回路に流れる（　　　　　）を変えると、電磁石の極が（　　　　　）。

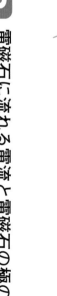

2 次の写真は、ある日の日本付近の雲の様子です。

(1)、(2)、(4)は3点、(3)は4点(13点)

(1) うずをまいたような雲のかたまりは何ですか。

(　　　　)

(2) この雲のかたまりが発生したのは、日本のどちら側ですか。正しいものに○をつけましょう。

①(　　)東

②(　　)西

③(　　)南

④(　　)北

(3) [記述] この雲が近づくと、どのような天気になりますか。

(　　　　)

(4) (3)のような天気になって、災害(さいがい)が起こることがあります。どのような災害が起こることがあるか、1つかきましょう。

(　　　　)

(2) 地面を流れた水のはたらきについて、正しいものに○をつけましょう。

①(　　)㋐では地面をけずるはたらきが大きく、㋑では土を積もらせるはたらきが大きい。

②(　　)㋐では土をつもらせるはたらきが大きく、㋑では地面をけずるはたらきが大きい。

③(　　)㋐と㋑のどちらも、地面をけずるはたらきが大きい。

④(　　)㋐と㋑のどちらも、土を積もらせるはたらきが大きい。

(3) 水量が増(ふ)えると、流れる水が地面をけずるはたらきと土を運ぶはたらきはどうなりますか。それぞれかきましょう。

地面をけずるはたらき(　　　　)

土を積もらせるはたらき(　　　　)

うらにも問題があります。

(切り取り線)

春のチャレンジテスト

教科書 150〜191、197ページ

月　日

名前

時間 40分

知識・技能	思考・判断・表現	合格80点
/60	/40	/100

答え 42〜43ページ

知識・技能

1 ビーカーの水に食塩を入れてかき混《ま》ぜ、全てとかして食塩水をつくりました。　1つ3点(6点)

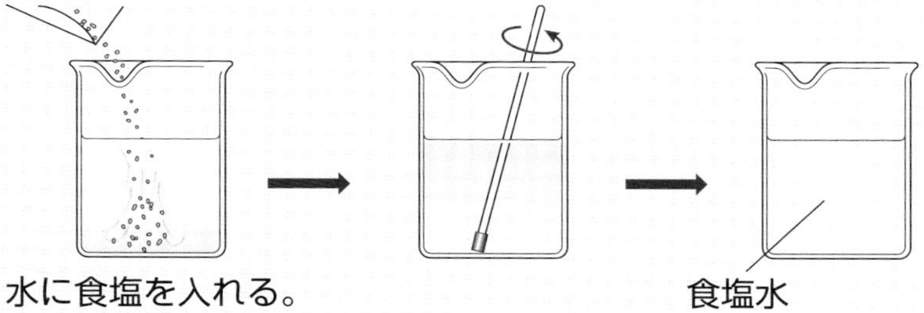

(1) 食塩水について、正しいものに○をつけましょう。

①(　　)とけた食塩のつぶが、液《えき》にういて見える。

②(　　)すき通っている。

③(　　)色がついている。

(2) できた食塩水の中で、食塩は均一《きんいつ》に広がっていますか、広がっていませんか。

(　　　　　　)

2 50 mL の水に、食塩やミョウバンを1gずつ入れてかき混ぜることをくり返しました。　1つ3点(9点)

3 ミョウバンが水にとける量を調べました。　1つ3点(24点)

(1) 50gの水に、2gのミョウバンを入れてかき混ぜたところ、ミョウバンは全て水にとけました。できたミョウバンの水《すい》よう液《えき》の重さはいくらですか。

(　　　　　　)

(2) 水にとけたものの重さについて、正しいものに○をつけましょう。

①(　　)ものは、水にとけると軽くなる。

②(　　)ものは、水にとけると重くなる。

③(　　)ものは、水にとけても重さは変わらない。

(3) 60℃の水にミョウバンをとかしたあと、ミョウバンの水よう液を冷やすと、ミョウバンのつぶが出てきたので、図のようにして、つぶを取り出しました。

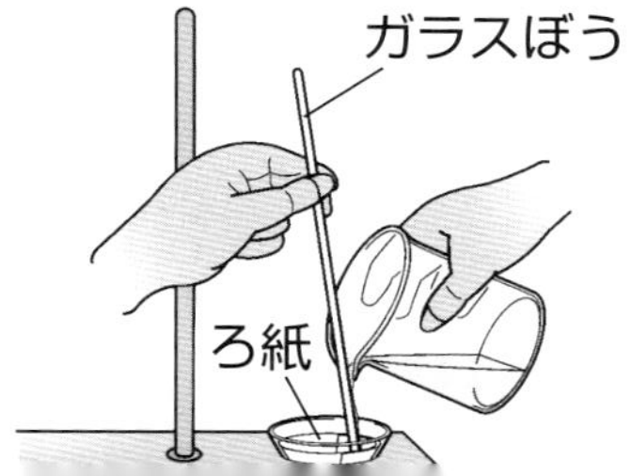

4 次の図は、母親の体内にいる人の子の様子です。

1つ3点(21点)

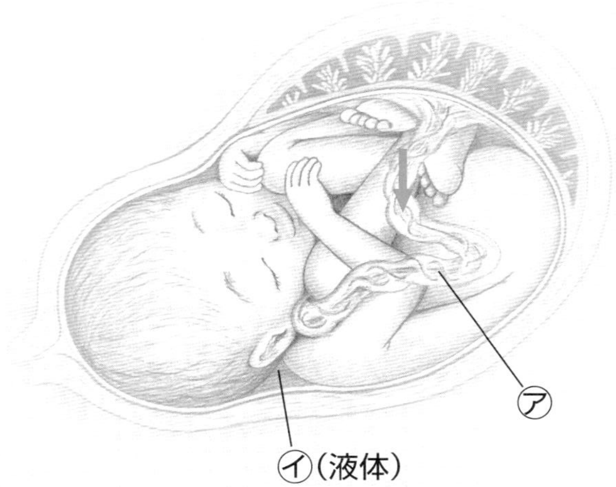
㋐
㋑(液体)

(1) 子がいるのは、母親の体内の何というところですか。

(　　　　　　)

(2) ㋐、㋑の部分をそれぞれ何といいますか。

㋐(　　　　　　)

㋑(　　　　　　)

(3) ㋐の中を矢印の向きに移動《いどう》するものは何ですか。正しいほうに○をつけましょう。

①(　　)養分

②(　　)不要なもの

(4) ㋑はどんなはたらきをしていますか。正しいものに○をつけましょう。

①(　　)子が動かないようにしている。

②(　　)子をしょうげきなどから守っている。

思考・判断・表現

5 次のグラフは、いろいろな温度の水 50 mL にとける食塩(㋐)とミョウバン(㋑)の量を表したものです。

1つ8点(40点)

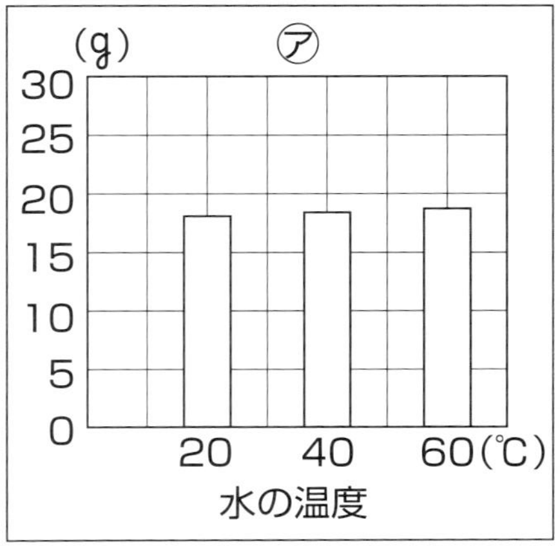
(g)
㋐
30
25
20
15
10
5
0
20
40
60(℃)
水の温度

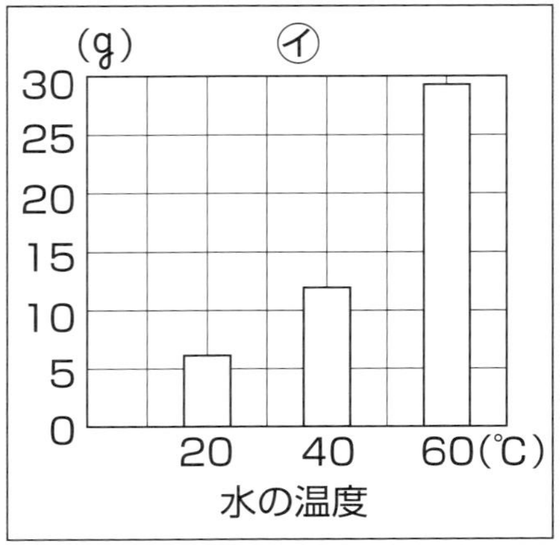
(g)
㋑
30
25
20
15
10
5
0
20
40
60(℃)
水の温度

(1) 40 ℃の水 50 mL に食塩を 25 g 入れてかき混ぜたところ、食塩がとけ残りました。とけ残った食塩をとかす方法として、正しいものに○をつけましょう。

①(　　)水の温度を 20 ℃にする。

②(　　)水の温度を 60 ℃にする。

③(　　)水の量を増《ふ》やす。

(2) 60 ℃の水 50 mL にとけるだけとかした水よう液を冷やして 40℃になったとき、つぶがたくさん出てくるのは、㋐と㋑のどちらですか。

(　　)

(3) 記述 (2)のように答えた理由をかきましょう。

③(　　)母親からの養分を子にわたしている。

(5) 人の子がたんじょうするのは、母親の体内で育ち始めておよそ何週後ですか。正しいものに○をつけましょう。

①(　　)約 20 週後

②(　　)約 38 週後

③(　　)約 56 週後

④(　　)約 70 週後

(6) 生まれたばかりの人の子の身長と体重はおよそどれぐらいですか。正しいものに○をつけましょう。

①(　　)身長約 25 cm、体重約 1500 g

②(　　)身長約 25 cm、体重約 3000 g

③(　　)身長約 50 cm、体重約 1500 g

④(　　)身長約 50 cm、体重約 3000 g

(　　　　)

(4) ㋑がとけるだけとけた 60 ℃の水よう液を冷やして 40 ℃になったとき(㋐)と、40 ℃から 20 ℃になったとき(㋑)とでは、どちらのほうがつぶがたくさん出てきますか。㋐、㋑で答えましょう。

(　　)

(5) 記述 (4)のように答えた理由をかきましょう。

(　　　　)

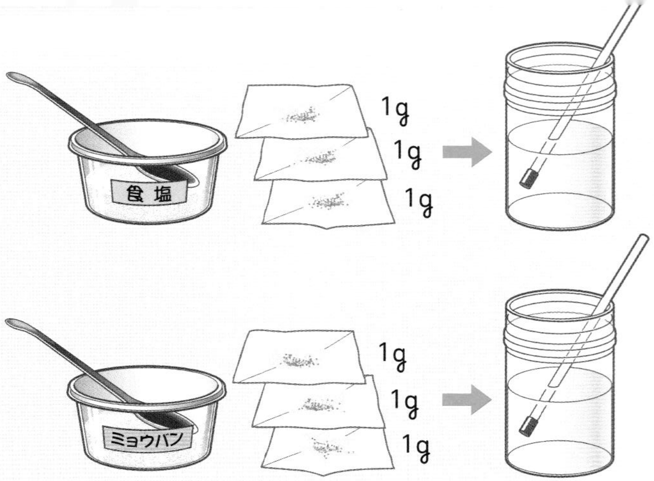

(1) 50 mL の水にとける食塩やミョウバンの量には、限度《げんど》がありますか、ありませんか。

(　　　　　　)

(2) 50 mL の水にとける量は、食塩とミョウバンで同じですか、ちがいますか。

(　　　　　　)

(3) 水の量を 100 mL にすると、とける食塩やミョウバンの量はどうなりますか。正しいものに○をつけましょう。

①(　　)水の量が 50 mL のときと変わらない。
②(　　)水の量が 50 mL のときの2倍になる。
③(　　)水の量が 50 mL のときの4倍になる。
④(　　)水の量が 50 mL のときの$\frac{1}{2}$になる。

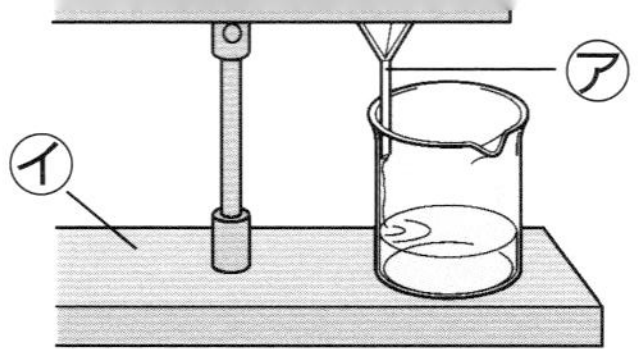

①このようにして、とけ残ったつぶや出てきたつぶと水よう液を分けることを何といいますか。

(　　　　　　)

②ア、イの器具の名前をかきましょう。

ア(　　　　　　)
イ(　　　　　　)

③**ア**～**エ**のそうさでまちがっているものを2つ選び、○をつけましょう。

ア(　　)アの先は、ビーカーのかべにつける。
イ(　　)ろ紙にあなをあけて、ガラスぼうでおしつける。
ウ(　　)ろ紙は水でぬらして、アからはなしておく。
エ(　　)液は、ガラスぼうに伝わらせて注ぐ。

(4) 水よう液の温度を下げる以外に、ミョウバンの水よう液や食塩水から、とけていたものを取り出す方法をかきましょう。

(　　　　　　　　　　　　)

うらにも問題があります。

5年 理科のまとめ 学力診断《しんだん》テスト

月　　日

名前

時間 40分

合格80点　　／100

答え44～45ページ

1 条件《じょうけん》を変えてインゲンマメを育てて、植物の成長の条件を調べました。　(1)、(2)は全部できて3点、(3)は3点(9点)

㋐　　㋑　　㋒

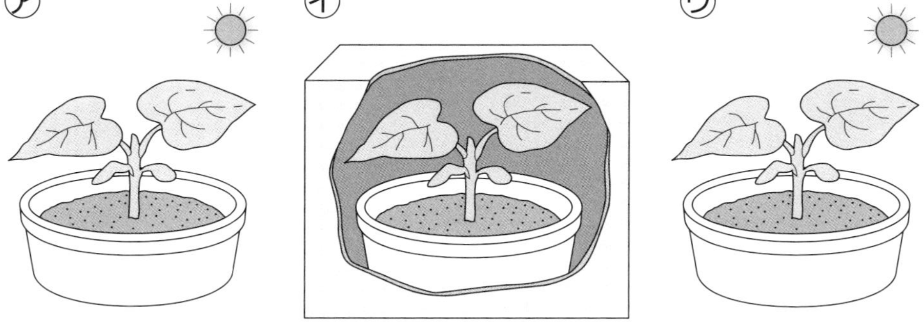

・日光＋肥料《ひりょう》＋水　　・肥料＋水　　・日光＋水

(1) 日光と成長の関係を調べるには、㋐～㋒のどれとどれを比《くら》べるとよいですか。　(　　)と(　　)

(2) 肥料と成長の関係を調べるには、㋐～㋒のどれとどれを比べるとよいですか。　(　　)と(　　)

(3) 最もよく成長するのは、㋐～㋒のどれですか。　(　　)

2 メダカを観察しました。

1つ3点(9点)

4 アサガオの花のつくりを観察しました。

1つ2点(14点)

(1) ㋐～㋓の部分を、それぞれ何といいますか。

㋐(　　　　)
㋑(　　　　)
㋒(　　　　)
㋓(　　　　)

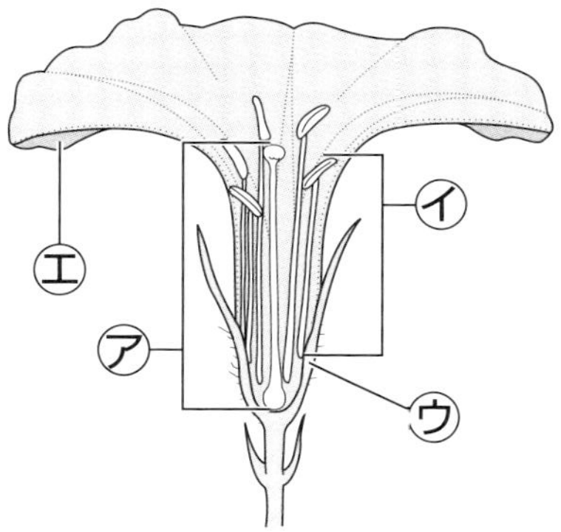

(2) おしべの先から出る粉《こな》のようなものを、何といいますか。　(　　　　)

(3) めしべの先に(2)がつくことを、何といいますか。　(　　　　)

(4) 実ができると、その中には何ができていますか。　(　　　　)

5 天気の変化を観察しました。

(1)、(3)は1つ2点、(2)は全部できて2点(10点)

(1) 下の雲の様子は、それぞれ晴れとくもりのどちらの天気で

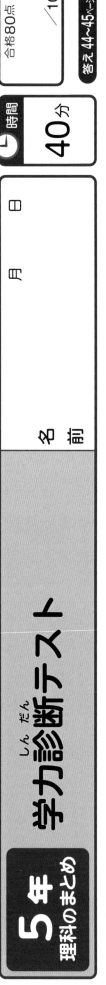

6 流れる水のはたらきについて調べました。

1つ2点(14点)

(1) 図のように、川が曲がっているところで、小石やすながたまりやすいのは、㋐、㋑のどちらですか。記号で答えましょう。

水の流れ
㋐
㋑

(　　　)

(2) 流れる水が、土地をけずるはたらきを何といいますか。

(　　　　　　　)

(3) 川の様子や川原《かわら》の石について、①～③にあてはまるのは、川の上流(あ)、川の下流(い)のどちらですか。記号で答えましょう。

① 谷ができることが多い。 (　　)

② 大きく角ばった石が多い。 (　　)

③ 川はばが広い。 (　　)

(4) 川の水量が増《ふ》えると、流れる水のはたらきはどうなりますか。 (　　　　　　　)

(5) 川による災害《さいがい》を防《ふせ》ぐくふうについて、水の勢《いきお》いを弱めて川岸がけずられるのを防ぐことができるものの名前をかきましょう。 (　　　　　　)

ふりこのきまりについて調べました。

活用力をみる

8 イチゴとさとうを使って、イチゴシロップを作りました。

1つ4点(8点)

イチゴシロップの作り方
びん
さとう
イチゴ
イチゴから出た水分にさとうがとける。
さとうはすべてとけた。

① イチゴとさとうをびんに入れる。

② 1日に数回びんをゆらしてよく混《ま》ぜる。

③ 2週間後、イチゴシロップの完成。

(1) さとうがとける前のびん全体の重さと、とけきったあとのびん全体の重さは、同じですか、ちがいますか。

(　　　　　　　)

(2) 完成したイチゴシロップの味見をします。イチゴシロップにとけているさとうのこさを正しく説明しているものに、○をつけましょう。

ア(　　)さとうのこさは、上のほうが下のほうよりこい。

イ(　　)さとうのこさは、下のほうが上のほうよりこい。

ウ(　　)さとうのこさは、びんの中で全て同じ。

鉄心を入れたコイルにかん電池をつなぎ、図のような角

7

1つ3点(12点)

(1) ふりこの1往復《おうふく》は、㋐～㋒のどれですか。記号で答えましょう。
(　　)

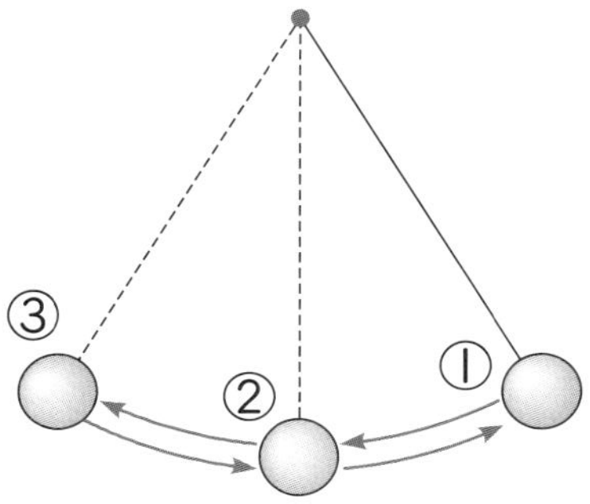

㋐ ①→②
㋑ ①→②→③
㋒ ①→②→③→②→①

(2) ふりこが1往復する時間は、ふりこが10往復する時間をはかって求めます。このようにして求めるのはなぜですか。
(　　　　　　　　　　　　　　　　)

(3) ふりこが10往復する時間をはかったところ、16.08秒でした。ふりこが1往復する時間を、小数第2位を四捨五入《ししゃごにゅう》して求めましょう。
(　　　　　)

(4) ふりこが1往復する時間は、ふりこの何によって決まりますか。
(　　　　　)

9 つりのおもちゃを作りました。

1つ5点(15点)

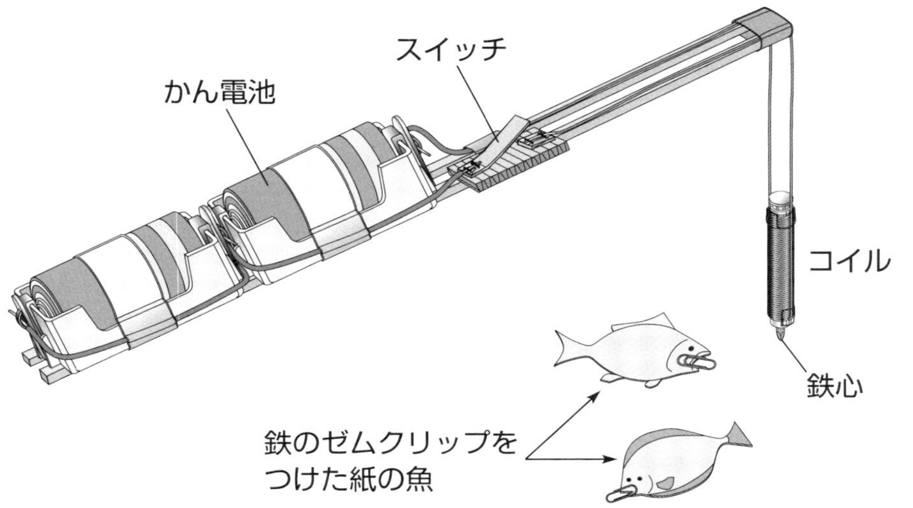

(1) スイッチを入れてコイルに電流を流すと、ゼムクリップのついた紙の魚は鉄心に引き付けられますか、引き付けられませんか。
(　　　　　)

(2) (1)のように、電流を流したコイルに入れた鉄心が磁石《じしゃく》になるしくみを何といいますか。
(　　　　　)

(3) ゼムクリップを引き付ける力を強くするためには、どうすればよいですか。正しいものに○をつけましょう。

①(　　)とちゅうの導線《どうせん》の長さを長くする。
②(　　)コイルのまき数を多くする。
③(　　)かん電池の数を少なくする。

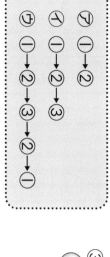

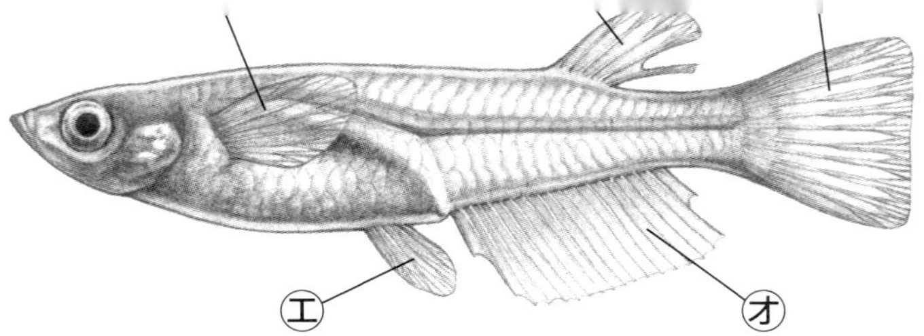

㋓
㋔

(1) 図のメダカは、めすですか、おすですか。

(　　　　)

(2) めすとおすを見分けるには、㋐～㋔のどのひれに注目するとよいですか。2つ選び、記号で答えましょう。

(　　　)と(　　　)

[3] 図は、母親の体内で成長する人の赤ちゃんです。

1つ3点(9点)

(1) ①、②の部分を、それぞれ何といいますか。

①(　　　　　　　)

②(　　　　　　　)

(2) 赤ちゃんが、母親の体内で育つ期間は約何週ですか。

約(　　　)週

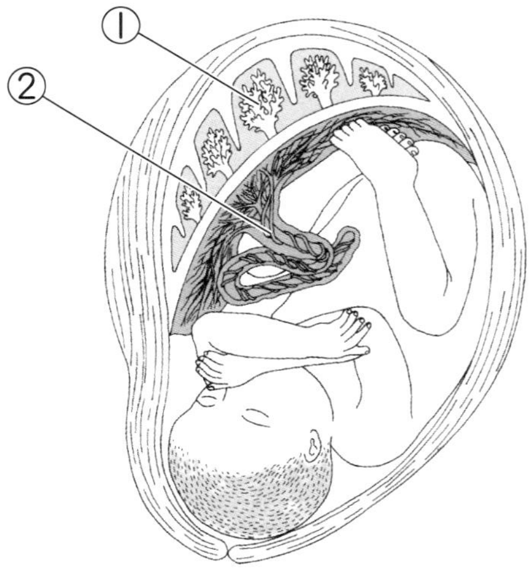

①
②

すか。

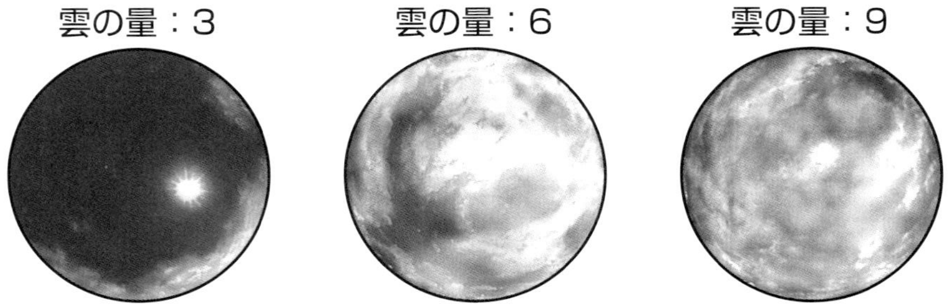

雲の量：3
雲の量：6
雲の量：9

㋐(　　　　　)　㋑(　　　　　)　㋒(　　　　　)

(2) 下の図は、台風(たいふう)の動きを表しています。①～③を、日づけの順にならべましょう。

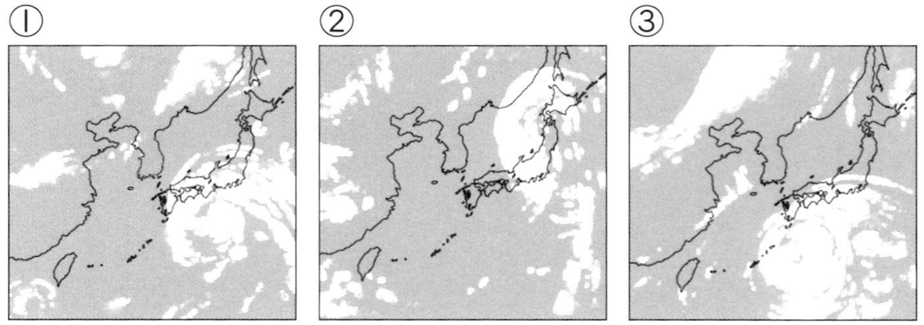

①
②
③

(　　→　　→　　)

(3) 台風はどこで発生しますか。㋐～㋓から選んで、記号で答えましょう。

(　　)

㋐日本の北のほうの陸上　㋑日本の北のほうの海上
㋒日本の南のほうの陸上　㋓日本の南のほうの海上

うらにも問題があります。

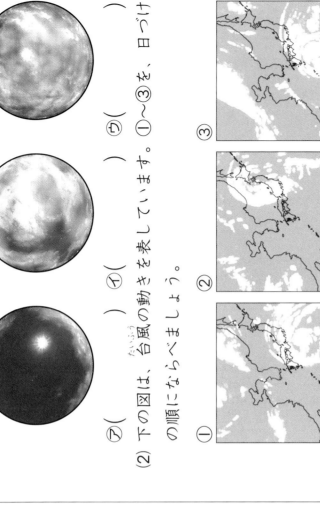

教科書ぴったりトレーニング

丸つけラクラク解答

教育出版版
理科５年

この「丸つけラクラク解答」は
とりはずしてお使《つか》いください。

「丸つけラクラク解答」では問題《もんだい》と同じ紙面《しめん》に、赤字で答えを書いています。

①問題がとけたら、まずは答え合わせをしましょう。

②まちがえた問題やわからなかった問題は、てびきを読んだり、教科書を読み返したりしてもう一度《いちど》見直しましょう。

おうちのかたへ では、次のようなものを示しています。

- 学習のねらいやポイント
- 他の学年や他の単元の学習内容とのつながり
- まちがいやすいことやつまずきやすいところ

お子様への説明や、学習内容の把握などにご活用ください。

見やすい答え

おうちのかたへ

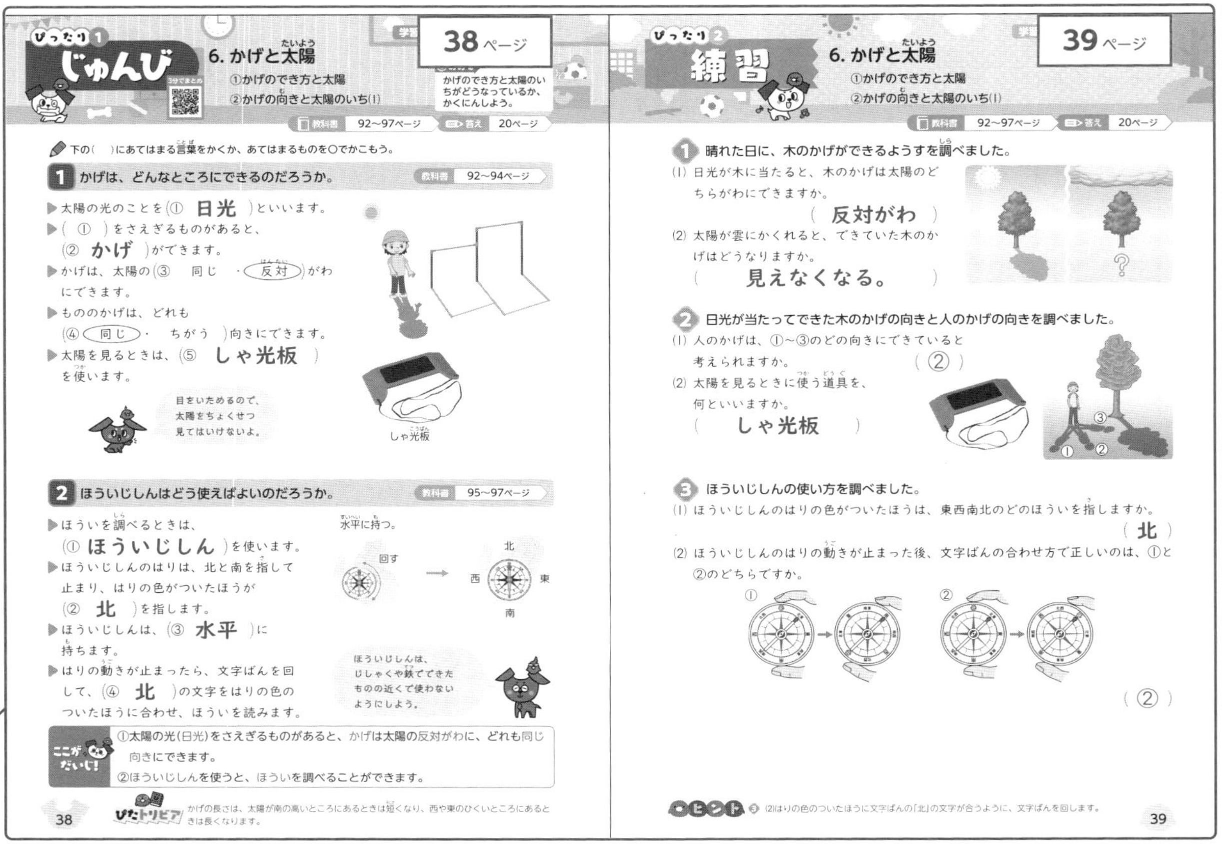

ぴったり1 じゅんび　6. かげと太陽《たいよう》
①かげのでき方と太陽
②かげの向《む》きと太陽のいち(1)

3分でまとめ

38ページ

学習　かげのでき方と太陽のいちがどうなっているか、かくにんしよう。

教科書 92～97ページ　答え 20ページ

下の(　)にあてはまる言葉《ことば》をかくか、あてはまるものを○でかこもう。

1 かげは、どんなところにできるのだろうか。　教科書 92～94ページ

▶太陽の光のことを(① 日光)といいます。
▶(①)をさえぎるものがあると、(② かげ)ができます。
▶かげは、太陽の(③ 同じ ・(反対《はんたい》))がわにできます。
▶もののかげは、どれも(④(同じ)・ ちがう)向きにできます。
▶太陽を見るときは、(⑤ しゃ光板)を使《つか》います。

目をいためるので、太陽をちょくせつ見てはいけないよ。

しゃ光板《こうばん》

2 ほういじしんはどう使えばよいのだろうか。　教科書 95～97ページ

▶ほういを調《しら》べるときは、(① ほういじしん)を使います。
▶ほういじしんのはりは、北と南を指《さ》して止まり、はりの色がついたほうが(② 北)を指します。
▶ほういじしんは、(③ 水平)に持《も》ちます。
▶はりの動《うご》きが止まったら、文字ばんを回して、(④ 北)の文字をはりの色のついたほうに合わせ、ほういを読みます。

水平《すいへい》に持《も》つ。

回す

北
西　東
南

ほういじしんは、じしゃくや鉄《てつ》でできたものの近くで使わないようにしよう。

ここがだいじ!
①太陽の光(日光)をさえぎるものがあると、かげは太陽の反対がわに、どれも同じ向きにできます。
②ほういじしんを使うと、ほういを調べることができます。

ぴたトリビア　かげの長さは、太陽が南の高いところにあるときは短《みじか》くなり、西や東のひくいところにあるときは長くなります。

38

ぴったり2 練習　6. かげと太陽《たいよう》
①かげのでき方と太陽
②かげの向《む》きと太陽のいち(1)

39ページ

教科書 92～97ページ　答え 20ページ

1 晴れた日に、木のかげができるようすを調《しら》べました。
(1) 日光が木に当たると、木のかげは太陽のどちらがわにできますか。
(反対がわ)
(2) 太陽が雲にかくれると、できていた木のかげはどうなりますか。
(見えなくなる。)

2 日光が当たってできた木のかげの向きと人のかげの向きを調べました。
(1) 人のかげは、①～③のどの向きにできていると考えられますか。
(②)
(2) 太陽を見るときに使《つか》う道具《どうぐ》を、何といいますか。
(しゃ光板)

3 ほういじしんの使い方を調べました。
(1) ほういじしんのはりの色がついたほうは、東西南北のどのほういを指《さ》しますか。
(北)
(2) ほういじしんのはりの動《うご》きが止まった後、文字ばんの合わせ方で正しいのは、①と②のどちらですか。
①　②
(②)

ヒント 3 (2)はりの色のついたほうに文字ばんの「北」の文字が合うように、文字ばんを回します。

39

39ページ　てびき

1 (1)かげは太陽《たいよう》の反対《はんたい》がわにできます。
(2)日光をさえぎるものがあると、かげができます。日光が当たらなければ、かげはできません。

2 (1)かげはどれも同じ向《む》きにできるため、人のかげは木のかげと同じ向きにできます。
(2)目をいためるので、ぜったいに太陽をちょくせつ見てはいけません。

3 (1)ほういじしんのはりの色がついたほうは、北を向いて止まります。
(2)ほういじしんのはりの動きが止まってから、文字ばんを回して、「北」の文字をはりの色のついたほうに合わせます。

くわしいてびき

おうちのかたへ　6. かげと太陽

日光により影ができること、太陽が動くと影も動くこと、日なたと日かげではようすが違うことを学習します。太陽と影(日かげ)との関係が考えられるか、日なたと日かげの違いについて考えることができるか、などがポイントです。

※紙面はイメージです。

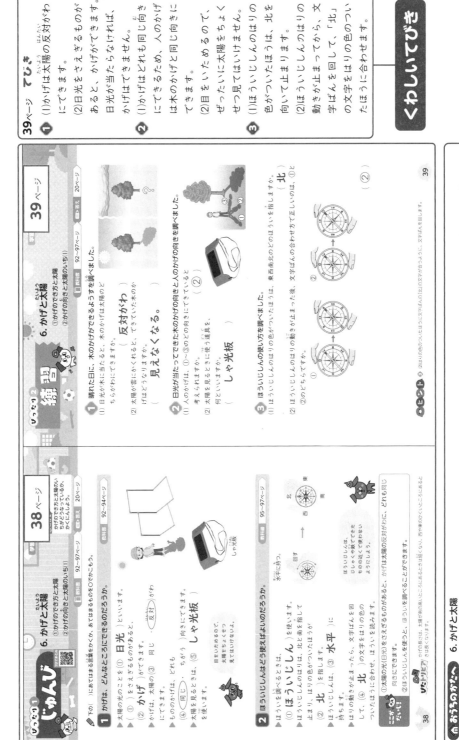

ぴったり1 準備

1. 天気の変化

①雲と天気

雲の様子と天気の変化の関係を確にんしよう。

3分でまとめ

教科書 9~12ページ　答え 2ページ

次の(　)にあてはまる言葉をかくか、あてはまるものを○で囲《かこ》もう。

1 天気の変化には、雲の量や動きが関係しているのだろうか。　教科書 9~12ページ

▶天気の決め方

・「晴れ」か「くもり」かは、空全体を10としたときの(① 雲)の量で決まる。

・雨がふっているときは、雲の量にかかわらず天気は(② 雨)。

雲の量が0~8のとき
(③ 晴れ)

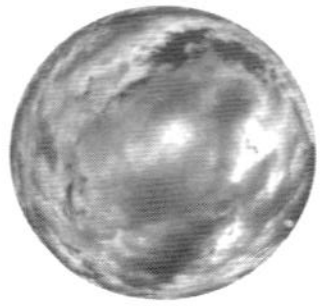

雲の量が9~10のとき
(④ くもり)

▶雲の量が0~1で晴れのときをとくに(⑤ 快晴)という。

▶空の様子の観察

午前の空の様子
4月10日　午前10時　雲の量(2)

雲の動き
西の方から東の方へ

午後の空の様子
4月10日　午後2時　雲の量(10)

雲の動き
西の方から東の方へ

目印に建物などをかく。

・記録用紙に(⑥ 方位)をかき入れ、目印となる建物などをかく。

・空全体を(⑦ 10)としたときの雲の量や、雲がどの方位からどの方位へ動いているかを記録する。

・雲の(⑧ 形)や色がわかるようにスケッチする。

▶晴れからくもりに変わるとき、雲の量はだんだん(⑨ (増え)・減り)、雲の色は、白から(⑩ はい色)に変わることが多い。

ここがだいじ!
①天気の変化は、雲の量や動きに関係している。
②雲の量が増えたり減ったりすると、天気が変わる。

ぴたトリビア　雲は、できる高さと形によって、10種類に分けられます。雲の種類によってとくちょうがあり、雨がふるかどうかを知るのに、役立てることができます。

ぴったり2 練習

1. 天気の変化

①雲と天気

教科書 9~12ページ　答え 2ページ

1 図は、特別なレンズを付けたカメラでさつえいした空全体のスケッチです。

①

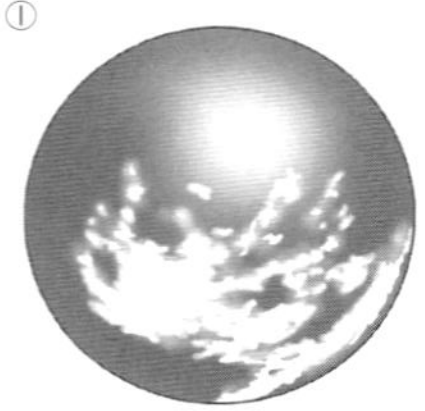

雲の量3

②

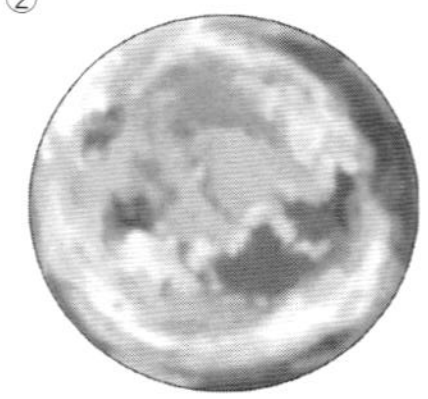

雲の量9

(1) 晴れとくもりの天気の決め方について、正しいものに○をつけましょう。

ア(　)空全体を10として、雲の量が0~2のときを晴れ、3~10のときをくもり。

イ(　)空全体を10として、雲の量が0~5のときを晴れ、6~10のときをくもり。

ウ(○)空全体を10として、雲の量が0~8のときを晴れ、9~10のときをくもり。

(2) 雲の量が0~1のとき、晴れの中でもとくに何といいますか。

(快晴)

(3) ①、②の天気をそれぞれかきましょう。

①(晴れ)　②(くもり)

2 午前と午後に、空の様子を観察しました。この日、午前は晴れていましたが、午後はくもりに変わりました。

(1) 午前と午後で、観察する場所は同じ場所、ちがう場所のどちらがよいですか。

(同じ場所)

(2) この日の雲の量や動きについて、正しいものに○をつけましょう。

ア(　)動きながらだんだん量が減った。

イ(○)動きながらだんだん量が増えた。

ウ(　)雲の量や動きに変化はなかった。

(3) 天気が晴れからくもりに変わるときの雲の色について、正しいものに○をつけましょう。

ア(○)白い雲からはい色の雲に変わることが多い。

イ(　)はい色の雲から白い雲に変わることが多い。

ウ(　)雲の色が変わることはない。

おうちのかたへ　1. 天気の変化

空の様子と天気の変化について学習します。雲の量や動き方によって天気がどのように変化するかを理解しているか、気象情報を読み取って天気を予想することができるか、などがポイントです。

3ページ　てびき

1 (1)(2)天気が晴れかくもりかは、空全体を10としたときの雲の量で決めます。雲の量が0~8のときは晴れ、9~10のときはくもりです。雲の量が0~1のときは、晴れの中でもとくに快《かい》晴《せい》といいます。

(3)①雲の量が3より、天気は晴れです。

②雲の量が9より、天気はくもりです。

2 (1)雲の動きもわかるように、観察する場所を決めて、立つ位置に印をつけておくようにします。また、記録用紙に方位をかき入れ、目印となる建物などもかきます。

(2)(3)天気が晴れからくもりに変わるときは、雲が動きながらだんだん量が増《ふ》え、白い色からはい色に変わることがよくあります。

おうちのかたへ

空の様子をデジタルカメラやタブレットパソコンのカメラなどで撮影しておくと、あとから何度も再生して、確認することができます。

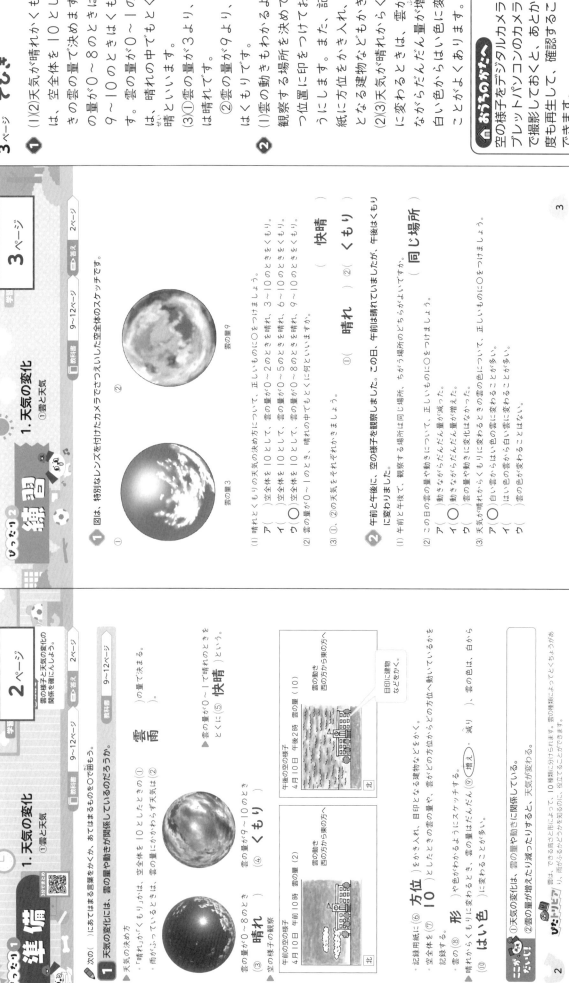

ぴったり1 **準備**

1. 天気の変化
②天気の変化のきまり

4ページ

天気の変化と雲の動きの関係を確にんしよう。

教科書 13〜18、205ページ　答え 3ページ

次の（　）にあてはまる言葉をかこう。

1 日本付近の天気の変化には、何かきまりがあるのだろうか。　教科書 13〜18、205ページ

▶気象情報《きしょうじょうほう》の集め方
・気象衛星《えいせい》による（① **雲画像** ）で、どの地いきに雲がかかっているのかがわかる。
・（② **アメダス** ）のこう水量の情報で、どの地いきにどのくらいの強さの雨がふっているかがわかる。

▶雲の動きと天気の変化

雲画像《くもがぞう》

ある日の正午
次の日の正午
さらに次の日の正午

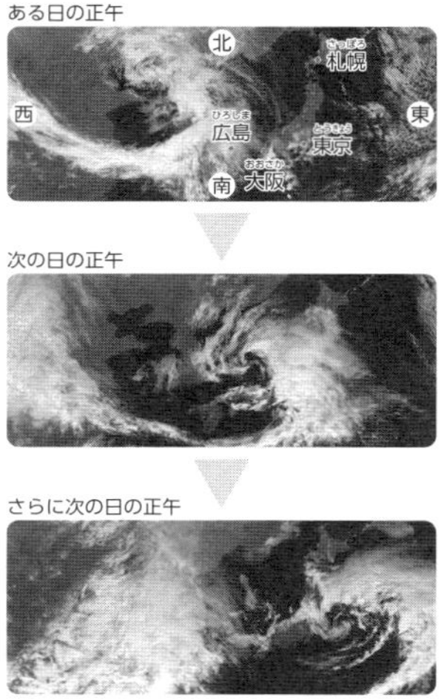

こう水量（アメダスの情報）

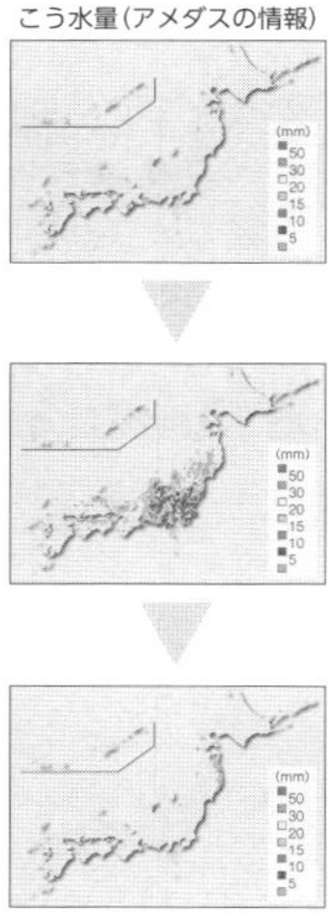

・広島　くもり
・大阪　くもり
・東京　くもり
・札幌　晴れ

・広島　晴れ
・大阪　雨
・東京　雨
・札幌　くもり

・広島　③**くもり**
・大阪　晴れ
・東京　晴れ
・札幌　晴れ

▶日本付近では、雲はおおよそ西の方から（④ **東** ）の方へ移動《いどう》していて、天気はおおまかに（⑤ **西** ）から東へ変わるというきまりがある。

ここがだいじ！
①日本付近では、雲がおおよそ西の方から東の方へ移動している。
②日本付近の天気の変化には、おおまかに西から東へ変わるというきまりがある。

ぴたトリビア　無人の観測《かんそく》所で自動的に気象観測を行い、その結果を気象ちょうで集計するしくみを、「アメダス（地いき気象観測システム）」といいます。

ぴったり2 **練習**

1. 天気の変化
②天気の変化のきまり

5ページ

教科書 13〜18、205ページ　答え 3ページ

1 図は、ある連続した３日間の、同じ時こくの日本付近の雲画像です。

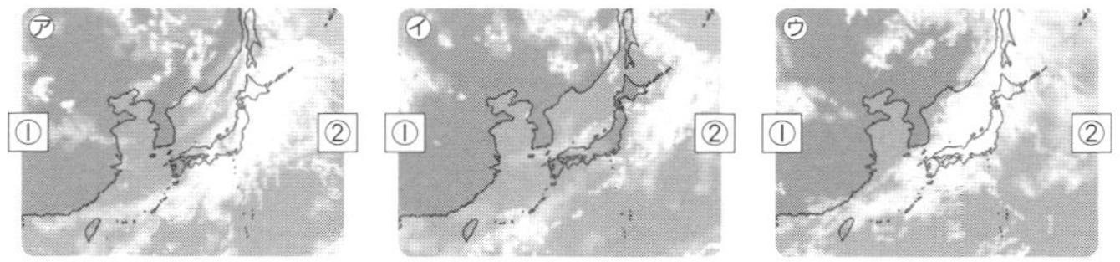

(1) 図の白い部分は何を表していますか。（　**雲**　）

(2) 図の①、②にはそれぞれどの方位が入りますか。正しいものに○をつけましょう。

ア（　）①…北、②…南　　イ（　）①…南、②…北
ウ（　）①…東、②…西　　エ（○）①…西、②…東

(3) ㋐〜㋒を日づけの順に、記号でならべましょう。
（㋒）→（㋐）→（㋑）

2 図は、ある連続した３日間における、同じ時こくのアメダスの情報です。

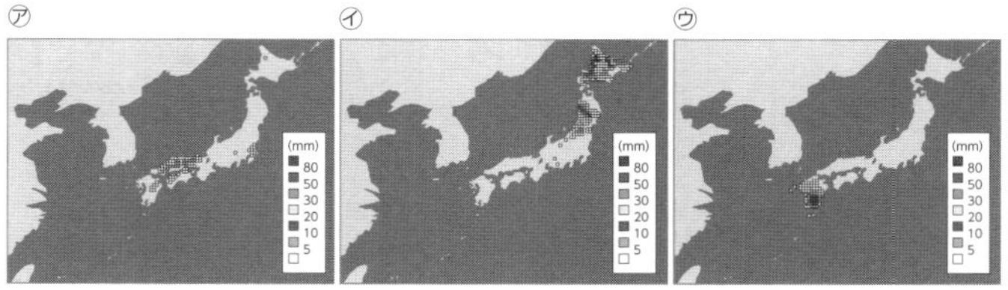

(1) ３つの図からわかることとして、正しいもの２つに○をつけましょう。
ア（　）気温の変化
イ（　）風速の変化
ウ（○）雨がふっている地いきの変化
エ（○）こう水量の変化

(2) ㋐〜㋒を日づけの順に、記号でならべましょう。
（㋒）→（㋐）→（㋑）

(3) 天気は何の動きにつれて変わりますか。
（　**雲**　）

5ページ　てびき

1 (1)雲画像《くもがぞう》では、雲は白く見えます。
(2)雲画像では、右が東、左が西、上が北、下が南になります。
(3)日本付近では、雲は西から東へ動くことが多いです。雲が西の方から東の方へ移《い》動《どう》するように３つの雲画像をならべると、㋒→㋐→㋑となります。

2 (1)アメダスの情報《じょうほう》からは、雨がふっている地いきや、その地いきでふっている雨の量がわかります。
(2)(3)天気は、雲の動きと同じで、西から東へ変わることが多いです。雨がふっている地いきが西の方から東の方へ変わるように３つのアメダスの情報をならべます。

おうちのかたへ
新聞やインターネットなどで雲画像とアメダスの雨量情報を見比べてみると、雲がかかっていても雨が降っていない地域があることがわかります。

確かめのテスト。 1.天気の変化

100 合格70点

教科書 9~21、205ページ　答え 4ページ

1 天気が変わるときの空の様子の変化を記録しました。　1つ8点、(3)は全部できて8点(24点)

4月18日　午前10時　雲の量(2)
雲の動き(西から東)

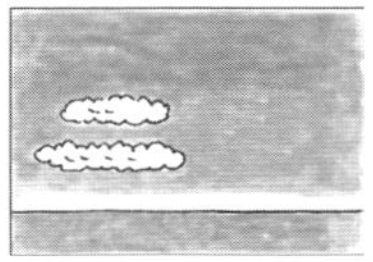

4月18日　午後2時　雲の量(10)
雲の動き(西から東)

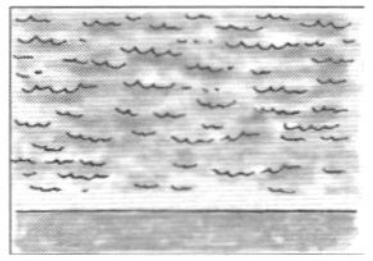

(1) 観察した日、雨はふっていませんでした。午前10時の天気は何ですか。
(晴れ)

(2) 雲のスケッチでは、雲の色や量のほかに何がわかるようにスケッチするとよいですか。
(形)

(3) このスケッチには、あるものをかきわすれています。かいてあったほうがよいものは何ですか。正しいものすべてに○をつけましょう。

ア(　)いっしょに観測《かんそく》した人の名前　イ(○)方位
ウ(○)目印となる建物　エ(　)観察したとき着ていた服の色

よく出る

2 同じ場所で1日に3回空の様子をさつえいしました。　1つ8点、(1)、(2)は全部できて8点(24点)

①

②

③

(1) この日、天気は晴れから雨に変わりました。①~③を時こくの順にならべましょう。
(②) → (①) → (③)

(2) 雲の量と色はどのように変わりましたか。
雲の量(多くなった。)　雲の色(はい色っぽくなった。)

(3) 雲は、量や色を変えながら、動いていますか。
(動いている。)

3 いろいろな気象情報《きしょうじょうほう》について、次の問いに答えましょう。　1つ8点(32点)

ア
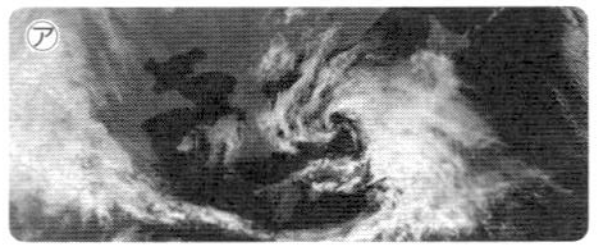
イ
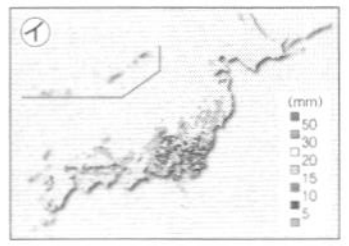

(1) ㋐は、気象衛星《えいせい》の雲の様子を表す画像《がぞう》です。白くうつっている部分は何ですか。
(雲)

(2) ㋑の情報は、日本全国の観測所で得られた気象観測のデータを集める気象ちょうの観測システムの情報です。この情報を何といいますか。
アメダスの(こう水量)の情報

(3) ㋐と㋑は同じ日時の気象情報です。㋐の白くうつっている部分と天気の関係として、正しいほうに○をつけましょう。
①(　)白くうつっている部分は、晴れている地いきが多い。
②(○)白くうつっている部分は、雨がふっている地いきが多い。

(4) ㋐の白くうつっている部分は、図の位置にくるまでにどのように移動《いどう》してきたと考えられますか。正しいほうに○をつけましょう。
①(　)おおよそ東の方から西の方へ移動してきた。
②(○)おおよそ西の方から東の方へ移動してきた。

できたらスゴイ!

4 天気と雲の関係について、次の問いに答えましょう。　思考・表現　1つ10点(20点)

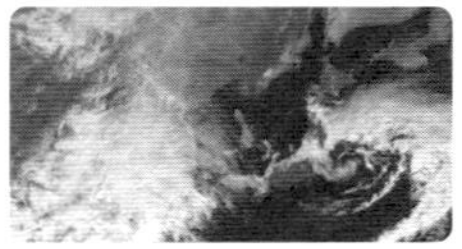

(1) 雲画像から、関東地方の天気はこのあとどう変わると考えられますか。正しいほうに○をつけましょう。
①(○)晴れ→雨
②(　)雨→晴れ

(2) 記述 (1)のように考えた理由をかきましょう。
(西にある雲が東へ動くから。)

ふりかえり
2の問題がわからないときは、2ページの1にもどって確《かく》にんしましょう。
4の問題がわからないときは、4ページの1にもどって確にんしましょう。

6~7ページ　てびき

1 (1)午前10時の雲の量は2で、雲の量が0~8のときの天気は晴れです。
(3)雲の動きがわかるように、目印となる建物と方位をかきます。

2 (1)(2)天気が晴れから雨に変わったことから、雲の量が少ないものから多いもの、色が白っぽいものからはい色っぽいものの順にならべます。
(3)雲は動きながら、量や色、形が変わります。

3 (3)(4)雨がふっている地いきの上空には、雲があります。雲は、おおよそ西の方から東の方へ移動《いどう》することが多く、雲の動きとともに、雨のふる地いきも、西の方から東の方へ移動することが多いです。

4 図では、関東の上空に雲はありませんが、関東のすぐ西の方の雲が東の方へ移動するので、天気は晴れから雨に変わると考えられます。

おうちのかたへ
天気による1日の気温の変化は、4年生で学習しています。

ぴったり1 準備

2. 植物の発芽《はつが》や成長

①発芽に必要なもの(1)

植物の発芽に必要な条件を確にんしよう。

教科書 22〜34ページ　答え 5ページ

次の(　)にあてはまる言葉をかくか、あてはまるものを○で囲《かこ》もう。

1 インゲンマメの種子が発芽するためには、水が必要なのだろうか。 教科書 22〜27ページ

▶種子が芽を出すことを(① 発芽)という。

どちらも、日光が直接《ちょくせつ》当たらない場所に置く。

▶発芽には(② 水)が必要である。

2 インゲンマメの種子が発芽するためには、水のほかに何が必要なのだろうか。 教科書 28〜34ページ

	変える条件	同じにする条件
空気	あたえる あたえない	空気以外 (温度、水、明るさなど)

	変える条件	同じにする条件
温度	部屋の中 冷ぞう庫の中	温度以外 (空気、水、明るさなど)

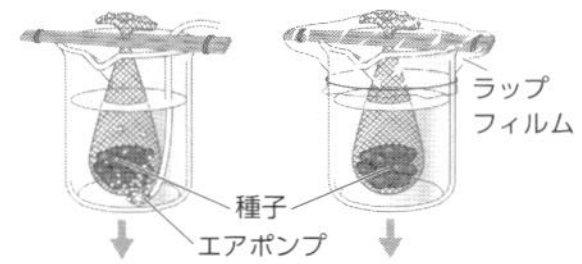

▶発芽には、(① 空気)が必要である。

冷ぞう庫の中は、とびらをとじると暗いね。箱をかぶせるのは、明るさの条件を同じにするためだよ。

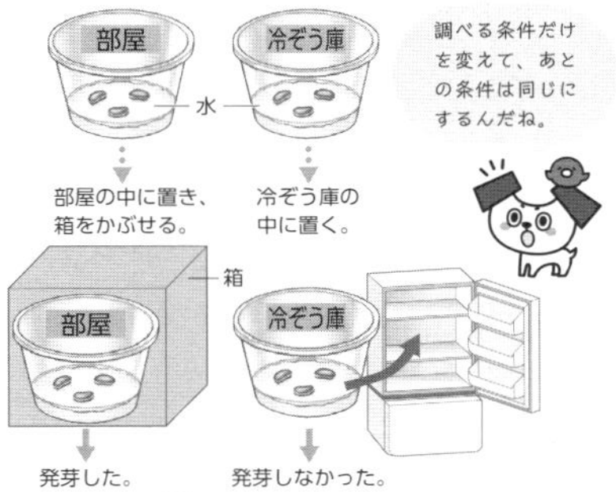

調べる条件だけを変えて、あとの条件は同じにするんだね。

▶発芽には、適《てき》した(② 温度)が必要である。

▶発芽に日光は(③ 必要である ・ (必要ない))。

ここが だいじ！
①発芽には、水、空気、適した温度が必要である。
②発芽には、日光は必要ない。
③調べたい条件だけを変え、調べたい条件のほかは同じにして調べる。

ぴたトリビア 長い時間がたった種子でも、発芽することがあります。1000年以上前の種子が、発芽に必要な全ての条件をそろえたら発芽したという研究結果もあります。

ぴったり2 練習

2. 植物の発芽《はつが》や成長

①発芽に必要なもの(1)

教科書 22〜34ページ　答え 5ページ

1 インゲンマメの種子を使って、種子が発芽する条件《じょうけん》を調べました。

(1) ㋐と㋑では、種子が発芽するには何が必要かを調べていますか。
(水)

(2) ㋐と㋑の結果はどうなりましたか。それぞれ答えましょう。
㋐(発芽した。)
㋑(発芽しなかった。)

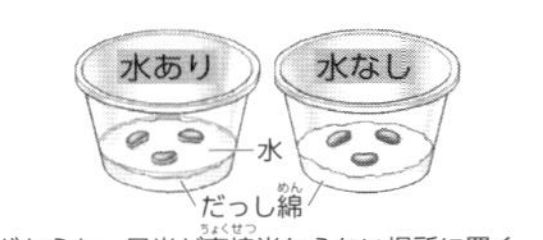

どちらも、日光が直接《ちょくせつ》当たらない場所に置く。

2 種子が発芽するには、水のほかに何が必要かを調べました。

(1) ㋐と㋑では、発芽には空気が必要かを調べました。
①どんなところに置きましたか。正しいものに○をつけましょう。
ア(　)㋐は日光が直接当たらないところ、㋑は日光が当たるところ。
イ(　)㋐は日光が当たるところ、㋑は日光が直接当たらないところ。
ウ(○)㋐も㋑も日光が直接当たらないところ。
②㋐と㋑の結果はどうなりましたか。それぞれ答えましょう。
㋐(発芽した。)
㋑(発芽しなかった。)

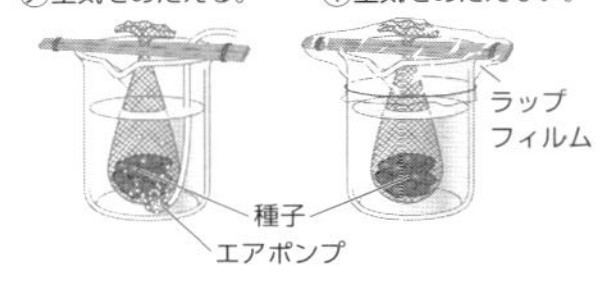

(2) ㋒と㋓では、発芽には適《てき》した温度が必要かを調べました。
①㋒に箱をかぶせるのはなぜですか。正しいものに○をつけましょう。
ア(　)だっし綿がかわかないようにするため。
イ(　)あたたかくするため。
ウ(○)冷ぞう庫の中と同じように暗くするため。
②㋒と㋓の結果から、発芽には適した温度は必要だといえますか。
(必要だといえる。)

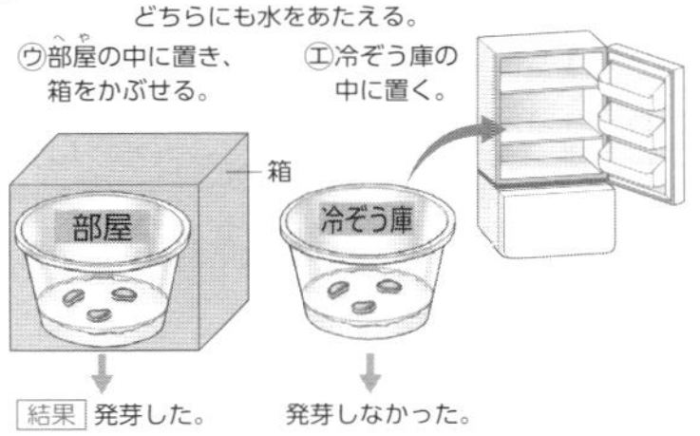

ヒント 2 (1)調べたい条件以外は、同じにして実験します。

9ページ　てびき

1 (1)㋐と㋑のちがいは、水をあたえたかあたえなかったかで、それ以外の条件《じょうけん》は同じなので、水が必要かどうかについて調べています。
(2)発芽《はつが》には水が必要なので、水をあたえた㋐だけ発芽します。

2 (1)②発芽には空気が必要なので、空気をあたえた㋐だけ発芽します。
(2)①冷ぞう庫の中は、とびらをとじたときは暗くなります。㋒と㋓では、発芽に適《てき》した温度が必要かを調べるので、温度以外の条件を同じにするために、㋒に箱をかぶせます。
②部屋《へや》の中に置いた㋒は発芽し、冷ぞう庫の中に置いた㋓は発芽しなかったことから、発芽には適した温度が必要なことがわかります。

おうちのかたへ
種子は発芽するために必要な条件を与えても、全てが発芽するわけではないため、実験をするときは、複数の種子を使って調べる必要があります。

おうちのかたへ　2. 植物の発芽や成長
植物の発芽や成長に必要な条件を学習します。ここでは、変える条件・同じにする条件を考えて実験できるか、発芽や成長に必要な条件を理解しているか、などがポイントです。

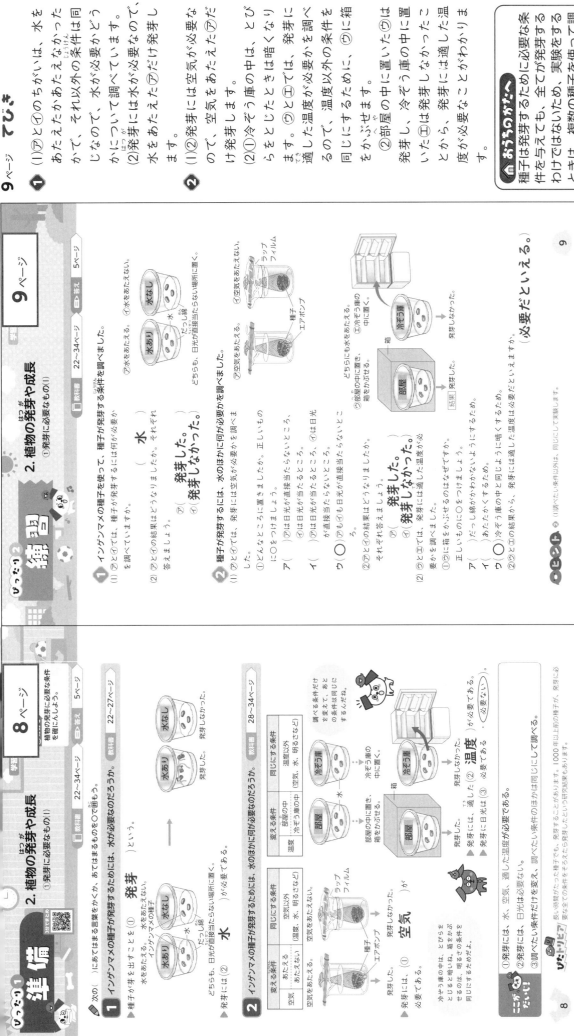

ぴったり1 準備

2. 植物の発芽《はつが》や成長

①発芽に必要なもの(2)
②発芽と養分

学習 種子の中のつくりや、種子にふくまれる養分の変化を確にんしよう。

教科書 34〜39ページ　答え 6ページ

次の(　)にあてはまる言葉をかくか、あてはまるものを○で囲《かこ》もう。

1 種子の中を見てみよう。　教科書 34ページ

▶水にひたしてやわらかくなった種子を2つに切って観察する。

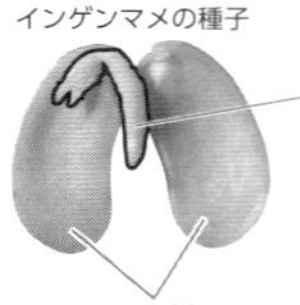

(① 子葉)

2 インゲンマメの種子が発芽したあと、子葉がしぼんでしまうのは、どうしてだろうか。　教科書 36〜39ページ

▶成長していくインゲンマメの子葉は、だんだん(① ふくらんで ・ (しぼんで))いく。

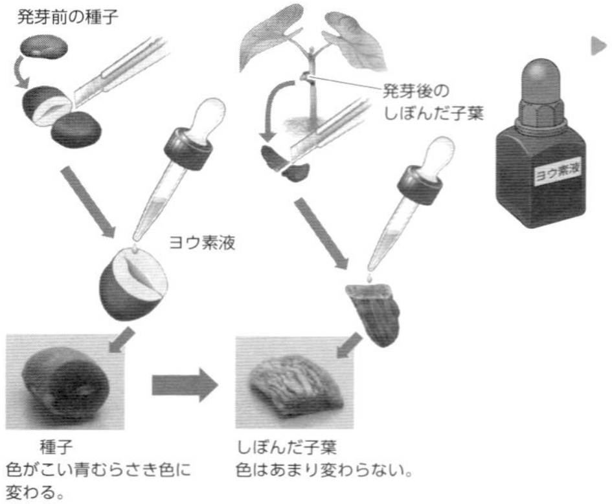

▶でんぷんをふくんだものにヨウ素《そ》液《えき》をつけると、こい(② (青むらさき色) ・ 赤色)に変わる。

でんぷんは、ご飯やパンなどに多くふくまれている養分だね。

▶でんぷんは、発芽前の種子の中にはあるが、発芽後のしぼんだ子葉には(③ ある ・ (ない))。

▶インゲンマメの子葉がしぼんでしまうのは、種子の中の(④ でんぷん(養分))が発芽に使われたためである。

ここが だいじ！ ①植物は、種子の中のでんぷんなどの養分を使って発芽する。

ぴたトリビア 種子にでんぷんを多くふくむイネ、ムギ、トウモロコシなどは地球上の多くの地いきで主食として食べられるほか、家ちくのえさとしても利用されます。

ぴったり2 練習

2. 植物の発芽《はつが》や成長

①発芽に必要なもの(2)
②発芽と養分

教科書 34〜39ページ　答え 6ページ

1 インゲンマメの種子の中を調べました。

(1) インゲンマメの種子の根、くき、葉になって成長する部分は、㋐、㋑のどちらですか。
(㋐)

(2) 発芽したインゲンマメの㋐の部分を何といいますか。
(子葉)

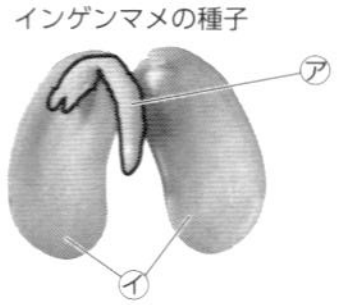

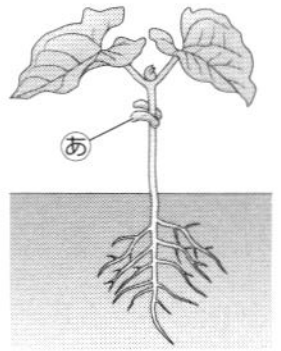

(3) インゲンマメが成長していくにつれて、あの部分はどうなりますか。正しいものに○をつけましょう。

ア(　)だんだん大きくなっていく。
イ(○)だんだんしぼんでいく。
ウ(　)ずっと変わらない。

2 インゲンマメの発芽前の種子と発芽後の子葉の中の養分を調べました。

(1) 養分があるかどうかを調べるために使った㋕の液体《えきたい》を何といいますか。
(ヨウ素液)

(2) 発芽前の種子に㋕の液体をつけると、こい青むらさき色に変わったことから、発芽前の種子の中には何があることがわかりますか。
(でんぷん)

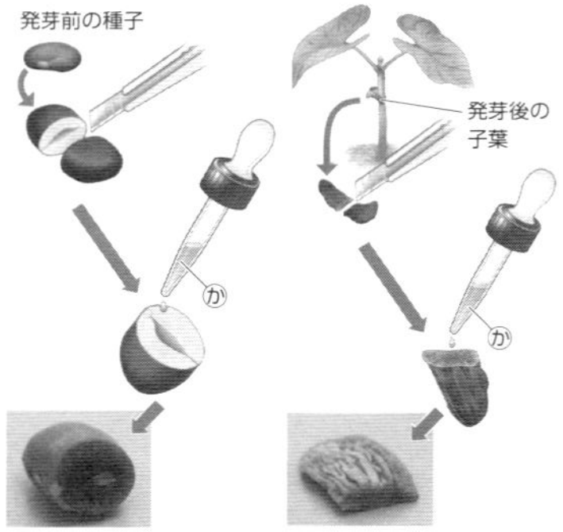

(3) (2)で答えたものは、発芽後にはどうなりましたか。正しいものに○をつけましょう。

ア(　)発芽前よりも多くなった。
イ(　)発芽前と変わらなかった。
ウ(○)発芽前よりも少なくなった。

(4) 種子が発芽するための(2)などの養分について、正しいほうに○をつけましょう。

ア(○)種子の中にある。
イ(　)肥料《ひりょう》の中にある。

11ページ　てびき

❶ (1)(2)種子の㋐の部分は、発《はっ》芽《が》後、根、くき、葉に成長します。あはインゲンマメが芽を出したときの子葉で、種子のときの子葉は、㋑の部分にあたります。

❷ (1)(2)㋕の液体《えきたい》をつけると、発芽前の種子がこい青むらさき色に変わっています。ヨウ素液《そえき》は、でんぷんをふくんだものをこい青むらさき色に変えるので、発芽前の種子にはでんぷんがふくまれていたことがわかります。

(3)発芽後の子葉は、ヨウ素液をつけても色があまり変わっていないので、種子のときにふくまれていたでんぷんは少なくなったことがわかります。

(4)種子は、種子の中のでんぷんなどの養分を使って発芽するので、発芽させるための肥料《ひりょう》はいりません。

おうちのかたへ
ヨウ素液は6年生、中学の理科でも使用しますので、使い方や特徴など、十分に確認させてください。

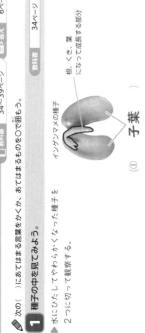

ぴったり1
準備
2. 植物の発芽や成長
③植物の成長に必要なもの

12ページ

植物がよく成長するための条件を確にんしよう。

教科書 40〜45ページ　答え 7ページ

次の(　)にあてはまる言葉をかくか、あてはまるものを○で囲もう。

1 植物がよく成長するには、発芽の条件のほかに、何が必要なのだろうか。 教科書 40〜45ページ

変える条件		同じにする条件
日光	[ア]当てる [イ]当てない	日光以外 (肥料、水など)

[ア]〜[エ]は肥料をふくまない土(バーミキュライトなど)に植えてある。

同じくらいに育ったインゲンマメを日当たりのよい場所に置く。

肥料と水をあたえる。日光に当てる。

(① 肥料)と水をあたえる。

箱をかぶせて、(② 日光)を当てないようにする。

調べる条件のほかは、同じにするんだね。

1週間後

(③ ㋐ ・ ㋑)のほうがよく育っている。

▶植物がよく成長するためには、(④ 日光)が必要である。

実験後に[イ]に日光を当てると、よく育つようになるよ。

変える条件		同じにする条件
肥料	[ウ]あたえる [エ]あたえない	肥料以外 (日光、水など)

同じくらいに育ったインゲンマメを日当たりのよい場所に置く。

肥料と水をあたえる。

水だけをあたえて、(⑤ 肥料)をあたえない。

2週間後

どちらも育っているけれど、[ウ]のほうが大きいね。

(⑥ ㋒ ・ ㋓)のほうがよく育っている。

▶植物がよく成長するためには、(⑦ 肥料)が必要である。

ここがだいじ! ①植物がよく成長するには、発芽の条件のほかに、日光や肥料が必要である。

ぴたトリビア ダイズなどの種子を光に当てないまま発芽させて育てた野菜が「もやし」です。

ぴったり2
練習
2. 植物の発芽や成長
③植物の成長に必要なもの

13ページ

教科書 40〜45ページ　答え 7ページ

1 同じくらいに育ったインゲンマメを条件を変えて育て、成長の様子を比べました。

※㋐〜㋒は肥料をふくまない土に植えてある。

㋐ 日光に当て、肥料と水をあたえる。

㋑ 日光に当て、水だけあたえて、肥料をあたえない。

㋒ 箱をかぶせて、肥料と水をあたえる。

2週間後

(1) 日光と植物の成長との関係を調べるには、㋐〜㋒のどれとどれを比べればよいですか。
(㋐ と ㋒)

(2) 肥料と植物の成長との関係を調べるには、㋐〜㋒のどれとどれを比べればよいですか。
(㋐ と ㋑)

(3) 2週間後の様子で、いちばんよく育っているといえるのは、㋐〜㋒のどれですか。
(㋐)

(4) この実験から、どんなことがわかりますか。正しいものに○をつけましょう。

①(　)日光に当てれば、肥料をあたえてもあたえなくても同じように育つ。

②(　)肥料をあたえれば、日光に当てても当てなくても同じように育つ。

③(○)日光に当て、肥料をあたえるとよく育つ。

④(　)日光や肥料は、植物の成長には関係しない。

13ページ てびき

1 (1)日光についての条件だけがちがい、それ以外の条件は同じものを比べます。㋐は日光に当て、㋒は日光に当てていませんが、どちらも肥料と水をあたえています。

(2)肥料についての条件だけがちがい、それ以外の条件は同じものを比べます。

(3)こい緑色をしていて、くきがよくのび、葉が大きくて数が多い㋐が、いちばんよく育っているといえます。

(4)日光や肥料の条件を変えた㋐、㋑、㋒で育ち方にちがいがあることから、日光や肥料は植物の成長に関係していることがわかります。植物の成長には日光が必要で、肥料をあたえるとよく成長します。発芽の条件の水、空気、適した温度は、植物の成長にも必要です。

おうちのかたへ
植物の成長に必要なものを調べるには、葉の色や数、大きさ、くきの太さなどを比べることがポイントです。

ぴったり3 確かめのテスト

2. 植物の発芽《はつが》や成長

100
合格70点

教科書 22~47ページ　答え 8ページ

よく出る

1 インゲンマメを使って、種子が発芽する条件《じょうけん》を調べます。

(1)、(4)は6点、(2)は10点、(3)、(5)はそれぞれ全部できて10点(48点)

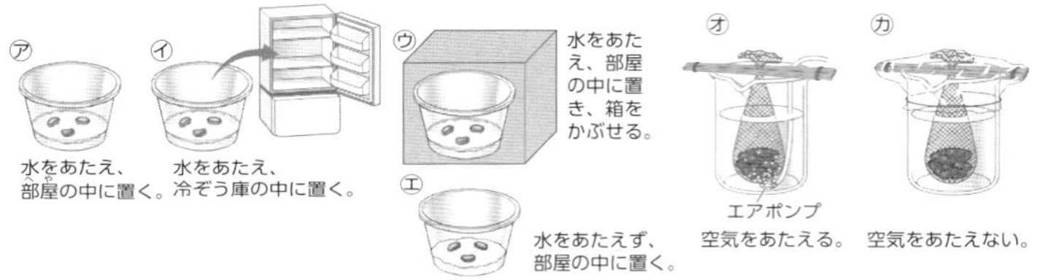

ア
イ
水をあたえ、部屋の中に置く。
水をあたえ、冷ぞう庫の中に置く。
ウ
水をあたえ、部屋の中に置き、箱をかぶせる。
エ
水をあたえず、部屋の中に置く。
オ
カ
エアポンプ
空気をあたえる。
空気をあたえない。

(1) 発芽に次の①、②が必要かどうかを調べるには、ア～エのどれとどれを比《くら》べればよいですか。 技能

①水（ ア と エ ）　②適《てき》した温度（ イ と ウ ）

(2) 記述 ウで箱をかぶせるのはなぜですか。

（ イと明るさの条件を同じにするため。 ）

(3) ア～エは発芽しますか。発芽するものには○、発芽しないものには×をつけましょう。

ア(○)　イ(×)　ウ(○)　エ(×)

(4) オとカを比べると、発芽に何が必要なことがわかりますか。正しいものに○をつけましょう。

ア(　)明るさ　イ(○)空気　ウ(　)肥料《ひりょう》

(5) 種子の発芽には、どんな条件が必要でしょうか。3つかきましょう。

（ 水 ）、（ 適した温度 ）、（ 空気 ）

2 インゲンマメの種子を調べます。

1つ6点(12点)

(1) インゲンマメの種子の根、くき、葉になって成長する部分は、ア、イのどちらですか。

（ ア ）

(2) ヨウ素液《そえき》をつけて、色が変わるのは、ア、イのどちらですか。 技能

（ イ ）

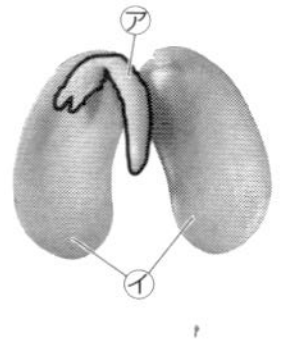

ア
イ

よく出る

3 同じくらいに育ったインゲンマメを使って、植物がよく育つための条件を調べます。

1つ6点(12点)

ア
イ
ウ
肥料
肥料
日光に当てる。肥料はあたえない。
日光に当てる。肥料をあたえる。
箱をかぶせる。肥料をあたえる。

※ア～ウは肥料をふくまない土に植えてある。

(1) ア～ウで成長の様子を比べるとき、水はどうしますか。正しいものに○をつけましょう。

①(○)どれにも同じように水をあたえる。

②(　)どれにも同じように水をあたえない。

③(　)アとイにだけ水をあたえる。

(2) ア～ウで、いちばんよく育つものはどれですか。（ イ ）

できたらスゴイ!

4 インゲンマメの種子の養分を調べました。

(1)、(2)、(3)は6点、(4)は10点(28点)

(1) インゲンマメの種子を切り、ヨウ素液をつけると、色が変わりました。何色になりましたか。 技能

（こい）青むらさき色

(2) 色が変わったことから、インゲンマメの種子には何という養分がふくまれていることがわかりますか。

（ でんぷん ）

(3) 発芽したあとの子葉を切り、ヨウ素液をつけても、色はあまり変わりませんでした。このことから、種子にあった(2)などの養分はどうなったことがわかりますか。正しいものに○をつけましょう。

①(　)増《ふ》えた。　②(○)減《へ》った。

③(　)変わらなかった。

(4) 記述 種子にあった養分が(3)のようになったのはなぜですか。 思考・表現

（ 発芽に使われたから。 ）

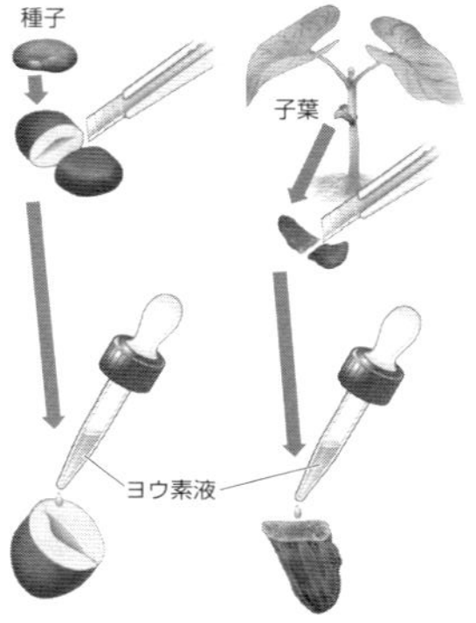

種子
子葉
ヨウ素液

ふりかえり **1**の問題がわからないときは、8ページの**1** **2**にもどって確《かく》にんしましょう。
4の問題がわからないときは、10ページの**2**にもどって確にんしましょう。

14~15ページ　てびき

1 (1)①水の条件《じょうけん》だけがちがい、それ以外の条件は同じになっているアとエを比《くら》べます。

(2)イと温度以外の条件は同じにする必要があるので、冷ぞう庫の中と同じように暗くします。

(3)水があり適《てき》した温度のところに置いたアとウは発芽《はつが》しますが、適した温度ではないイ、水のないエは発芽しません。

2 アが根・くき・葉になる部分、イが養分がふくまれている部分です。

3 (1)この実験では日光と肥料《ひりょう》について調べているので、それ以外の条件は同じにします。

(2)日光に当てて肥料をあたえたイが、いちばんよく育ちます。

4 (3)発芽したあとの子葉には、でんぷんがあまりふくまれていないので、種子にあったでんぷんは減っています。

おうちのかたへ
植物がよく成長するために肥料が必要なのは、肥料が体を丈夫にする材料になるからです。

ぴったり1 準備

3. メダカのたんじょう

メダカのたんじょう(1)

16ページ

メダカのめすとおすのちがいと、受精について確にんしよう。

3分でまとめ

教科書 49～52、193ページ　答え 9ページ

次の(　)にあてはまる言葉をかくか、あてはまるものを○で囲《かこ》もう。

1 メダカのめすとおすを飼《か》って、たまごを産ませよう。 教科書 49～52、193ページ

▶メダカのめすとおすの見分け方

めす　せびれに切れこみがない。

おす　せびれに切れこみが(②(ある)・　ない　)。

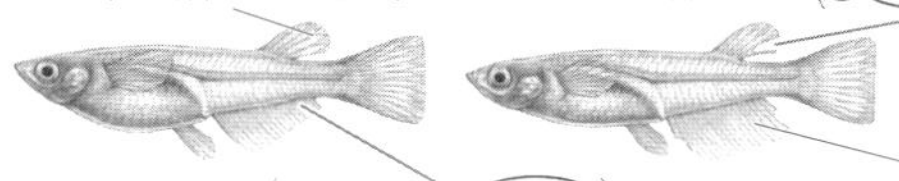

しりびれの後ろが(①　長い　・(短い))。　しりびれの後ろが長い。

▶メダカの産卵《さんらん》

・めすがたまごを産み、おすは精子《せいし》をかける。
・めすが産んだ(③**たまご**)とおすが出した(④　**精子**　)が結びつく。このことを(⑤　**受精**　)という。

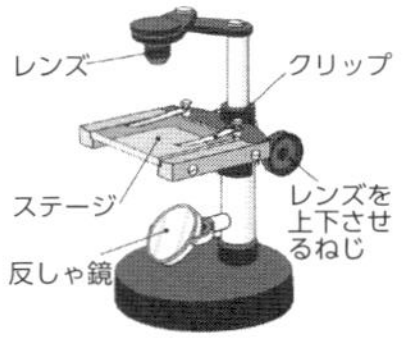

▶かいぼうけんび鏡の使い方
(1)日光が直接《ちょくせつ》(⑥　当たる　・(当たらない))ところに置く。
(2)レンズをのぞいて、明るく見えるように(⑦**反しゃ鏡**)の向きを変え、ステージの中央に観察するものを置く。
(3)横から見ながらねじを回して、レンズとステージとの間を近づけたあと、レンズをのぞきながらねじを回して、レンズとステージの間を遠ざけていき、はっきり見えたところで止める。

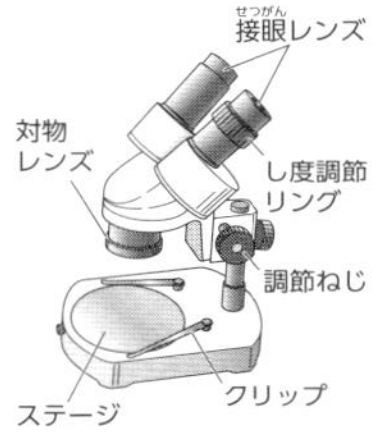

▶そうがん実体けんび鏡の使い方
(1)日光が直接(⑧　当たる　・(当たらない))ところに置く。
(2)(⑨　**接眼**　)レンズのはばを調節する。
(3)ステージの中央に観察するものを置き、右目でのぞきながら(⑩**調節ねじ**)を回して、はっきり見えたところで止める。
(4)左目でのぞきながら(⑪　**し度調節リング**　)を回して、はっきり見えたところで止める。

ここがだいじ!
①メダカのめすは、せびれに切れこみがなく、しりびれの後ろが短い。
　メダカのおすは、せびれに切れこみがあり、しりびれの後ろが長い。
②めすが産んだたまごと、おすが出した精子とが結びつくことを受精という。

ぴたトリビア　黄色で観賞《かんしょう》用のメダカはヒメダカという種類で、黒っぽい野生のメダカとは別の種類です。飼育しているメダカを自然の川などに放さないようにしましょう。

ぴったり2 練習

3. メダカのたんじょう

メダカのたんじょう(1)

17ページ

教科書 49～52、193ページ　答え 9ページ

1 メダカのめすとおすを比《くら》べました。

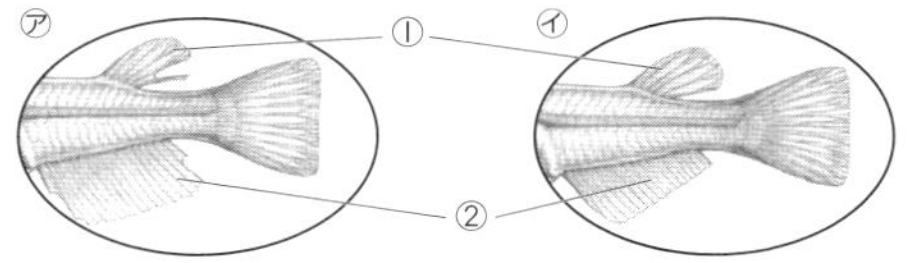

(1) ①、②のひれの名前を何といいますか。それぞれのひれの名前をかきましょう。
①(　**せびれ**　)
②(　**しりびれ**　)

(2) ㋐、㋑のどちらがおすのメダカですか。
(　㋐　)

(3) メダカのめすがたまごを産むとき、おすは精子《せいし》を出して、たまごと精子が結びつきます。たまごと精子が結びつくことを何といいますか。
(　**受精**　)

2 そうがん実体けんび鏡について、次の問いに答えましょう。

(1) そうがん実体けんび鏡について、正しいもの2つに○をつけましょう。
ア(　)日光が直接《ちょくせつ》当たるところに置いて使う。
イ(○)日光が直接当たらないところに置いて使う。
ウ(　)厚《あつ》みのあるものを小さく見ることができる。
エ(○)厚みのあるものを大きく見ることができる。

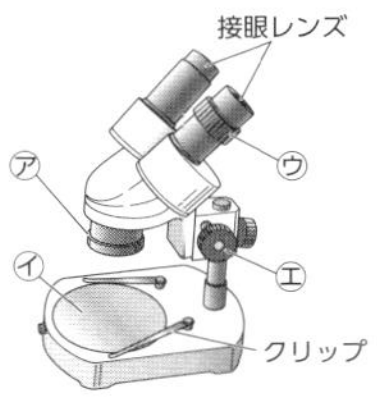

(2) ㋐～㋓の部分の名前をそれぞれかきましょう。
㋐(　**対物レンズ**　)
㋑(　**ステージ**　)
㋒(**し度調節リング**)
㋓(　**調節ねじ**　)

(3) 接眼《せつがん》レンズをのぞきながら、観察するものがはっきり見えるようにするときに回す部分はどこですか。2つ選び、記号をかきましょう。
(　㋒　)(　㋓　)

ヒント　1 (1)ひれがどこについているかで考えましょう。
(2)メダカのめすとおすは、ひれの形のちがいで見分けることができます。

おうちのかたへ　3. メダカのたんじょう

動物の発生や成長について学習します。ここでは、魚(メダカ)を対象として扱います。めすとおすがいること、受精した卵が変化してメダカの子が生まれることを理解しているか、などがポイントです。

17ページ　てびき

1 (1)メダカなど魚の体には、ふつう5種類のひれがあります。
(2)おすのメダカは、せびれに切れこみがあり、しりびれは後ろが長く、平行四辺形に近い形をしています。めすのメダカは、せびれに切れこみがなく、しりびれは後ろが短くなっています。
(3)めすがたまごを産むと、おすは精子《せいし》を出します。たまごと精子が結びつくと、たまごは育ち始めます。

2 (1)虫眼鏡《むしめがね》でぜったいに太陽を見てはいけないのと同じで、レンズを使って見るものに日光を直接《ちょくせつ》当てると、きけんです。そうがん実体けんび鏡を使うことで、厚《あつ》みのあるものを大きく立体的に観察できます。
(2)(3)右目で見たときに調節ねじを回し、左目で見たときに接眼《せつがん》レンズの下にあるし度調節リングを回して、はっきり見えるように調節します。

おうちのかたへ
双眼実体顕微鏡と同じで、小さいものを大きく見ることができる解剖顕微鏡も、日光が直接当たるところでは使わないよう注意させてください。

ぴったり1 **準備**

3. メダカのたんじょう
メダカのたんじょう(2)

学習日

受精したメダカのたまごの育ちを確にんしよう。

教科書 51〜56ページ　答え 10ページ

次の(　)にあてはまる言葉をかくか、あてはまるものを○で囲《かこ》もう。

1 受精《じゅせい》したメダカのたまごは、どのように育つのだろうか。　教科書 51〜56ページ

▶たまごの中の様子を(① 虫眼鏡《むしめがね》 ・ かいぼうけんび鏡)やそうがん実体けんび鏡で観察する。

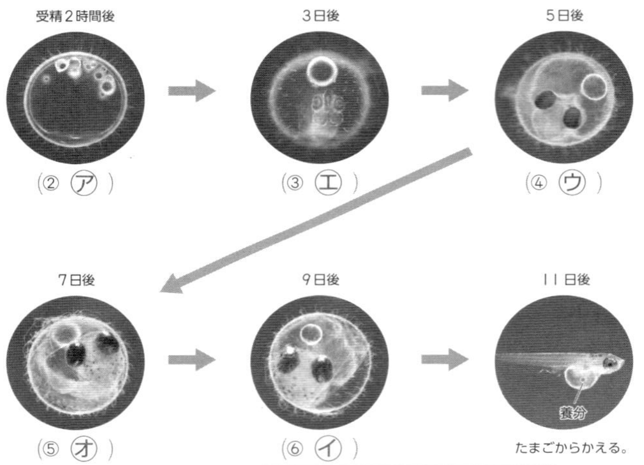

受精2時間後
(② ア)
3日後
(③ エ)
5日後
(④ ウ)
7日後
(⑤ オ)
9日後
(⑥ イ)
11日後
養分

たまごからかえる。

②〜⑥には㋐〜㋔の記号を入れよう。

㋐ふくらんだ部分ができてくる。
㋑体がときどき動く。
㋒目がはっきりしてくる。
㋓頭が大きくなっている。
㋔心臓《しんぞう》の動きや血液《けつえき》の流れがわかる。

▶たまごからかえったメダカの子は、2〜3日間ははらのふくらみにたくわえられた(⑦ 養分)を使って育ち、その後、自分で食べ物をとるようになる。

ここがだいじ!
①受精したメダカのたまごは、11日間くらいかけて、中の様子がだんだんと変化し、そのたまごからメダカの子がかえる。
②たまごからかえったメダカの子は、はらのふくらみにたくわえられた養分を使って育つ。

ぴたトリビア　たまごの産み方は魚によってちがいます。ムサシトミヨという魚は、おすが作った巣にめすがやってきて、たまごを産み付けます。

ぴったり2 **練習**

3. メダカのたんじょう
メダカのたんじょう(2)

学習日

教科書 51〜56ページ　答え 10ページ

1 メダカのたまごが育っていく様子を観察しました。

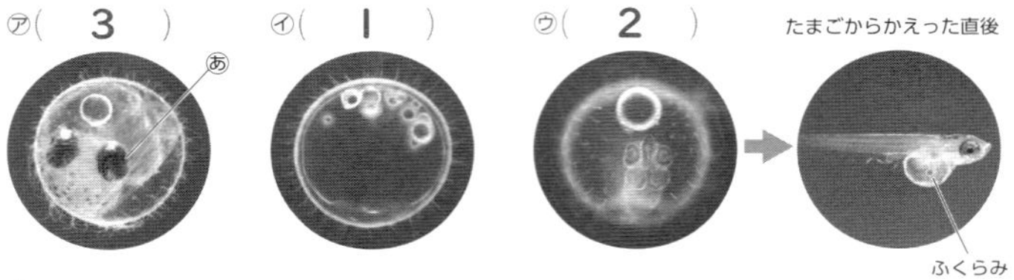

㋐(3)
あ
㋑(1)
㋒(2)
たまごからかえった直後
ふくらみ

(1) あの部分は何ですか。
(目)

(2) たまごが育っていく順に、㋐〜㋒の(　)に1〜3の番号をつけましょう。

(3) メダカのたまごが育っていくための養分について、正しいものに○をつけましょう。
①(○)たまごの中にふくまれている。
②(　)水から取り入れている。
③(　)親のメダカがときどきあたえている。

(4) メダカのたまごの育ち方について、正しいものに○をつけましょう。
①(　)たまごの中で小さいメダカが大きくなっていく。
②(　)たまごの形がだんだんメダカの形になっていく。
③(○)たまごの中でだんだん変化する。

(5) 受精《じゅせい》したたまごが育ち、メダカの子がかえるのは、受精のおよそ何日後ですか。正しいものに○をつけましょう。
①(　)1日後
②(○)11日後
③(　)21日後

(6) たまごからかえった直後のメダカのはらには、ふくらみがあります。このふくらみの中には、何が入っていますか。
(養分)

19ページ　てびき

1 (1)(2)㋑は受精《じゅせい》して2時間後のたまごの中の様子で、ふくらんだ部分ができてきます。㋒は受精して3日後のたまごの中の様子で、頭が大きくなっていることがわかります。㋐は受精して9日後のたまごの中の様子で、このころには、目がはっきりしていて、体がときどき動きます。

(3)(4)たまごの中にふくまれている養分を使って成長し、中の様子が変化し、メダカの体がだんだんできていきます。

(6)たまごからかえった直後のメダカのはらには大きなふくらみがあり、中に養分が入っています。たまごからかえって2〜3日の間はあまり動かず、はらの養分を使って育ちます。

おうちのかたへ
メダカはたまごからかえって養分を使って育った後、自分で食べ物をとるようになり、やがて大きく成長して、次の世代へと生命をつないでいきます。他の生き物については、「5. 花から実へ」「9. 人のたんじょう」で学習し、「★受けつがれる生命」でまとめます。

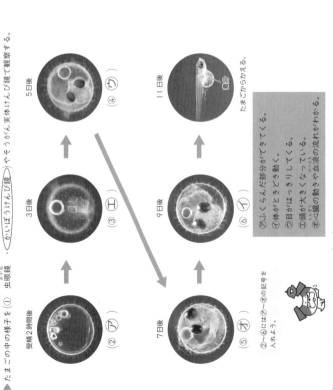

ぴったり3 確かめのテスト。

3. メダカのたんじょう

20ページ

/100 合格70点

教科書 49～59、193ページ　答え 11ページ

よく出る
1 メダカの育ちについて調べました。

1つ8点、(1)、(4)は全部できて8点(48点)

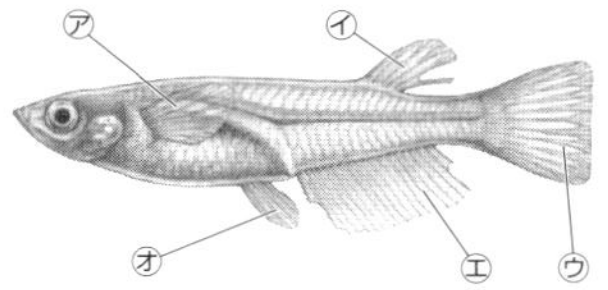

(1) 上の図のメダカがめすかおすかを見分けようと思います。どのひれを手がかりにするとよいですか。図の㋐～㋔から２つ選び、記号をかきましょう。

（ ㋑ と ㋓ ）

(2) 上の図のメダカは、めすとおすのどちらですか。

（ おす ）

(3) 次の文の（ ① ）、（ ② ）にあてはまる言葉をかきましょう。

メダカのめすが産んだたまごが、おすの出す（ ① ）と結びつくことを、（ ② ）といいます。

①（ 精子 ）②（ 受精 ）

(4) 次の写真は、メダカのたまごが育っていくとちゅうの様子です。たまごが変化していく順に、1～5の番号をつけましょう。

①（ 5 ）　②（ 2 ）　③（ 4 ）　④（ 1 ）　⑤（ 3 ）

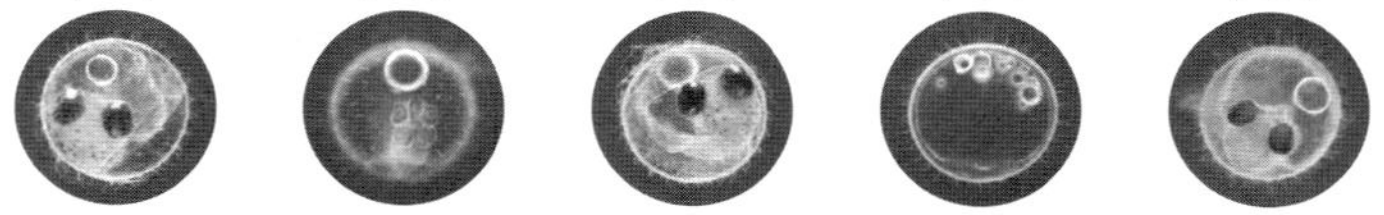

(5) たまごからかえって２～３日の間のメダカの子の様子について、正しいものに○をつけましょう。

①（ ○ ）はらの中の養分を使って育つ。
②（ 　 ）自分で食べ物をとる。
③（ 　 ）親のメダカが食べ物をあたえる。

学習 **21ページ**

2 メダカのたまごの育ちを観察しました。

技能 1つ5点(20点)

(1) ㋐、㋑の器具の名前をそれぞれかきましょう。

㋐（ かいぼうけんび鏡 ）
㋑（ そうがん実体けんび鏡 ）

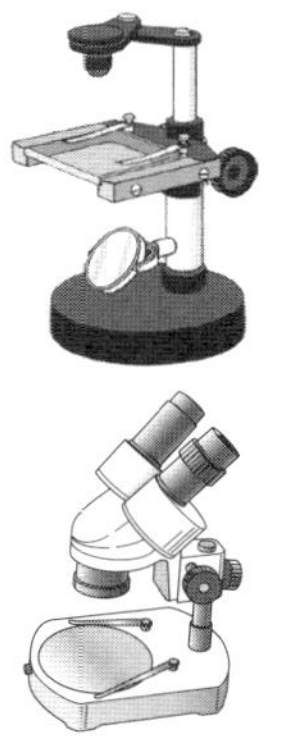

(2) ㋐や㋑の器具は、どんなところに置いて使いますか。正しいほうに○をつけましょう。

①（ 　 ）日光が直接《ちょくせつ》当たるところ。
②（ ○ ）日光が直接当たらないところ。

(3) メダカのたまごを観察するときは、どのようにすればよいですか。正しいほうに○をつけましょう。

①（ 　 ）水草についたたまごだけをピンセットで容器《ようき》に移《うつ》して観察する。
②（ ○ ）たまごのついた水草ごと容器に移して観察する。

できたらスゴイ！
3 メダカのたんじょうについて、正しいものには○を、正しくないものには×をつけましょう。

1つ8点(32点)

①（ × ）めすのメダカの体の中で育って、メダカの子は生まれてくるよ。

②（ ○ ）メダカはたまごの中の養分を使って育つんだね。

③（ × ）メダカのたまごが精子《せいし》と結びつくと、４日間くらいでメダカの子がかえるよ。

④（ ○ ）たまごと精子が結びつくと、たまごは育ち始めるんだね。

ふりかえり
1の問題がわからないときは、16ページの**1**にもどって確《かく》にんしましょう。
3の問題がわからないときは、18ページの**1**にもどって確にんしましょう。

20～21ページ　てびき

1 (1)(2)メダカのおすのせびれには切れこみがあり、しりびれは後ろが長く、平行四辺形に近い形をしています。メダカのめすのせびれは切れこみがなく、しりびれは後ろが短いです。
(4)たまごの中がしだいにメダカの体らしくなっていき、およそ11日でメダカの子がたんじょうします。

2 (1)(2)かいぼうけんび鏡やそうがん実体けんび鏡は、日光が直接《ちょくせつ》当たらないところに置いて使います。
(3)メダカのたまごのついた水草ごと容器《ようき》に移《うつ》してから、たまごの中の様子を観察します。

3 めすが産んだたまごと、おすが出した精子《せいし》とが結びつくことを受精《じゅせい》といいます。受精するとたまごの中の様子が変化し、11日くらいで、たまごからメダカの子がかえります。

おうちのかたへ
メダカを飼うときは、水温を25℃くらいにすると、たまごをよく産みます。

ぴったり1 準備 4. ふりこ

ふりこ(1)

22ページ

長さを変えて、ふりこが１往復する時間のきまりを確にんしよう。

教科書 60～69ページ　答え 12ページ

次の(　)にあてはまる言葉をかくか、あてはまるものを○で囲《かこ》もう。

1 ふりこの１往復《おうふく》する時間をはかってみよう。　教科書 60～62ページ

▶おもりを糸などでつり下げて一点で支《ささ》え、ゆらせるようにしたものを(① ふりこ)という。

▶ふりこの支点《してん》からおもりの中心までのきょりを、ふりこの(② 長さ)という。

▶ふりこをゆらし始めるときの糸とおもりがいちばん下にくるときの角度を、ふりこの(③ ふれはば)という。

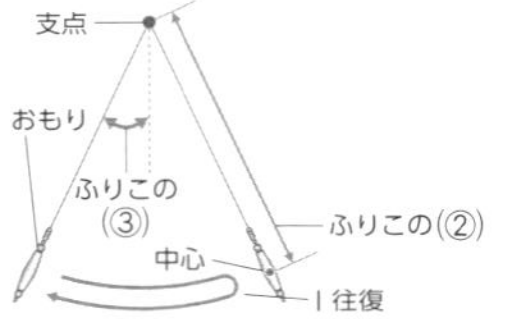

▶ふりこの１往復する時間のはかり方

ふりこの１往復する時間＝ふりこの１０往復する時間÷(④ 10)

2 ふりこの１往復する時間は、ふりこの長さによって変わるのだろうか。　教科書 62～69ページ

▶ふりこの１往復する時間とふりこの長さの関係を調べる。

変える条件《じょうけん》		同じにする条件
ふりこの長さ	㋐ 30 cm	おもりの重さ、ふりこのふれはば
	㋑ 60 cm	

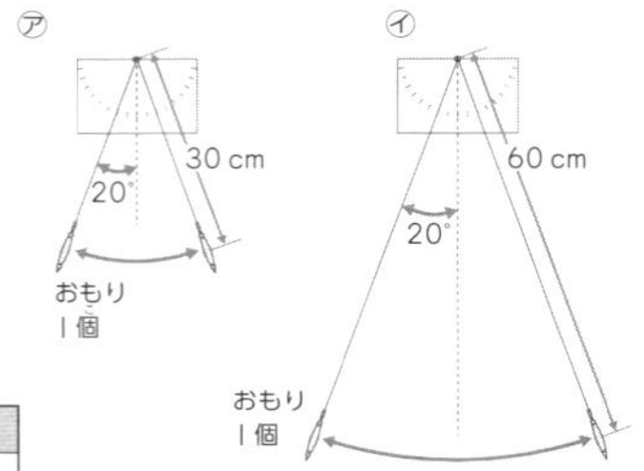

結果

ふりこの長さとふりこの１往復する時間(秒)

	１回め	２回め	３回め	４回め	５回め
㋐	1.11	1.04	1.10	1.13	1.12
㋑	1.58	1.56	1.57	1.59	1.57

▶ふりこの１往復する時間は、ふりこの長さによって変わり、長いふりこのほうが１往復する時間が(① (長く)・ 短く)なる。

ここがだいじ！
①糸などでおもりをつり下げて、ゆらせるようにしたものをふりこという。
②ふりこの１往復する時間は、ふりこの長さによって変わる。

ぴたトリビア　ふりこの性質を利用したものの１つに、ふりこ時計《とけい》があります。北海道札幌市《ほっかいどうさっぽろし》には大きなふりこ時計のついた時計台があります。

ぴったり2 練習 4. ふりこ

ふりこ(1)

23ページ

教科書 60～69ページ　答え 12ページ

1 糸におもりをつり下げて、ふりこをつくりました。

(1) ふりこの長さは、㋐～㋒のどれですか。
(㋑)

(2) ふりこのふれはばは、㋕、㋖のどちらですか。
(㋖)

(3) ふりこを①からふらせます。ふりこの１往復《おうふく》とは、どこからどこまでですか。正しいものに○をつけましょう。

ア(　)①→②→①
イ(　)①→②→③
ウ(　)①→②→③→②
エ(○)①→②→③→②→①

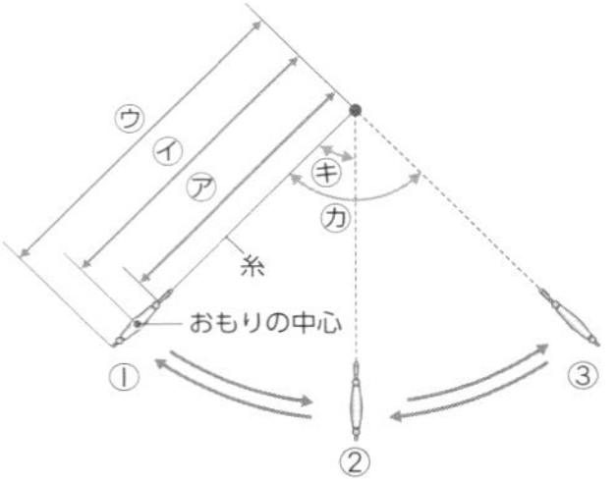

2 ふりこの長さを変えて、ふりこの１往復する時間をはかりました。

(1) この実験をするときに変えない条件《じょうけん》はどれですか。あてはまるものすべてに○をつけましょう。

ア(○)おもりの重さ
イ(　)ふりこの長さ
ウ(○)ふりこのふれはば

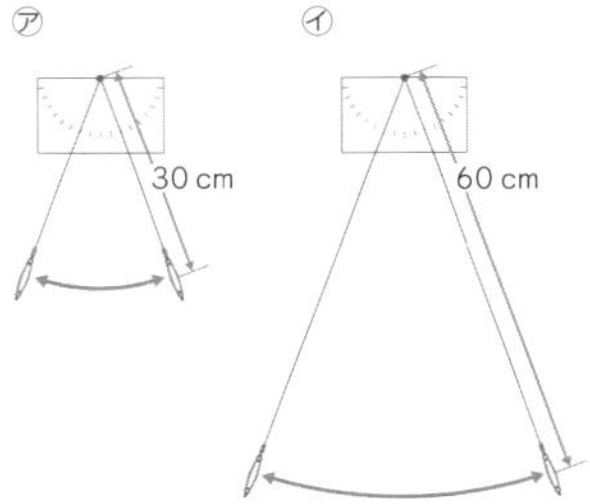

(2) ㋐のふりこの１０往復する時間は１１.２秒でした。㋐のふりこの１往復する時間は何秒ですか。
(1.12秒)

(3) ふりこの長さを変えたとき、ふりこの１往復する時間はどうなりますか。(　)にあてはまる言葉をかきましょう。

ふりこの１往復する時間は、ふりこの長さによって(変わる)。長いふりこのほうが、ふりこの１往復する時間が(長く)なる。

おうちのかたへ　4. ふりこ

ふりこの１往復する時間の規則性について学習します。ふりこの１往復する時間が何によって変わるのか・変わらないのかを理解しているか、などがポイントです。

23ページ　てびき

❶ (1)支点《してん》からおもりの中心までの長さが、ふりこの長さです。ふりこの長さは、糸の長さと同じではありません。
(2)ふりこをゆらし始めるときの糸とふりこがいちばん下にくるときの角度が、ふりこのふれはばです。
(3)おもりがはしからゆれて、反対側のはしまで移動《いどう》し、再《ふたた》びゆれはじめの位置にもどるまでが、ふりこの１往《おう》復《ふく》です。

❷ (1)ふりこの長さ以外の条件《じょうけん》は同じにします。
(2)ふりこの１往復する時間＝ふりこの１０往復する時間÷１０で求めることができるので、１１.２÷１０＝１.１２
(3)ふりこの長さが短いほど１往復する時間が短くなり、ふりこの長さが長いほど１往復する時間は長くなります。

おうちのかたへ
ふりこの長さは糸の長さと等しい、と誤って覚えることが多いので、注意が必要です。

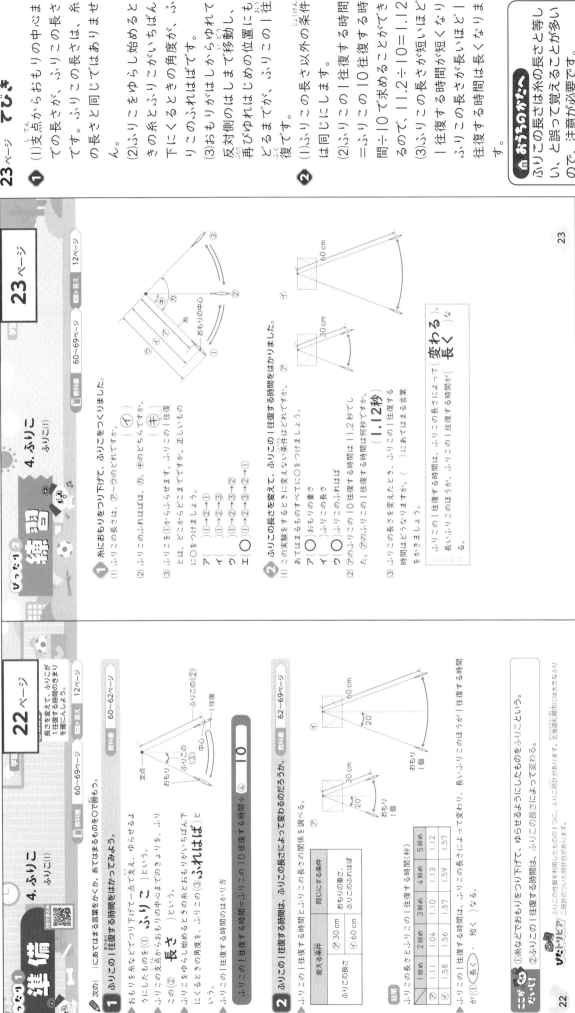

ぴったり1 準備
24ページ
4. ふりこ
ふりこ(2)

重さやふれはばを変えて、ふりこが1往復する時間のきまりを確にんしよう。

教科書 62~69ページ　答え 13ページ

次の(　)にあてはまる言葉をかくか、あてはまるものを○で囲《かこ》もう。

1 ふりこの1往復《おうふく》する時間は、おもりの重さやふれはばによって変わるのだろうか。 教科書 62~69ページ

▶ふりこの1往復する時間とおもりの重さの関係を調べる。

変える条件《じょうけん》		同じにする条件
おもりの重さ	㋒おもり1個	ふりこの(① **長さ**)、ふりこのふれはば
	㋓おもり2個	

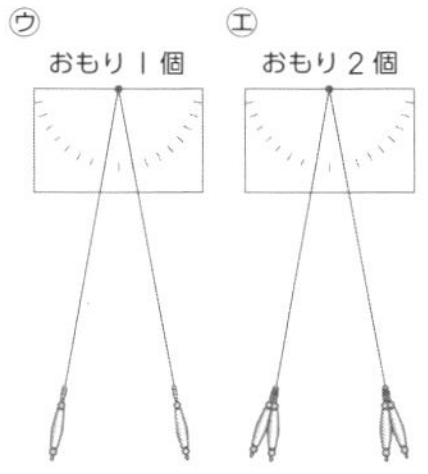

結果
おもりの重さとふりこの1往復する時間(秒)

	1回め	2回め	3回め	4回め	5回め
㋒	1.12	1.12	1.13	1.13	1.12
㋓	1.14	1.12	1.13	1.11	1.14

▶ふりこの1往復する時間は、おもりの重さによって(② 変わる ・(変わらない))。

▶ふりこの1往復する時間とふりこのふれはばの関係を調べる。

変える条件		同じにする条件
ふりこのふれはば	㋔10°	ふりこの(③ **長さ**)、おもりの重さ
	㋕20°	

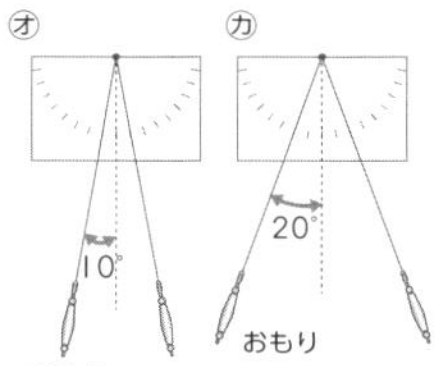

おもり1個 (④ **1個**)

結果
ふりこのふれはばとふりこの1往復する時間(秒)

	1回め	2回め	3回め	4回め	5回め
㋔	1.13	1.11	1.13	1.13	1.12
㋕	1.11	1.12	1.13	1.11	1.12

▶ふりこの1往復する時間は、ふりこのふれはばによって(⑤ 変わる ・(変わらない))。

ここがだいじ!
①ふりこの1往復する時間は、おもりの重さによって変わらない。
②ふりこの1往復する時間は、ふりこのふれはばによって変わらない。

ぴたトリビア　同じ長さのふりこの1往復する時間が、ふりこの重さやふれはばを変えても変わらないことを「ふりこの等時性《とうじせい》」といいます。

ぴったり2 練習
25ページ
4. ふりこ
ふりこ(2)

教科書 62~69ページ　答え 13ページ

1 おもりの重さを変えて、ふりこの1往復《おうふく》する時間をはかりました。

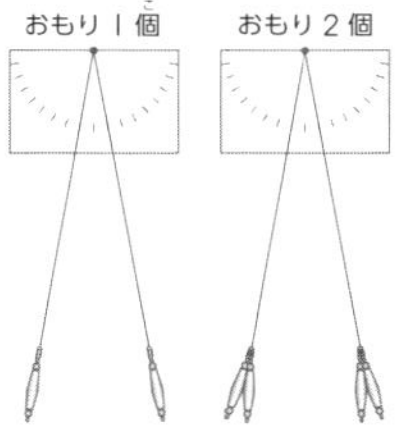

(1) この実験をするときに変えない条件《じょうけん》はどれですか。あてはまるものすべてに○をつけましょう。

ア(　)おもりの重さ
イ(○)ふりこの長さ
ウ(○)ふりこのふれはば

(2) この実験の結果を表に表すと、どのようになりますか。正しいものに○をつけましょう。

①(　)　おもりの重さとふりこの1往復する時間(秒)

	1回め	2回め	3回め	4回め	5回め
おもり1個	1.12	1.12	1.13	1.13	1.12
おもり2個	1.59	1.57	1.57	1.58	1.56

②(　)　おもりの重さとふりこの1往復する時間(秒)

	1回め	2回め	3回め	4回め	5回め
おもり1個	1.56	1.58	1.59	1.57	1.57
おもり2個	1.14	1.12	1.13	1.11	1.14

③(○)　おもりの重さとふりこの1往復する時間(秒)

	1回め	2回め	3回め	4回め	5回め
おもり1個	1.12	1.12	1.13	1.13	1.12
おもり2個	1.14	1.12	1.13	1.11	1.14

2 ふりこのふれはばを変えて、ふりこの1往復する時間をはかりました。

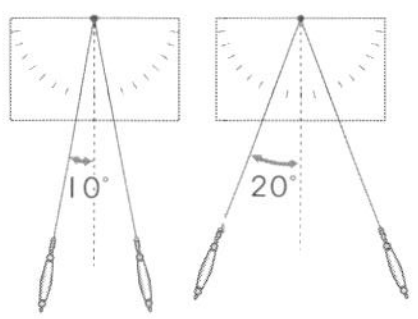

(1) この実験をするときに変えない条件すべてに○をつけましょう。

ア(○)おもりの重さ
イ(○)ふりこの長さ
ウ(　)ふりこのふれはば

(2) ふりこのふれはばを変えると、ふりこの1往復する時間は変わりますか、変わりませんか。

(**変わらない。**)

25ページ　てびき

❶ (1)おもりの重さを変えてふりこの1往復《おうふく》する時間をはかるので、おもりの重さ以外の条件《じょうけん》は同じにします。
(2)同じおもりを1個から2個に増《ふ》やすと、おもりの重さが2倍に増えますが、ふりこの1往復する時間は変わりません。①はおもり2個のほうがふりこの1往復する時間が長く、②はおもり1個のほうがふりこの1往復する時間が長いので、どちらも正しくないです。

❷ (1)ふりこのふれはばを変えて、ふりこの1往復する時間をはかるので、ふりこのふれはば以外の条件は同じにします。
(2)ふりこのふれはばを10°から20°に変えても、ふりこの1往復する時間は変わりません。

おうちのかたへ
おもりの数を2個に増やしても、おもりの中心の位置はおもりが1個のときと変わらないので、ふりこの長さは変わりません。

ぴったり3

確かめのテスト。 4. ふりこ

26ページ

/100　合格 70 点

教科書 60〜73ページ　答え 14ページ

よく出る

1 図のようなふりこをふらせました。

1つ5点、(4)は全部できて5点(30点)

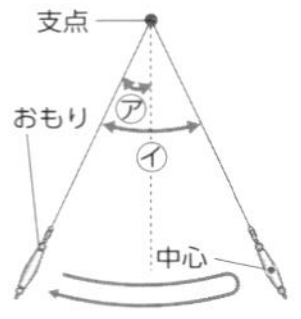

(1) ふりこの長さとは、①〜③のどれですか。正しいものに○をつけましょう。

①(　)糸の長さ

②(○)ふりこの支点《してん》からおもりの中心までのきょり

③(　)ふりこの支点からおもりの下のはしまでのきょり

(2) ふれはばは、ア、イのどちらの角度のことですか。

(ア)

(3) ふりこの１往復《おうふく》する時間は、ふりこのおもりがどこからどこまでゆれる時間ですか。正しいものに○をつけましょう。

①(　)ふりこのおもりが一方のはしから、もう一方のはしまでゆれる時間

②(　)ふりこのおもりがいちばん下にきたときから、一方のはしまでゆれる時間

③(○)ふりこのおもりが一方のはしからもう一方のはしまでゆれたあと、元の位置にもどってくるまでの時間

(4) ①〜③のうち、ふりこの１往復する時間について正しいものには○を、正しくないものには×をつけましょう。

①(○)ふりこのふれはばを変えても、ふりこの１往復する時間は変わらない。

②(×)ふりこのおもりの重さが重いほど、ふりこの１往復する時間は長くなる。

③(×)ふりこの長さを変えても、ふりこの１往復する時間は変わらない。

(5) 表は、ふりこの10往復する時間を５回はかってまとめたものです。１回めと５回めの(　)にあてはまる数をかきましょう。

	１回め	２回め	３回め	４回め	５回め
ふりこの10往復する時間	11.3秒	11.2秒	11.2秒	11.2秒	11.4秒
ふりこの１往復する時間	(1.13)秒	1.12秒	1.12秒	1.12秒	(1.14)秒

27ページ

できたらスゴイ！

2 ①〜④の４つのふりこで、ふりこの１往復する時間を比《くら》べる実験をしました。

1つ10点、(4)、(7)は全部できて10点(70点)

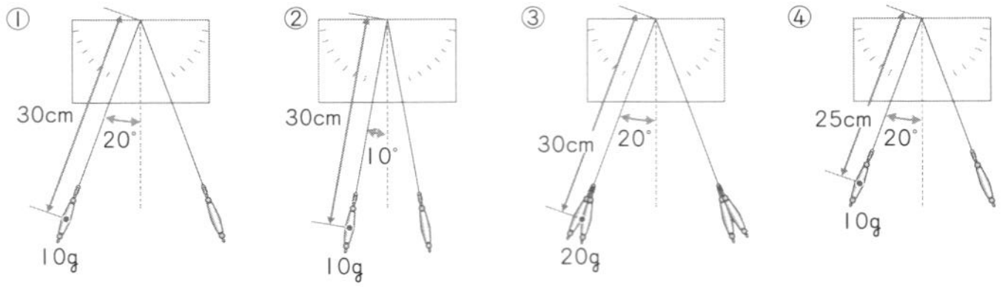

(1) ①〜④のうち、１つだけふれはばがちがうのはどれですか。

(②)

(2) (1)で答えたふりこのふれはばは何度かかきましょう。

(10°)

(3) ①〜④のふりこで、おもりの重さと、ふりこの１往復する時間の関係を調べるとき、①とどれを比べればよいですか。正しいものに○をつけましょう。

ア(　)①と②

イ(○)①と③

ウ(　)①と④

(4) ①〜④のふりこで、ふりこの長さと、ふりこの１往復する時間の関係を調べるとき、どれとどれを比べればよいですか。

(① と ④)

(5) ①〜④のふりこで、ふりこの１往復する時間がいちばん短いのはどれですか。

(④)

(6) (5)で答えた以外の３つのふりこでは、ふりこの１往復する時間はどのようになりますか。正しいものに○をつけましょう。

ア(○)ふりこの１往復する時間は全て同じになる。

イ(　)ふりこの１往復する時間は、２つは同じで、１つはそれより長い。

ウ(　)ふりこの１往復する時間は全てちがう。

(7) ア〜カで、正しいものすべてに○をつけましょう。

ア(　)ふりこのふれはばによって、ふりこの１往復する時間は変わる。

イ(○)ふりこのふれはばを大きくしても、ふりこの１往復する時間は変わらない。

ウ(　)おもりの重さによって、ふりこの１往復する時間は変わる。

エ(○)おもりの重さを重くしても、ふりこの１往復する時間は変わらない。

オ(○)ふりこの長さによって、ふりこの１往復する時間は変わる。

カ(　)ふりこの長さを長くしても、ふりこの１往復する時間は変わらない。

この本の終わりにある「夏のチャレンジテスト」をやってみよう！

ふりかえり
1の問題がわからないときは、22ページの**1**、**2**と24ページの**1**にもどって確《かく》にんしましょう。
2の問題がわからないときは、22ページの**1**、**2**と24ページの**1**にもどって確にんしましょう。

26〜27ページ　てびき

1 (2)ふりこをゆらし始めるときの糸とふりこがいちばん下にくるときの角度が、ふりこのふれはばです。

(4)ふりこの１往復《おうふく》する時間は、ふりこの長さによって変わります。ふりこのふれはばやおもりの重さを変えても、ふりこの１往復する時間は変わりません。

(5)１回め…11.3÷10＝1.13、５回め…11.4÷10＝1.14

2 (3)おもりの重さ以外の条件《じょうけん》が同じものを選びます。

(5)ふりこの１往復する時間は、ふりこの長さによって変わり、ふりこの長さが短いときのほうが、長いときよりも１往復する時間は短くなります。

(6)ふりこの長さが全て同じなので、ふりこの１往復する時間は同じになります。

おうちのかたへ
ブランコなど、実際に、身の回りにあるふりこを利用したものを見つけて、どのようにふりこの性質を利用しているか考えることで、より学習の理解が深まります。

ぴったり1 準備

5. 花から実へ
①花のつくり(1)

アサガオとヘチマの花のつくりを確にんしよう。

教科書 77～81ページ　答え 15ページ

次の(　)にあてはまる言葉をかこう。

1 花は、どのようなつくりをしているのだろうか。 教科書 77～81ページ

ツルレイシにもめばなとおばながあるよ。

▶アサガオの花のつくり

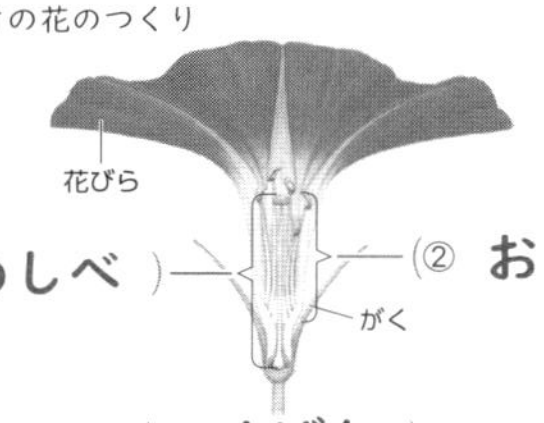

(① **めしべ**)　(② **おしべ**)

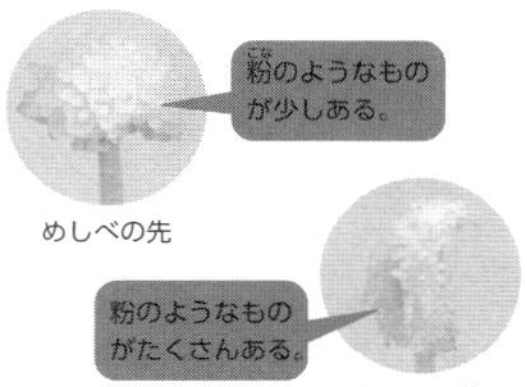

▶ヘチマの花には、(③ **めばな**)とおばなという形のちがう２つの種類がある。

ヘチマのめばな

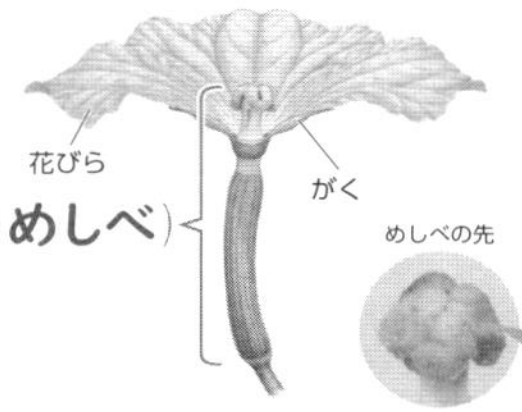

(⑤ **めしべ**)

ヘチマの(④ **おばな**)

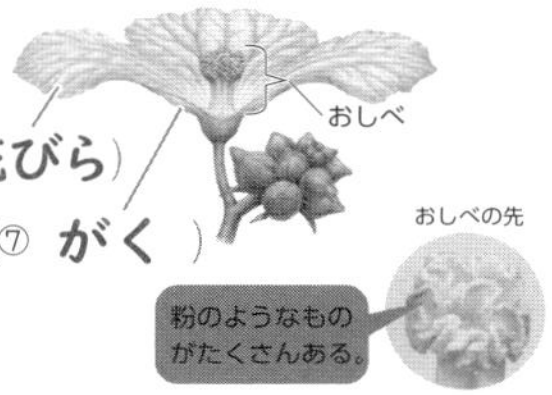

(⑥ **花びら**)　(⑦ **がく**)

▶花がさいたあとのおしべやめしべの先にある粉のようなものを、(⑧ **花粉**)といい、おしべでつくられる。

▶花は、(⑨ **めしべ**)、おしべ、花びら、(⑩ **がく**)からできている。

▶花には、(⑨)とおしべが１つの花にあるものと、(⑪ **別々の花**)にあるものとがある。

ここがだいじ!
①花は、めしべ、おしべ、花びら、がくからできていて、花粉《かふん》はおしべでつくられる。
②花には、めしべとおしべが１つの花にあるものと、別々の花にあるものとがある。

ぴたトリビア　アサガオやヘチマの花のように、花びらが１つにくっついているものを「合弁花《ごうべんか》」といいます。

ぴったり2 練習

5. 花から実へ
①花のつくり(1)

教科書 77～81ページ　答え 15ページ

1 アサガオの花のつくりを調べました。

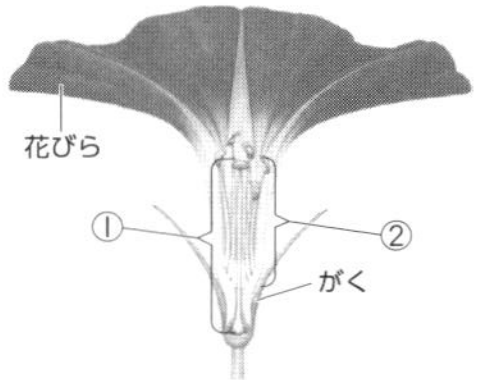

(1) ①、②の部分をそれぞれ何といいますか。
①(**めしべ**)
②(**おしべ**)

(2) 花粉《かふん》がつくられるのは、①の先、②の先のどちらですか。
(**②の先**)

2 ヘチマの花のつくりを調べました。

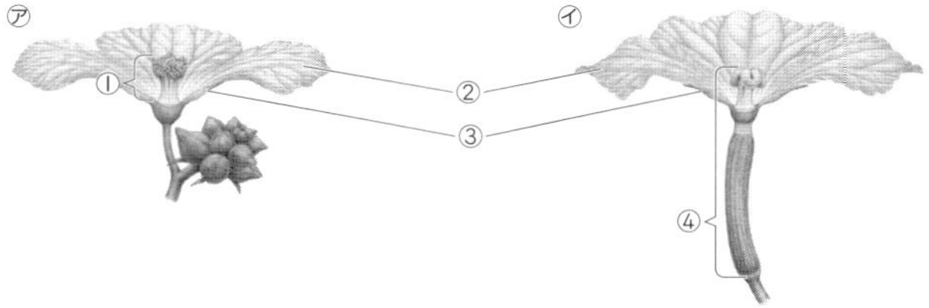

(1) ヘチマの花のめばなは、㋐、㋑のどちらですか。記号をかきましょう。
(**㋑**)

(2) ①～④の部分をそれぞれ何といいますか。
①(**おしべ**)
②(**花びら**)
③(**がく**)
④(**めしべ**)

(3) しめっているのは、①の先、④の先のどちらですか。
(**④の先**)

29ページ　てびき

1 (1)アサガオは、めしべとおしべが１つの花にあります。
(2)おしべは花粉《かふん》をつくっているので、おしべの先には花粉がたくさんあります。めしべの先にも花粉は少しあります。

2 (1)ヘチマの花には、めばなとおばなの２種類があります。めばなとおばなを見分けるときは、花びらの下の部分を見ます。小さい実のような形をしているほうがめばなです。
(2)おばなにはおしべが、めばなにはめしべがあります。
(3)めしべの先は、しめっていて、花粉がつきやすいです。

おうちのかたへ
１つの花の中におしべとめしべがある花は、アサガオのほかにアブラナやホウセンカなどがあります。
おばなとめばなを咲かせるのは、ヘチマのほかに、ツルレイシやカボチャ、スイカなどがあります。

おうちのかたへ　5. 花から実へ
花のつくりと植物の結実について学習します。ここでは、花にはおしべ、めしべ、がく、花びらがあることを理解しているか、顕微鏡を使って花粉を観察することができるか、受粉することで実ができることを理解しているかがポイントです。

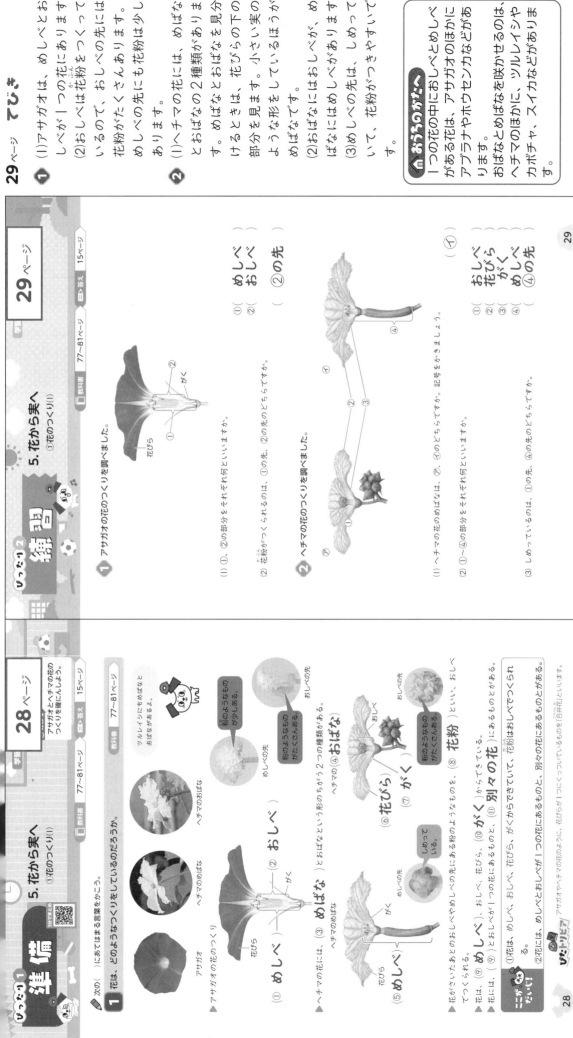

けんび鏡の使い方を確にんしよう。

教科書 81、194ページ　答え 16ページ

次の(　)にあてはまる言葉をかくか、あてはまるものを○で囲《かこ》もう。

1 アサガオやヘチマの花粉《かふん》を観察してみよう。 教科書 81、194ページ

▶(①**けんび鏡**)を使うと、虫眼鏡《めがね》では見えない小さいものでも、大きく見ることができる。

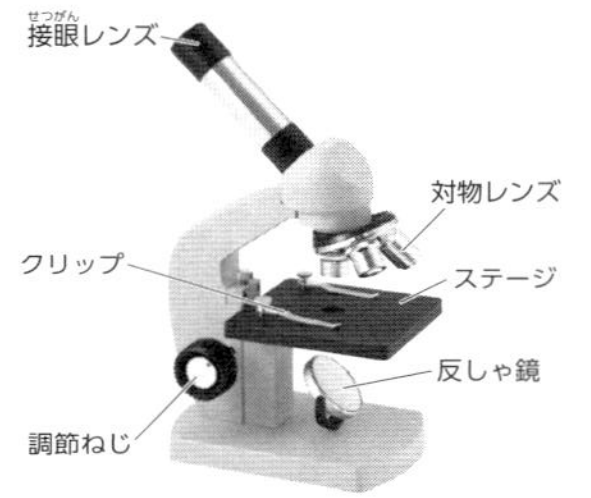

(1) 日光が直接《ちょくせつ》(② 当たる ・ (当たらない))明るいところに置く。

(2) (③ **対物**)レンズをいちばん低い倍率《ばいりつ》のものにする。

(3) 接眼レンズをのぞき、明るく見えるように(④**反しゃ鏡**)の向きを変える。

(4) (⑤**ステージ**)の中央に観察するものがくるように置き、クリップでとめる。

(5) 横から見ながら、(⑥**調節ねじ**)を回し、対物レンズとステージとの間を近づける。

(6) 接眼レンズをのぞきながら調節ねじを回し、対物レンズとステージとの間を(⑦ 近づけて ・ (遠ざけて))いき、はっきり見えたところで止める。

(7) 観察するものが小さいときは、倍率の高い(⑧ 接眼 ・ (対物))レンズにかえる。

▶ (⑨ **接眼**)レンズの倍率 × 対物レンズの倍率 ＝ けんび鏡の倍率

▶アサガオとヘチマの花粉の観察(アサガオの花で調べる場合)

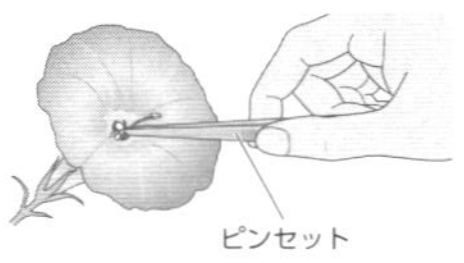

おしべをピンセットではさんで、花からはずす。

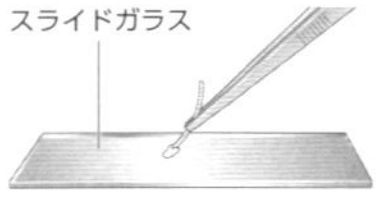

スライドガラスの上に花粉を落とす。

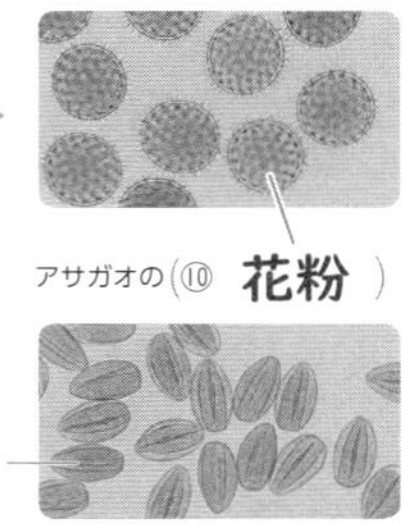

アサガオの(⑩ **花粉**)

ヘチマの(⑩)

ここがだいじ！
①けんび鏡を使うと、小さいものを大きく見ることができる。
②けんび鏡は、日光が直接当たらない明るいところで使い、対物レンズとステージとの間を遠ざけていき、はっきり見えたところで止める。

ぴたトリビア　けんび鏡を使うことで、観察物を約40～600倍にして観察することができます。

教科書 81、194ページ　答え 16ページ

1 けんび鏡について、次の問いに答えましょう。

(1) ㋐～㋕の部分の名前をそれぞれかきましょう。

㋐(**接眼レンズ**)　㋑(**対物レンズ**)
㋒(**ステージ**)　㋓(**クリップ**)
㋔(**調節ねじ**)　㋕(**反しゃ鏡**)

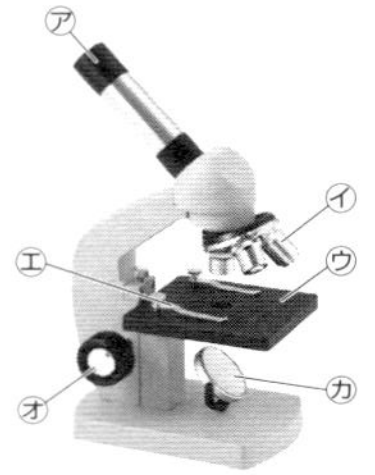

(2) 次の文は、けんび鏡の使い方を説明したものです。正しい順になるように、ア～カに1～6の番号をつけましょう。

ア(**4**)観察するものをステージに置く。
イ(**1**)日光が直接《ちょくせつ》当たらない明るいところに置く。
ウ(**5**)横から見ながら、対物レンズとステージとの間を近づける。
エ(**2**)対物レンズをいちばん低い倍率《ばいりつ》にする。
オ(**6**)接眼《せつがん》レンズをのぞきながら、対物レンズとステージの間を遠ざけていき、はっきり見えたところで止める。
カ(**3**)接眼レンズをのぞき、明るく見えるように反しゃ鏡の向きを変える。

2 アサガオの花の花粉《かふん》をくわしく観察しました。

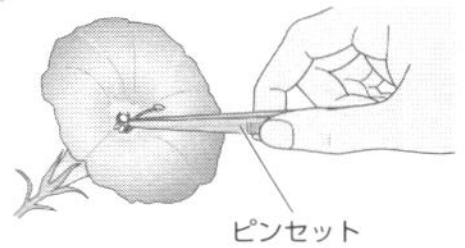

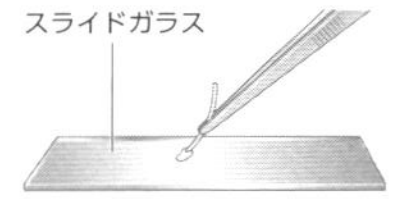

(1) ピンセットではさんで花からはずして、スライドガラスの上に花粉を落とすのは、めしべとおしべのどちらがよいですか。

(**おしべ**)

(2) スライドガラスに落とした花粉は、何を使って観察するとよいですか。

(**けんび鏡**)

31ページ　てびき

1 (1)けんび鏡は、2つのレンズ(接眼《せつがん》レンズ、対物レンズ)で大きく見えるようにしています。
(2)対物レンズとステージの間を近づけるときに、接眼レンズをのぞいていると、対物レンズと観察するものがぶつかることがあります。横から見ながら2つを近づけておいて、接眼レンズをのぞいて、2つを遠ざけながらはっきり見えるようにします。

2 (1)花粉《かふん》がたくさんついているのは、おしべの先です。
(2)虫眼鏡《めがね》では見えない小さいものは、けんび鏡を使うと、大きく見ることができます。

おうちのかたへ
顕微鏡は、解剖顕微鏡や双眼実体顕微鏡と比べて、高倍率で観察することができますが、ガラス板とカバーガラスを使ってプレパラートをつくる必要があります。

ぴったり3 確かめのテスト。

5. 花から実へ①

32ページ

合格 70 点 /100

教科書 77~81、90~91、194ページ　答え 17ページ

よく出る

1 アサガオの花とヘチマの花のつくりを調べました。

1つ6点(48点)

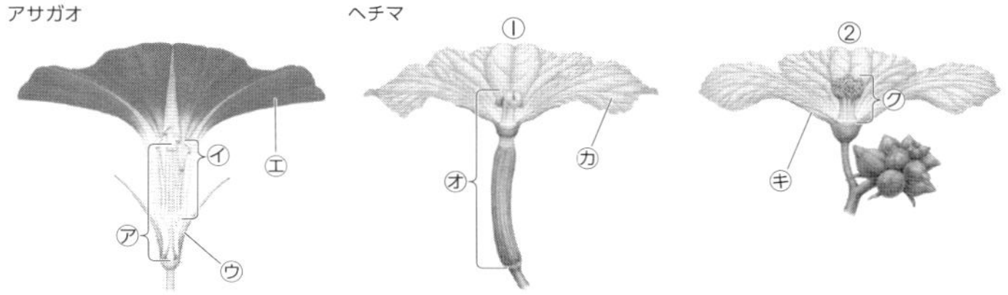

(1) ㋐～㋓の部分をそれぞれ何といいますか。

㋐(めしべ)　㋑(おしべ)
㋒(がく)　㋓(花びら)

(2) ヘチマのめばなは、①、②のどちらですか。(①)

(3) アサガオの花の㋐、㋑の部分は、ヘチマの花ではどこですか。㋔～㋗からそれぞれ選んで、記号をかきましょう。　㋐(㋔)　㋑(㋗)

(4) アサガオとヘチマの花のつくりについて、正しいものに○をつけましょう。

①(　)アサガオの花もヘチマの花もおばなとめばながある。
②(　)ヘチマのめばなは、めしべ、おしべ、花びら、がくからできている。
③(○)ヘチマのおばなのおしべの先には、花粉がたくさんある。

2 アサガオの花の花粉をけんび鏡で観察しました。

1つ6点(12点)

(1) アサガオの花粉の観察のしかたについて、正しいものに○をつけましょう。

①(　)スライドガラスにめしべをのせて、めしべごと花粉を観察する。
②(○)スライドガラスにおしべを軽くたたいて、花粉をスライドガラスの上に落として観察する。
③(　)ステージの上に直接アサガオの花を置いて観察する。

(2) 右のア、イの写真で、アサガオの花粉に○をつけましょう。

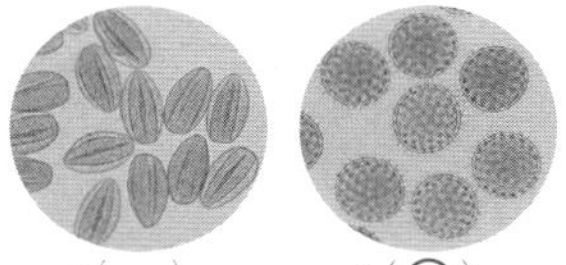

ア(　)　イ(○)

学習 33ページ

よく出る

3 次の写真のけんび鏡を使って、花粉を観察しました。

1つ8点(40点)

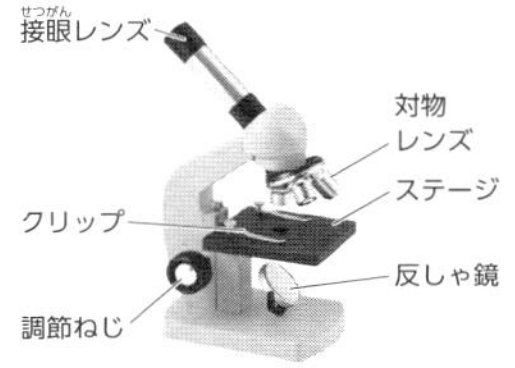

(1) けんび鏡は、日光が直接当たるところで使ってもよいですか、よくないですか。
(よくない。)

(2) 花粉を観察する前に、接眼レンズをのぞきながら、明るく見えるようにします。けんび鏡のどこを動かして明るく見えるようにしますか。
(反しゃ鏡)

(3) 観察するものは、けんび鏡のどこに置きますか。
(ステージ)

(4) 観察するものを置いたあと、どのようにしてはっきり見えるようにしますか。正しいものに○をつけましょう。

ア(○)対物レンズとステージの間を近づけてから、接眼レンズをのぞきながら、対物レンズとステージの間を遠ざけていく。
イ(　)対物レンズとステージの間を遠ざけてから、接眼レンズをのぞきながら、対物レンズとステージの間を近づけていく。
ウ(　)対物レンズとステージの間を遠ざけてから、接眼レンズをのぞきながら、対物レンズとステージの間を近づけたり遠ざけたりする。

(5) 低い倍率で観察したあと、高い倍率で観察しようと思います。どのようにして倍率を高くしますか。正しいものに○をつけましょう。

ア(　)対物レンズはそのままにして、接眼レンズを倍率の高いものにかえる。
イ(○)接眼レンズはそのままにして、対物レンズを倍率の高いものにかえる。
ウ(　)接眼レンズと対物レンズの両方を倍率の高いものにかえる。

ふりかえり
1の問題がわからないときは、28ページの1にもどって確にんしましょう。
3の問題がわからないときは、30ページの1にもどって確にんしましょう。

32～33ページ　てびき

1 (2)花びらの下が小さい実のような形をしているほうが、めばなです。
(3)ヘチマのめしべ(アサガオの㋐の部分)は、めばなの中心に、おしべ(アサガオの㋑の部分)は、おばなの中心にあります。

2 (1)花粉がたくさんあるのは、おしべです。めしべの先は、おしべの花粉がつきやすいように、しめっています。

3 (1)(3)日光が直接当たらない明るいところに置くことや、ステージに観察するものを置くことは、そうがん実体けんび鏡やかいぼうけんび鏡と同じです。
(5)高い倍率にするときは、対物レンズがつけてある部分(レボルバーという)を回して、対物レンズをかえます。

おうちのかたへ
アサガオもヘチマも、花粉が虫の体について、おしべからめしべへ運ばれ、受粉します。また、アサガオは、花が開くとき、おしべが長くのびて花粉がめしべにつくことでも受粉します。

ぴったり1 準備

5. 花から実へ
②実のでき方

34ページ

受粉の役わりや実のでき方を確にんしよう。

教科書 82〜88ページ　答え 18ページ

次の(　)にあてはまる言葉をかくか、あてはまるものを○で囲《かこ》もう。

1 めしべのもとが実になるためには、めしべの先に花粉《かふん》がつくことが必要なのだろうか。 教科書 82〜88ページ

花がさきそうなつぼみの(① めしべ ・(おしべ))を全て取りのぞき、ふくろをかぶせる。

花がさいたら、一方だけ、めしべの先に(② 花粉)をつける。

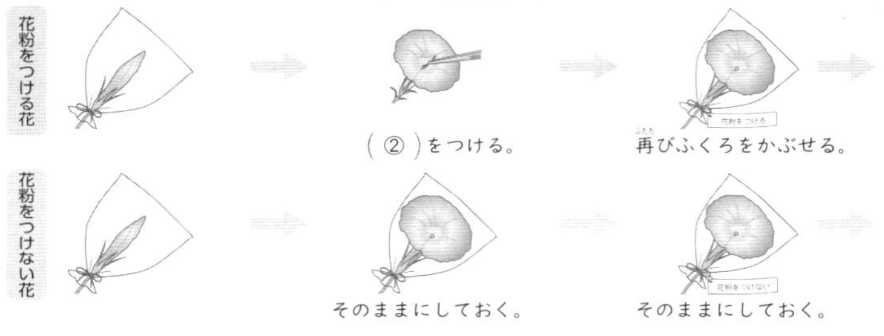

(②)をつける。　再《ふた》びふくろをかぶせる。

そのままにしておく。　そのままにしておく。

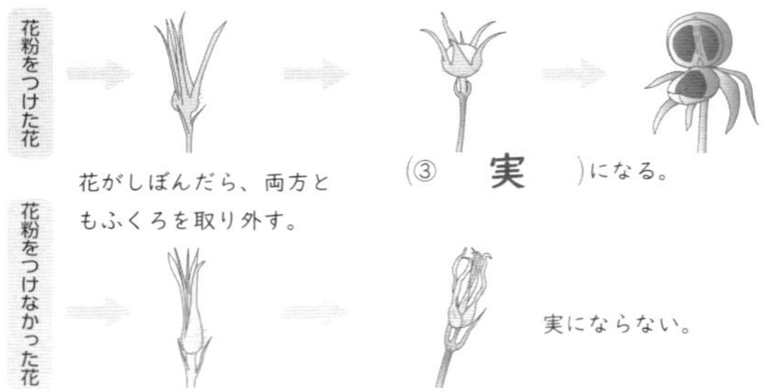

花がしぼんだら、両方ともふくろを取り外す。

(③ 実)になる。

(④ 種子)ができる。

実にならない。

風や水によって花粉が運ばれる植物もあるよ。

▶めしべの先におしべの花粉がつくことを(⑤ 受粉)という。
▶花は、(⑤)すると、めしべの(⑥ 先 ・(もと))が実になる。
▶実の中には(⑦ 種子)ができる。
▶多くの植物では、こん虫や鳥などによって(⑧ 受粉)する。

ここがだいじ！
①めしべの先におしべの花粉がつくことを受粉《じゅふん》という。
②めしべのもとが実になるには、めしべの先に花粉がつくことが必要である。

ぴたトリビア ハチなどのこん虫に花粉を運ばせて受粉させることは、農業でも利用されています。

ぴったり2 練習

5. 花から実へ
②実のでき方

35ページ

教科書 82〜88ページ　答え 18ページ

1 育てているアサガオで、花粉《かふん》のはたらきと実のでき方を調べました。

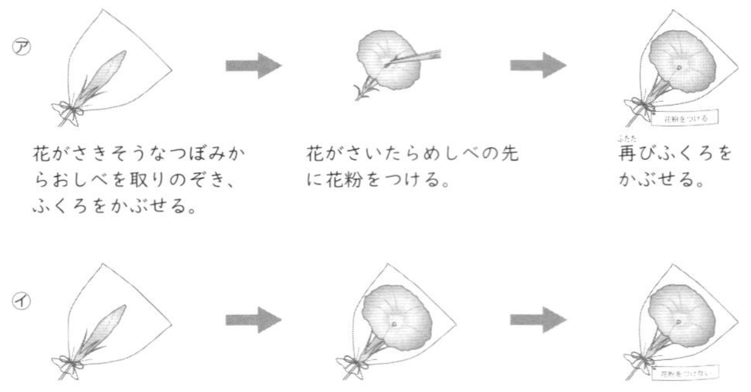

㋐ 花がさきそうなつぼみからおしべを取りのぞき、ふくろをかぶせる。→ 花がさいたらめしべの先に花粉をつける。→ 再《ふた》びふくろをかぶせる。

㋑ 花がさきそうなつぼみからおしべを取りのぞき、ふくろをかぶせる。→ そのままにしておく。→ そのままにしておく。

(1) つぼみにふくろをかぶせるのはなぜですか。正しいものに○をつけましょう。
①(　)日光を直接《ちょくせつ》当てないようにするため。
②(　)雨や風に当てないようにするため。
③(○)花がさいたときに、めしべの先に花粉がつかないようにするため。

(2) めしべの先におしべの花粉がつくことを何といいますか。
(　受粉　)

(3) 花がしぼんだあと、㋐、㋑の両方ともふくろを取り外すと、①、②のようになりました。㋐、㋑のどちらの結果ですか。それぞれ記号をかきましょう。
①(㋑)　②(㋐)

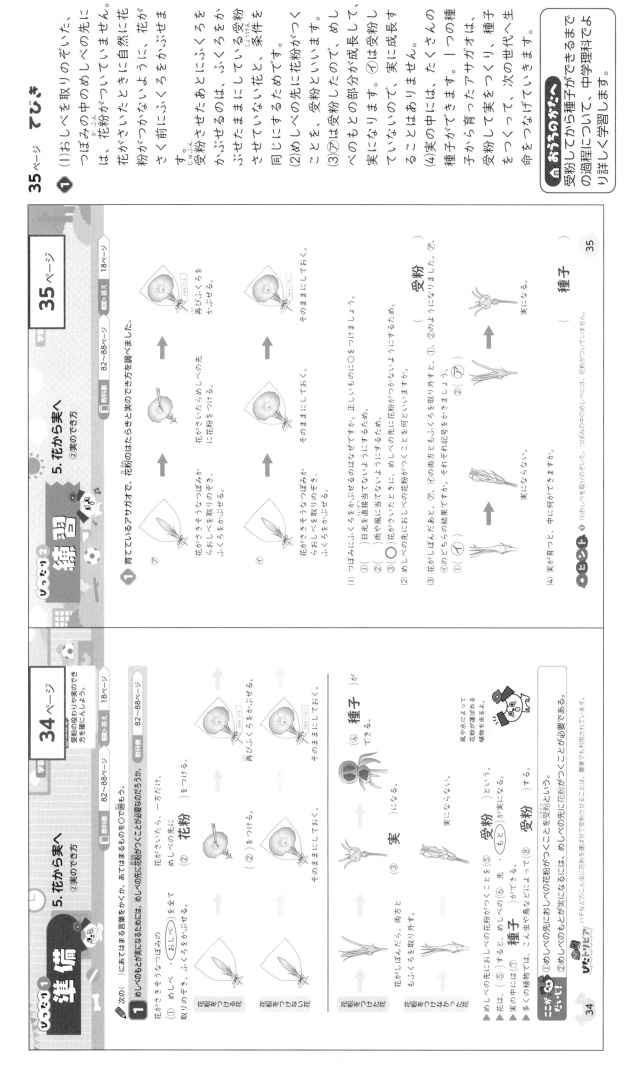

実にならない。　実になる。

(4) 実が育つと、中に何ができますか。
(　種子　)

ヒント ❶ (1)おしべを取りのぞいた、つぼみの中のめしべには、花粉がついていません。

35ページ　てびき

❶ (1)おしべを取りのぞいた、つぼみの中のめしべの先には、花粉《かふん》がついていません。花がさいたときに自然に花粉がつかないように、花がさく前にふくろをかぶせます。受粉《じゅふん》させたあとにふくろをかぶせるのは、ふくろをかぶせたままにしている受粉させていない花と、条件《じょうけん》を同じにするためです。
(2)めしべの先に花粉がつくことを、受粉といいます。
(3)㋐は受粉したので、めしべのもとの部分が成長して、実になります。㋑は受粉していないので、実に成長することはありません。
(4)実の中には、たくさんの種子ができます。1つの種子から育ったアサガオは、受粉して実をつくり、種子をつくって、次の世代へ生命をつなげていきます。

おうちのかたへ
受粉してから種子ができるまでの過程について、中学理科でより詳しく学習します。

ぴったり3 確かめのテスト。

5. 花から実へ②

36ページ

/100 合格 70 点

教科書 82〜91ページ　答え 19ページ

よく出る

1 育てているアサガオを使って、花粉《かふん》のはたらきと実のでき方を調べました。

1つ8点(40点)

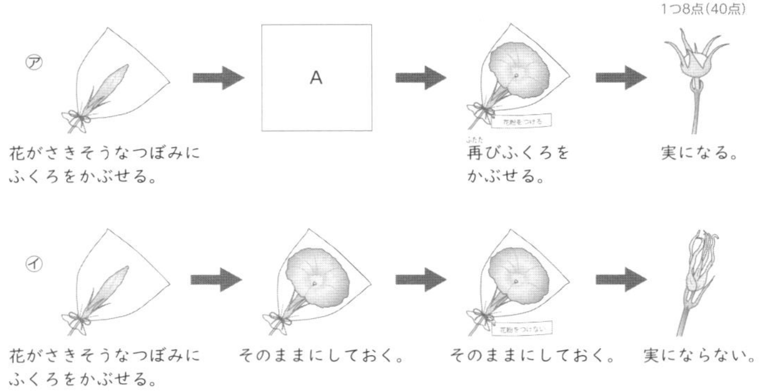

㋐
A
花がさきそうなつぼみにふくろをかぶせる。
再《ふたた》びふくろをかぶせる。
実になる。
㋑
花がさきそうなつぼみにふくろをかぶせる。
そのままにしておく。
そのままにしておく。
実にならない。

(1) さきそうなつぼみにふくろをかぶせる前に、アサガオのつぼみにしておくこととして、正しいものに○をつけましょう。

①(　)めしべを取りのぞく。
②(　)おしべを１本取りのぞく。
③(○)おしべを全て取りのぞく。

(2) 図の㋐のAで、アサガオにしておくこととして、正しいものに○をつけましょう。

①(　)ふくろを取り外して、めしべを取りのぞく。
②(○)ふくろを取り外して、めしべの先におしべの花粉をつける。
③(　)ふくろを取り外して、めしべの先に水をつける。

(3) 図の㋐で、実ができるところはどこですか。正しいものに○をつけましょう。

①(　)おしべの先　②(　)めしべの先　③(○)めしべのもと

(4) 実のでき方について、次の文の(①)、(②)にあてはまる言葉をかきましょう。

花が(①)すると実ができ、実の中には(②)ができる。

①(**受粉**)　②(**種子**)

37ページ

できたらスゴイ！

2 ヘチマの花は、どのようなときに実ができるのかを調べました。

1つ15点(60点)

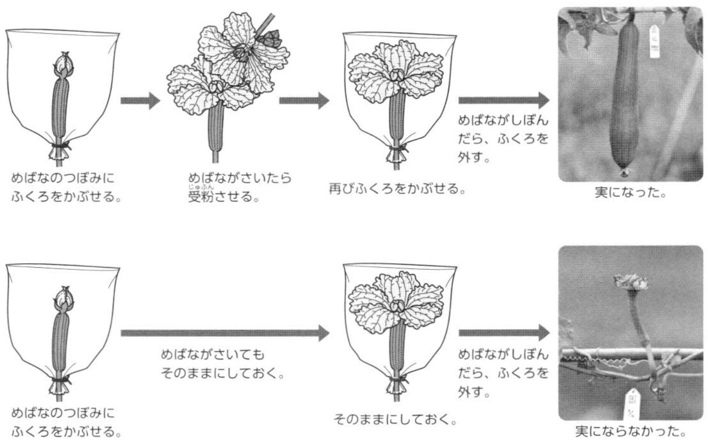

めばなのつぼみにふくろをかぶせる。
めばながさいたら受粉《じゅふん》させる。
再びふくろをかぶせる。
めばながしぼんだら、ふくろを外す。
実になった。
めばなのつぼみにふくろをかぶせる。
めばながさいてもそのままにしておく。
そのままにしておく。
めばながしぼんだら、ふくろを外す。
実にならなかった。

(1) さいているめばなではなく、つぼみにふくろをかぶせるのはなぜですか。正しいものに○をつけましょう。　技能

ア(　)つぼみの中のめしべの先には花粉がついていないので、花がさいたときに花粉がつくようにしている。
イ(○)つぼみの中のめしべの先には花粉がついていないので、花がさいたときに花粉がつかないようにしている。
ウ(　)つぼみの中のめしべの先には花粉がついているので、花がさいたときにもっと花粉がつくようにしている。
エ(　)つぼみの中のめしべの先には花粉がついているので、花がさいたときにもう花粉がつかないようにしている。

(2) 記述 受粉させためばなに、再びふくろをかぶせるのはなぜですか。

(**そのままにしておいためばなと同じ条件にするため。**)

(3) 記述 この実験から、どんなことがわかりますか。　思考・表現

(**受粉すると実になること。(受粉しないと実にならないこと。)**)

(4) この実験では、人がおしべの花粉をめしべの先につけていますが、自然にあるヘチマで、おしべからめしべに花粉を運んでいるものは何ですか。

(**こん虫(ハチなど)**)

ふりかえり　1の問題がわからないときは、34ページの1にもどって確《かく》にんしましょう。
2の問題がわからないときは、34ページの1にもどって確にんしましょう。

36〜37ページ　てびき

1 (1)アサガオは、花がさくときに、めしべに花粉《かふん》がついてしまうので、ふくろをかぶせる前に、おしべを全て取りのぞいておきます。
(2)㋐は実ができているので、めしべの先に花粉をつけたことがわかります。

2 (1)つぼみの中のめしべの先には、花粉はついていません。つぼみのうちにふくろをかぶせると、花がさいたときに自然に花粉がつくのを防《ふせ》ぐことができます。
(2)受粉しためばなと受粉していないめばなで実のでき方を調べているので、それ以外の条件《じょうけん》は同じにしなければなりません。
(3)実になるためには受粉が必要なことがわかります。
(4)自然にあるヘチマでは、ハチなどのこん虫がおばなからめばなへ花粉を運んでいます。

おうちのかたへ
ヘチマの花粉は、主に昆虫によって運ばれますが、トウモロコシの花粉は、主に風によって運ばれます。このように、植物によって受粉の方法が違うので、確認しておくとよいでしょう。

ぴったり1 準備　★台風接近《たいふうせっきん》

38ページ

台風の動きや台風が近づいてきたときの天気を確にんしよう。

3分でまとめ

教科書 93～101ページ　答え 20ページ

✎次の(　)にあてはまる言葉をかこう。

1 台風はどのように動き、天気はどのように変わるのだろうか。 教科書 93～101ページ

(① **台風**)…非常《ひじょう》に発達した積乱雲《せきらんうん》の集まりで、うずをまいている。

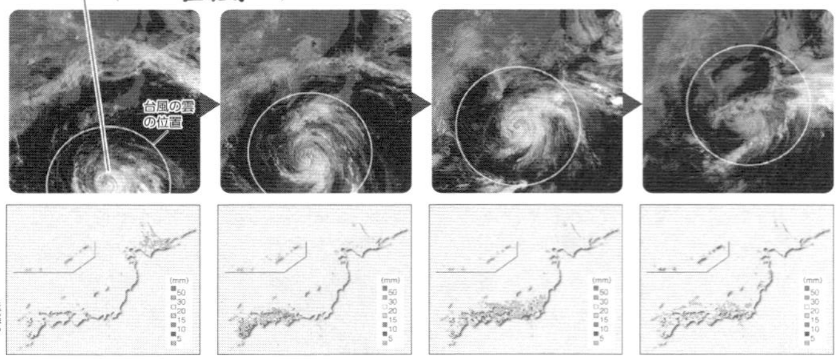

▶台風は、夏から(② **秋**)にかけて日本に近づくことが多くなる。

▶ふつう、台風は、日本のはるか(③ **南**)の海上で発生し、勢《いきお》いを強めながら西や(④ **北**)の方へ動く。そのあと、日本付近では、北や(⑤ **東**)へ向かって進み、やがて勢いが弱くなっていく。

▶台風が近づくと、(⑥ **大雨**)がふったり、(⑦ **強風**)がふいたりして、災害《さいがい》が起こることがある。

台風による雨で土地がうるおう一方で、こうずいや山くずれなどの災害が起こることもあるね。

ここがだいじ!
①ふつう、台風は、日本のはるか南の海上で発生し、西や北へ向かって進む。そのあと、日本付近では北や東へ向かって進む。
②台風が近づくと、大雨がふったり、強風がふいたりする。

ぴたトリビア　自然災害が起こったときに予想されるひ害を、地図上に表したものを「ハザードマップ」といいます。

ぴったり2 練習　★台風接近《たいふうせっきん》

39ページ

教科書 93～101ページ　答え 20ページ

1 下の㋐～㋒は、ある連続した3日間の、同じ時こくの雲画像《くもがぞう》です。

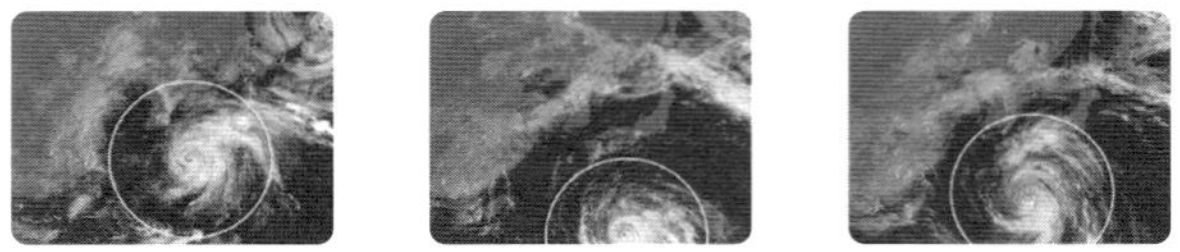

(1) ㋐～㋒を日づけの順に、記号でならべましょう。
(㋑)→(㋒)→(㋐)

(2) (1)で答えた順になるわけとして、正しいものに○をつけましょう。
①(○)台風は、日本付近では北や東の方に進むから。
②(　)台風は、日本付近では南や西の方に進むから。
③(　)雲がだんだん多くなるから。

(3) 台風が日本に近づくことが多いのは、いつごろですか。正しいものに○をつけましょう。
①(　)春～夏　②(○)夏～秋
③(　)秋～冬　④(　)冬～春

(4) 台風は、各地に大雨や強風をもたらし、やがて勢《いきお》いはどうなりますか。正しいものに○をつけましょう。
①(　)強くなる。
②(○)弱くなる。
③(　)変わらない。

2 次の①～⑥の災害《さいがい》を、雨による災害と風による災害とに分け、(　)に「雨」か「風」をかき入れましょう。
①(**雨**)こうずいがおき、家の中に水が入ってくる。
②(**風**)かん板や屋根がわらが、ふきとばされる。
③(**雨**)山くずれがおきて、家がおしつぶされたり、道路がふさがれたりする。
④(**風**)収かく前の果物が、大量に地面に落ちる。
⑤(**風**)電線を支《ささ》える電柱がたおされる。
⑥(**雨**)川の水が増《ふ》えて、橋が流される。

おうちのかたへ　★台風接近
台風の進路と天気の変化について学習します。台風の動き方や、台風が大雨や強風をもたらすことを理解しているか、などがポイントです。

39ページ　てびき

1 (1)(2)雲画像《くもがぞう》で、白い部分は雲を表しています。台風《たいふう》は、雲がうずをまいているように見えます。台風は、日本付近では南から北へ動くことが多いので、その順番にならべると㋑→㋒→㋐となります。
(3)台風は、日本のはるか南の海上で発生し、夏～秋ごろに日本に近づくことが多いです。
(4)台風は、各地に大雨や強風をもたらし、やがて勢《いきお》いが弱くなります。

2 台風による災害《さいがい》は、大雨による災害と、強風による災害に大きく分けることができます。台風がもたらす大雨は、大切な水しげんにもなるため、台風は災害を起こすだけではありません。

おうちのかたへ
天気による1日の気温の変化は、4年生で学習しています。また、台風ではない一般的な天気の変化は、「1. 天気の変化」で学習しています。

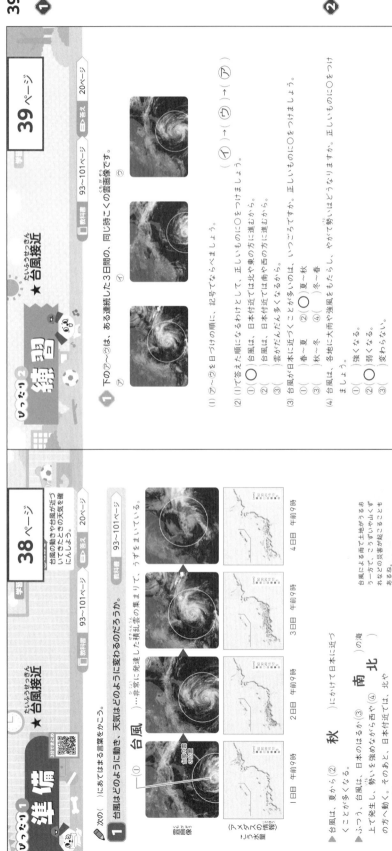

ぴったり3 確かめのテスト ★台風接近《たいふうせっきん》

40ページ

100 合格70点

教科書 93～101ページ　答え 21ページ

よく出る

1 下の①～④は台風が近づいているときの連続した４日間の同じ時こくの日本付近の雲画像《くもがぞう》で、㋐～㋓はそのときのアメダスの情報《じょうほう》です。ただし、㋐～㋓は順番にはならんでいません。

1つ8点、(2)、(4)は全部できて8点(32点)

[雲画像]

① ② ③ ④

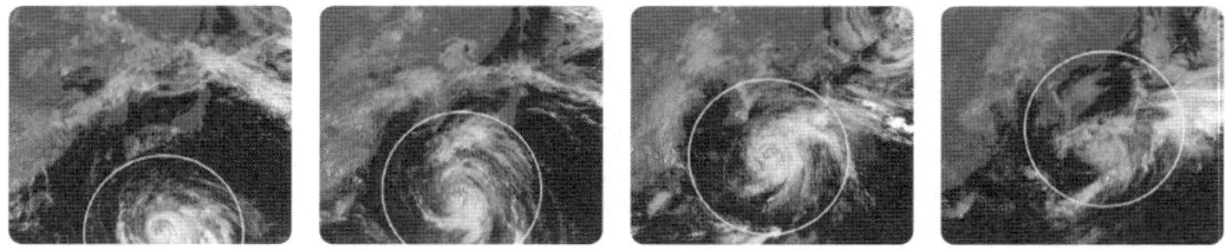

[こう水量(アメダスの情報)]

㋐ ㋑ ㋒ ㋓

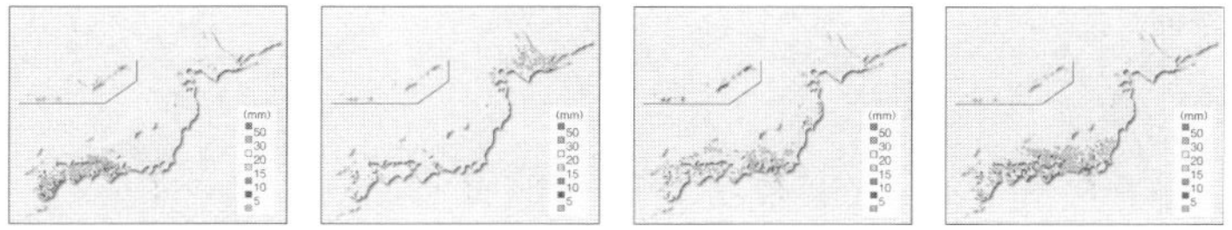

(1) 次の(　)にあてはまる言葉をかきましょう。
台風は、非常《ひじょう》に発達した(　**積乱**　)雲の集まりです。

(2) ㋐～㋓の情報を、①～④に合うように順番にならべましょう。
①(㋑)→②(㋐)→③(㋓)→④(㋒)

(3) ①～④のとき、台風は、およそどの方位からどの方位へ動いたといえますか。正しいものに○をつけましょう。
ア(　)東から西
イ(　)北から南
ウ(○)南から北

(4) 台風が近づくと、どのようなことが起こりますか。正しいものすべてに○をつけましょう。
ア(○)強風がふく。
イ(　)晴れて暑くなる。
ウ(　)雪がたくさんふる。
エ(○)大雨がふる。

40

41ページ

2 日本付近での、台風の動きと天気の変化について調べました。

1つ8点(32点)

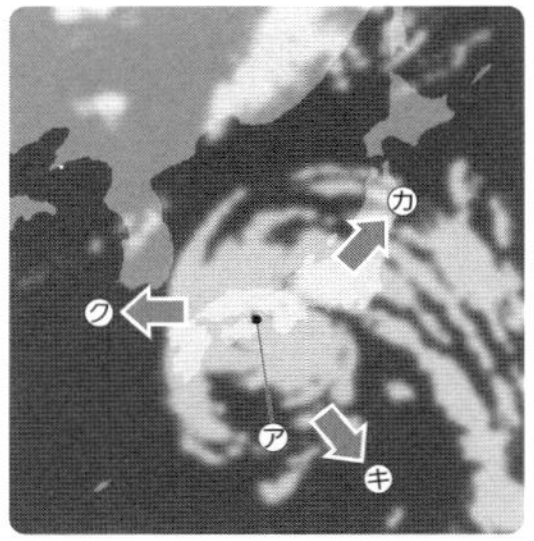

(1) 気象衛星《きしょうえいせい》から送られてくる観測《かんそく》データをしょりして、日本付近の雲の様子を表したものを何といいますか。
(　**雲画像**　)

(2) 日本付近の台風の動きと天気の変化について調べるには、何月ごろの気象情報を集めるとよいですか。正しいものに○をつけましょう。
①(　)１～２月ごろ
②(　)３～４月ごろ
③(○)８～９月ごろ
④(　)12～１月ごろ

(3) ㋐の地いきの天気として、あてはまると考えられるものに○をつけましょう。
①(○)強風がふき、はげしい雨がふっている。
②(　)雨はふっていないがくもっている。
③(　)風や雨はおさまり、晴れている。

(4) このあと台風は、どの向きに動くと考えられますか。図の㋕～㋗の矢印から選んで、記号で答えましょう。
(㋕)

できたらスゴイ！

3 下の図は、日本付近の台風の雲の様子を表しています。

1つ12点(36点)

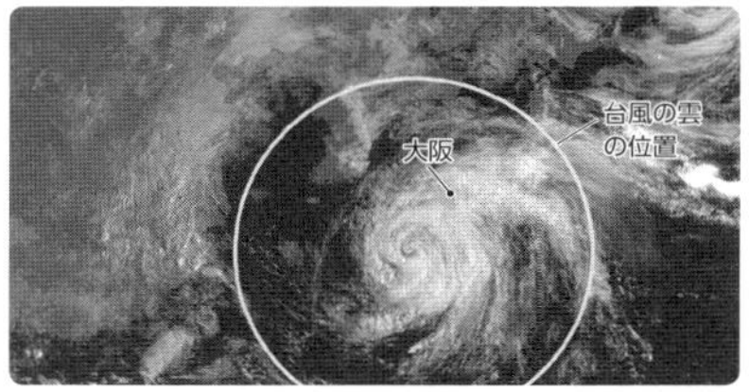

(1) このときの大阪《おおさか》の天気として、もっとも正しいと考えられるものに○をつけましょう。
ア(○)雨
イ(　)晴れ
ウ(　)快晴《かいせい》

(2) ２日後、大阪の天気が変化しました。どのように変化しましたか。
(　**雨がやんで、晴れた。**　)

(3) 記述 (2)のように考えたわけをかきましょう。
(**台風が東(北)の方へ動いて、上空の雲がなくなった(少なくなった)から。**)

ふりかえり　**1**の問題がわからないときは、38ページの**1**にもどって確《かく》にんしましょう。
3の問題がわからないときは、38ページの**1**にもどって確にんしましょう。

41

40～41ページ　てびき

1 (2)台風《たいふう》の雲がある地いきでは、雨がふることが多いです。アメダスの情報《じょうほう》では、雨がふっている地いきがわかるので、日本付近の雲の様子を表した①～④の画像《がぞう》と合わせます。
(3)台風は、南の海上で発生し、北の方へ動きます。

2 (2)台風は、夏～秋ごろに日本に近づくことが多いので、調べる月としては、８～９月ごろが適《てき》しています。
(3)㋐の地いきの上空には台風の雲があるので、強風がふき、はげしい雨がふっていると考えられます。

3 (1)大阪《おおさか》の上空に台風があるので、雨がふっていると考えられます。
(2)(3)しばらくすると、台風は東(北)の方へ動いて、大阪の上空に雲がなくなるので、天気は晴れになると考えられます。

おうちのかたへ
台風による災害について学んだ後、ハザードマップなどを用いて、災害が起こりやすい地域や避難経路の確認をするとよいでしょう。

ぴったり1 準備

6. 流れる水と土地

①川の上流と下流

3分でまとめ

学習 川の上流と下流の様子のちがいについて、確にんしよう。

教科書 103～110ページ　答え 22ページ

次の（　）にあてはまる言葉をかくか、あてはまるものを○で囲《かこ》もう。

1 川の上流と下流では、どのようなちがいがあるのだろうか。　教科書 103～110ページ

▶川の上流では、川はばが（① 広く ・ (せまく)）、川の下流では、川はばが（②(広い)・ せまい ）。

▶川の上流では、角ばった（③(大きい)・ 小さい ）石が多く、川の下流では、丸い（④ 大きい ・(小さい)）石が多い。

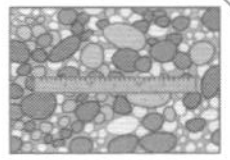

川の上流と下流で、川はばや石の大きさがちがうね。

▶次の㋐～㋕のうち、上流の図は、（⑤ ㋐ ）、（⑥ ㋔ ）、（⑦ ㋕ ）である。

㋐

㋑

㋒

㋓

㋔

㋕

ここがだいじ！
①川の上流では、川はばがせまく、川の下流では、川はばが広い。
②川の上流では、角ばった大きい石がよく見られ、川の下流では、丸い小さい石がよく見られる。

ぴたトリビア 高い場所から低い場所へ川の水は流れていきます。山の上流を流れる小さな川は、ほかの川といっしょになって大きな川となり、海へ流れていきます。

ぴったり2 練習

6. 流れる水と土地

①川の上流と下流

教科書 103～110ページ　答え 22ページ

1 右の図は、川の上流から下流までを表したものです。

(1) ①と②で、川はばが広いのはどちらですか。
（ ② ）

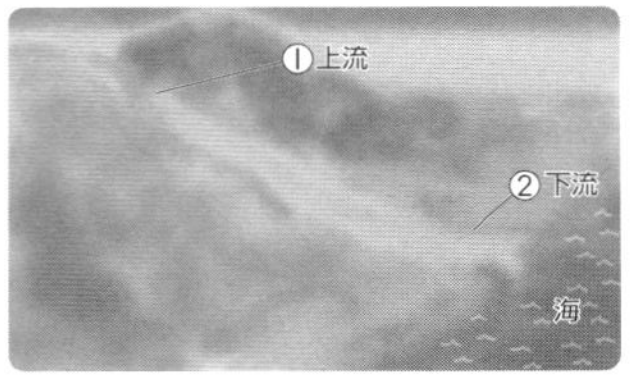

(2) 下の図の㋐、㋑は、右の①、②のどちらでよく見られる石ですか。（　）に番号をかきましょう。
㋐（ ② ）　㋑（ ① ）

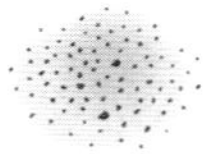
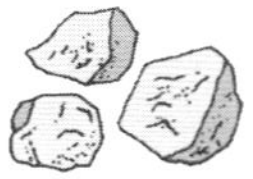

(3) 下の図の㋕～㋚のうち、下流の図をすべて選び、記号で答えましょう。
（ ㋕、㋗、㋚ ）

㋕

㋖

㋗

㋘

㋙

㋚

43ページ　てびき

1 (1)川の上流は川はばがせまく、下流は川はばが広いです。

(2)上流では㋑のように、角ばった大きな石がよく見られますが、石は流されるうちに、ぶつかって角が取れたり、われたりするので、しだいに小さくなり、下流では㋐のように、丸い小さな石がよく見られます。また、小さな石はより遠くへと流されます。

(3)㋕、㋗、㋚は、川はばが広いので、下流の様子を表していることがわかります。㋖、㋘、㋙は、川はばがせまく、角ばった大きい石が見られることから、川の上流の様子を表していることがわかります。

おうちのかたへ
実際に川に行って調べる場合は、必ず大人が付き添い、危険な場所には近づかないよう注意が必要です。

おうちのかたへ　6. 流れる水と土地
流れる水のはたらきと土地の変化について学習します。ここでは、流れる水が土地を侵食したり、土や石を運搬したり堆積したりすることを理解しているか、実際の川の様子を観察して、上流と下流の様子の違いや土地の様子をとらえることができるか、などがポイントです。

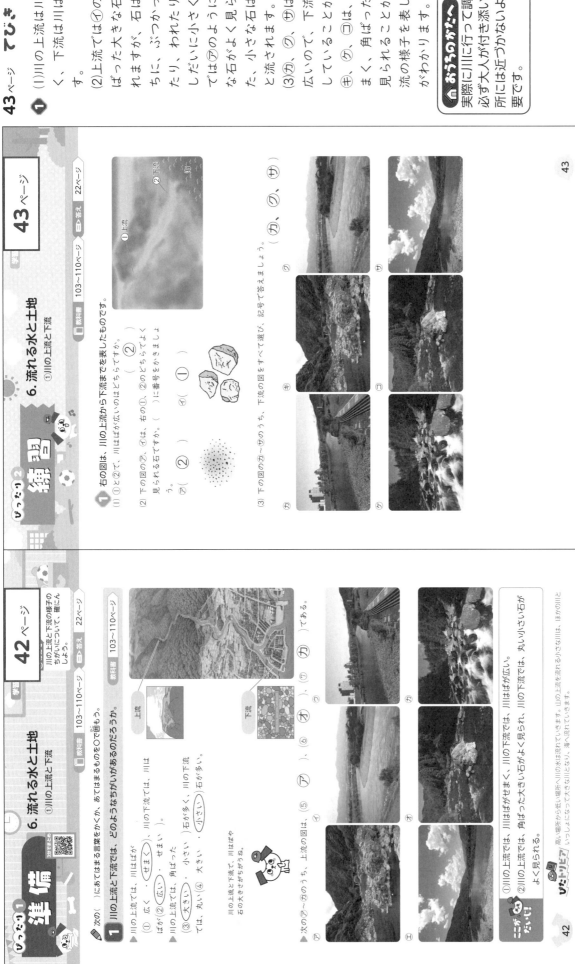

ぴったり1 準備

6. 流れる水と土地
②流れる水のはたらき

44ページ

流れる水にはどのようなはたらきがあるのか、確にんしよう。

教科書 111～115ページ　答え 23ページ

次の(　)にあてはまる言葉をかくか、あてはまるものを○で囲《かこ》もう。

1 流れる水には、どのようなはたらきがあるのだろうか。
教科書 111～115ページ

雨水が流れる地面の様子

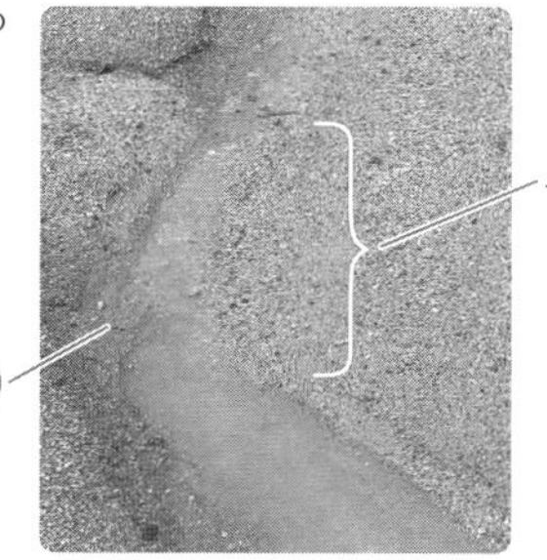

地面が(① 積もった ・ けずられた)ところ

土が(② 積もった ・ けずられた)ところ

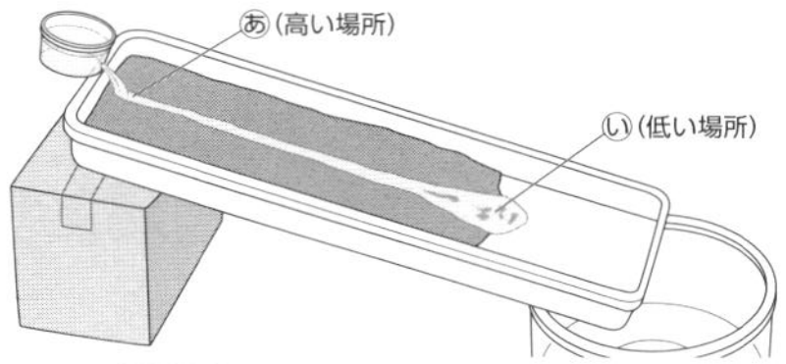

▶あの部分では、土が(③ けずられて ・ 積もって)いる。
▶いの部分では、土が(④ けずられて ・ 積もって)いる。
▶流れる水には、地面をけずったり、土を運んだり、運んだ土を積もらせたりするはたらきがある。
▶流れる水が地面をけずることを(⑤ しん食)という。
▶流れる水が石や土を運ぶことを(⑥ 運ぱん)という。
▶流れる水によって運ばれた石や土が積もることを(⑦ たい積)という。
▶川の上流では(⑧ しん食)のはたらきで谷ができることが多く、川の下流では(⑨ たい積)のはたらきで平野や広い川原《かわら》ができることが多い。

ここがだいじ！ ①流れる水には、地面をけずったり(しん食)、土を運んだり(運ぱん)、運んだ土を積もらせたり(たい積)するはたらきがある。

ぴたトリビア 山の上から流れた川は、川底をしん食して、長い年月をかけて深い谷をつくります。このようにできた地形は、アルファベットのVの字に似ていることから「V字谷」とよばれます。

ぴったり2 練習

6. 流れる水と土地
②流れる水のはたらき

45ページ

教科書 111～115ページ　答え 23ページ

1 雨水が流れる地面の様子を調べました。

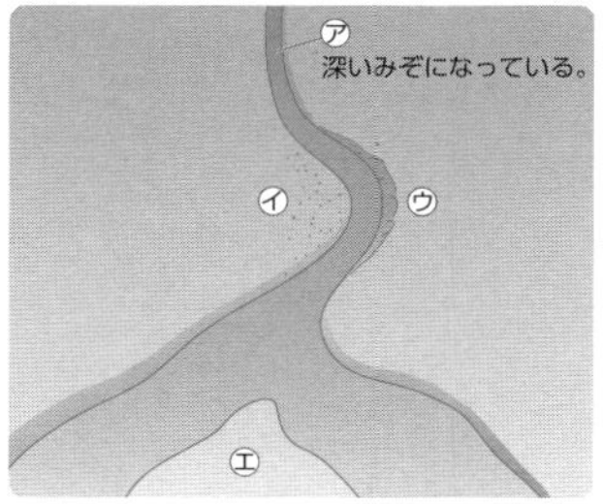

(1) 地面がけずられたところを、ア～エから2つ選んでかきましょう。
(ア)(ウ)

(2) 流れる水が地面をけずることを何といいますか。正しいものに○をつけましょう。
ア(　)たい積
イ(　)運ぱん
ウ(○)しん食

2 プランターのトレイに入れた土に水を流して、流れる水のはたらきを調べました。

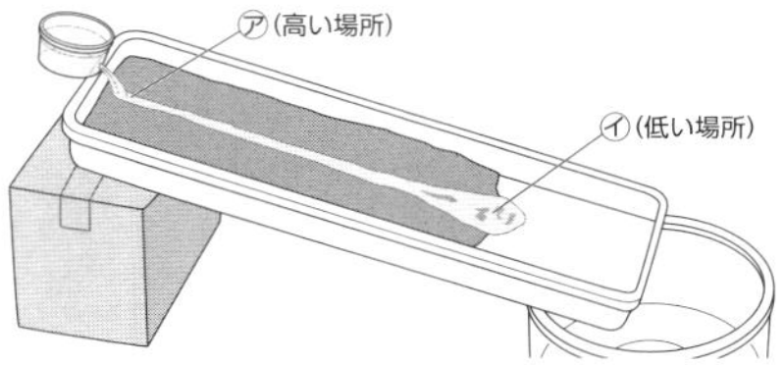

(1) 土がけずられて、がけのようになったのは、ア、イのどちらですか。
(ア)

(2) 土が積もって、川原《かわら》のようになったのは、ア、イのどちらですか。
(イ)

(3) イの部分は、流れる水の何というはたらきによってできましたか。2つ答えましょう。
(運ぱん)、(たい積)

(4) 土がけずられて、谷ができることが多いのは、上流ですか、下流ですか。
(上流)

(5) 運ばれた石や土が積もって、平野や広い川原ができることが多いのは、上流ですか、下流ですか。
(下流)

45ページ　てびき

1 (1)地面をけずるはたらきにより、水の流れるはばがせまいアは、深いみぞになっています。また、水が曲がって流れている外側のウでも、地面がけずられています。
(2)アのたい積は、流れる水のはたらきによって運ばれた石や土が積もること、イの運ぱんは、流れる水が石や土を運ぶこと、ウのしん食は、流れる水が地面をけずることをいいます。

2 川の上流では、しん食のはたらきで土地が深くけずられ、谷ができることが多く、川の下流では、運ぱんやたい積のはたらきで石や土が多く積もり、平野や広い川原《かわら》ができることが多いです。

おうちのかたへ
川のはたらきによる地形が出てきますが、「扇状地」「三角州」といった用語は小学校で扱っていません。これらの用語は中学校社会(地理)で学習します。

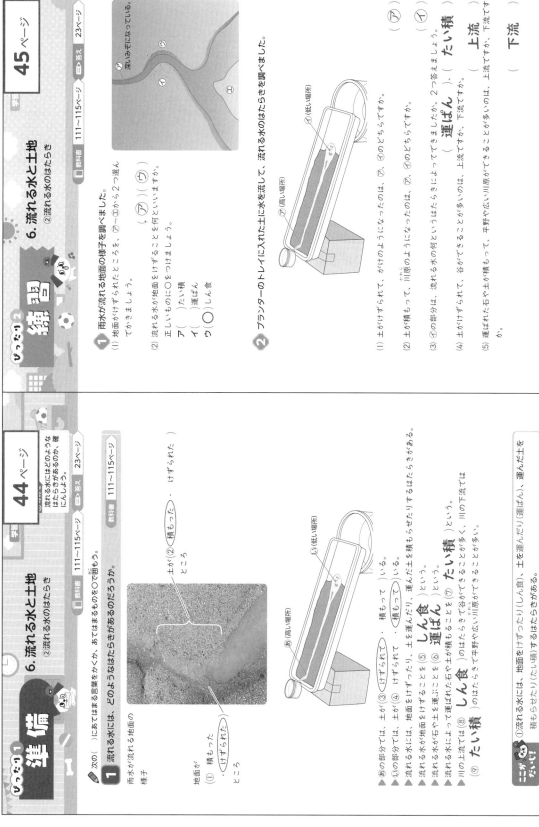

ぴったり1 準備

6. 流れる水と土地　★ 川と災《さい》害

③流れる水の量が増《ふ》えるとき

学習 46ページ

3分でまとめ

流れる水が増えたときの川の様子や災害について、確にんしよう。

教科書 116〜127ページ　答え 24ページ

次の（　）にあてはまる言葉をかくか、あてはまるものを○で囲《かこ》もう。

1 水量が増えると、流れる水のはたらきは、どのように変わるのだろうか。 教科書 116〜121ページ

▶土に流す水の量と流れる水のはたらきとの関係を調べる。

・土がけずられる様子は、水量が多いときのほうが、より（①（多く）・ 少なく ）けずられる。

・土が積もる様子は、水量が多いときのほうが、より（②（多く）・ 少なく ）積もる。

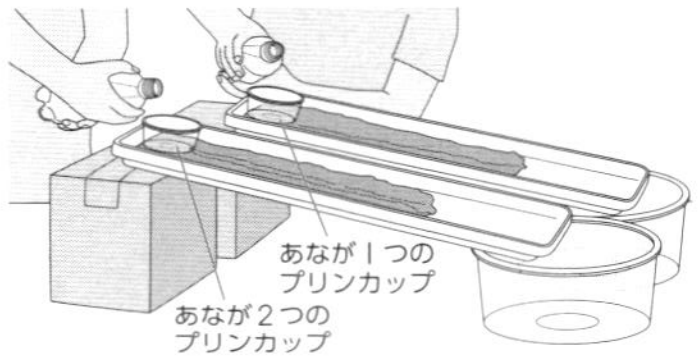

▶流れる水の量が増えると、しん食や運ぱんのはたらきが（③（大きく）・ 小さく ）なり、下流には石や土が（④（多く）・ 少なく ）たい積する。

2 川による災害を防《ふせ》ぐくふうを調べてみよう。 教科書 122〜127ページ

▶大雨などで川の水量が増えて、流れる水のはたらきが大きくなると、こうずいなどの災害が起こることがある。

災害を防ぐくふう

（① ダム ）

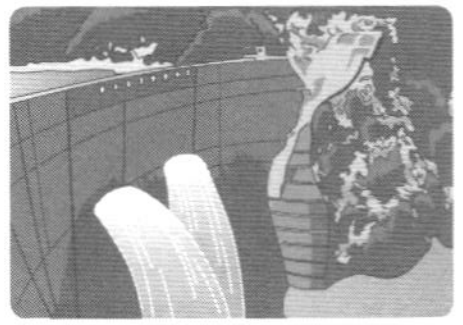

川の水をためて水量を調整する。

（② てい防 ）

川の水量が増えたときに水があふれるのを防ぐ。

（③ さ防えんてい ）

石や土が一度に流されるのを防ぐ。

他にも、水の勢《いきお》いを弱めて、川岸がけずられるのを防ぐブロック、川の水量が増えたときに水を一時的にためられるようにして、こうずいを防ぐ遊水地などがある。

ここがだいじ！ ①水量が増えると、流れる水のはたらきは大きくなり、より大きくしん食したり、より多く運ぱんしたりする。

ぴたトリビア 川の水をたくわえるダムは、その水が生活に利用されるだけでなく、電気をつくったりこうずいを防いだりするなど、さまざまな役わりを果たしています。

ぴったり2 練習

6. 流れる水と土地　★ 川と災《さい》害

③流れる水の量が増《ふ》えるとき

学習 47ページ

教科書 116〜127ページ　答え 24ページ

1 川の水量が増えたときの、流れる水のはたらきの変化について調べました。

(1) 川の水量が増えると、流れる水の次のはたらきは、どのようになりますか。大きくなるものには「大」、小さくなるものには「小」、変わらないものには「×」をそれぞれかきましょう。

ア（大）しん食
イ（大）運ぱん

(2) 写真の様子は、流れる水のどのはたらきによるものですか。正しいものに○をつけましょう。

ア（○）しん食
イ（　）運ぱん
ウ（　）たい積

こうずいによってけずり取られた田畑

2 川の水量が増えて起こる災害を防《ふせ》ぐくふうについて調べました。

㋐

㋑

㋒

(1) 川の災害を防ぐくふうを示《しめ》している㋐〜㋒の名前をそれぞれかきましょう。

㋐（ てい防 ）　㋑（ さ防えんてい ）　㋒（ 遊水地 ）

(2) ㋐〜㋒について、川の増水《ぞうすい》などで起こる災害を防ぐくふうの説明として正しいものを、次の①〜④からそれぞれ選びましょう。

㋐（②）　㋑（①）　㋒（③）

①流れてくる石や土が一度に流されるのを防ぐ。
②大雨などで川が増水したとき、水があふれ出すのを防ぐ。
③川の水を一時的にためられるようにして、こうずいを防ぐ。
④水の勢《いきお》いを弱め、水が急に減《へ》るのを防ぐ。

47ページ　てびき

1 (1)流れる水が地面をけずるはたらきをしん食、土や石を運ぶはたらきを運ぱん、土や石を積もらせるはたらきをたい積といいます。川の水量が増《ふ》えると、流れる水の速さは速くなり、しん食や運ぱんのはたらきは大きくなります。

(2)川岸がけずり取られるのは、流れる水のしん食のはたらきによります。

2 ㋐のてい防《ぼう》は、川の水量が増えたときに、川の水があふれるのを防《ふせ》ぐくふうです。㋑のさ防えんていは、石や土が一度に流されるのを防ぐくふうです。㋒の遊水地は、川の水量が増えたときに、水を一時的にためておき、こうずいを防ぐくふうです。

おうちのかたへ
川による災害のほかに、自然災害について「★ 台風接近」で学習しています。

ぴったり3

確かめのテスト。

6. 流れる水と土地 ★ 川と災害《さいがい》

48ページ

/100　合格70点

教科書 103〜129ページ　答え 25ページ

よく出る

1 ①上流と②下流の川の様子のちがいについて調べました。　1つ5点(35点)

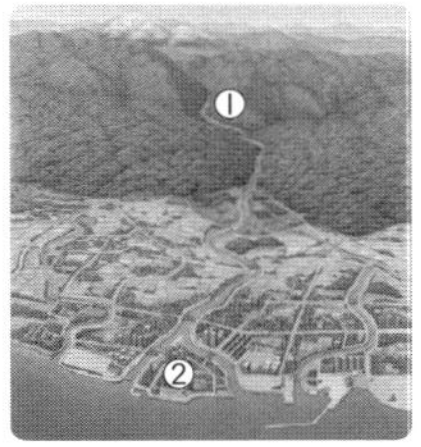

(1) ①と②で、土を積もらせるはたらきが大きいのはどちらですか。 (②)

(2) ①と②で、深い谷ができているのはどちらですか。 (①)

(3) ②の川はばは、せまいですか、広いですか。 (広い)

(4) ①と②で、大きくて角ばった石が見られるのはどちらですか。 (①)

(5) ア〜ウの川はそれぞれ、①と②のどちらの図ですか。

ア(①)　イ(②)　ウ(①)

よく出る

2 図のようなそうちを使って、土のしゃ面をつくってみぞをつけ、みぞに水を流しました。　1つ5点(25点)

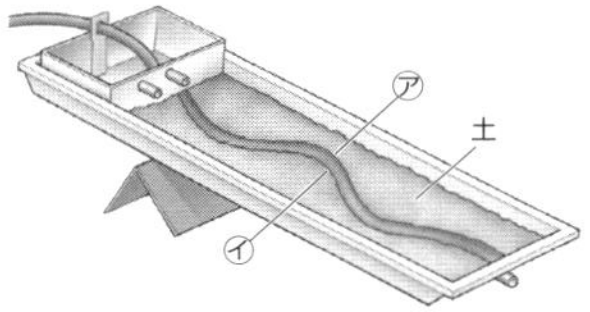

(1) 流れる水が土をけずるはたらきが大きいのは、㋐と㋑のどちらですか。 (㋐)

(2) 流す水の量を増《ふ》やすと、土をけずったり、運んだりするはたらきはどうなりますか。 (大きくなる。)

(3) 流れる水のはたらきについて、あてはまるものを線でつなぎましょう。

しん食 ——	土をけずるはたらき
運ぱん ✕	土を積もらせるはたらき
たい積 ✕	土を運ぶはたらき

（しん食—土をけずるはたらき、運ぱん—土を運ぶはたらき、たい積—土を積もらせるはたらき）

学習日

49ページ

3 川による災害について考えます。　1つ5点(20点)

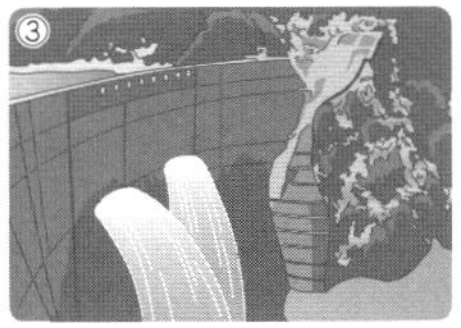

㋐川の水量が増えたとき、川の水があふれるのを防《ふせ》ぐ。

㋑川の水をため、水量を調節することで水不足やこうずいを防ぐ。

㋒川の水を一時的にためられるようにして、こうずいを防ぐ。

（①—㋐、②—㋒、③—㋑）

(1) 川による災害を防ぐくふうを表す図①〜③と、それぞれのくふうについて説明している㋐〜㋒を線でそれぞれつなぎましょう。

(2) 川岸に置いて、水の勢《いきお》いを弱め、川岸がけずられるのを防ぐことができるものはどれですか。正しいものに○をつけましょう。

ア(○)ブロック
イ(　)ダム
ウ(　)遊水地

できたらスゴイ！

4 梅雨《つゆ》や台風《たいふう》などで、長い間雨がふったり、短時間に大雨がふったりすることがあります。　(1)は1つ5点、(2)は10点(20点)

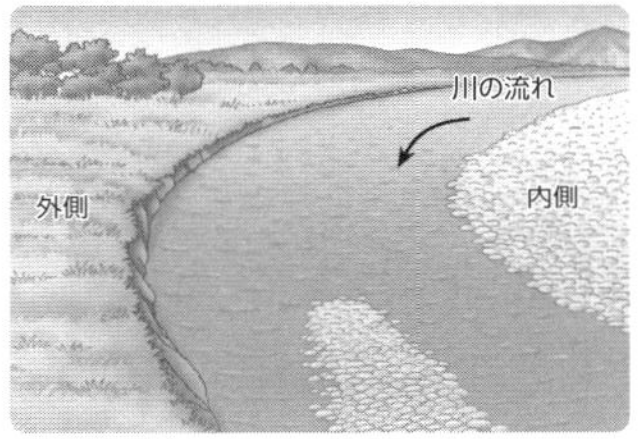

(1) 大雨がふって、ふだんより川の水量が増えると、①水の流れる速さ、②川の水が川岸をけずるはたらきは、それぞれどうなりますか。

①(速くなる。)
②(大きくなる。)

(2) 記述 図のようなところで、川岸にてい防《ぼう》をつくるとき、流れの外側につくります。このことから、川が曲がったところの外側は内側と比《くら》べて、どのようなちがいがありますか。　思考・表現

(流れが速く、川岸をけずるはたらきが大きい。)

ふりかえり

❶の問題がわからないときは、42ページの1と44ページの1にもどって確《かく》にんしましょう。
❹の問題がわからないときは、44ページの1と46ページの1、2にもどって確にんしましょう。

48〜49ページ てびき

❶ 川の上流では、川はばがせまく、大きくて角ばった石がよく見られます。また、上流はしん食のはたらきにより、深い谷ができます。川の下流では、川はばが広く、小さくて丸い石がよく見られます。また、下流はたい積のはたらきにより、すなやどろが積もります。

❷ (2)流れる水の量が増《ふ》えると、土をけずったり(しん食)、運んだり(運ぱん)、積もらせたりする(たい積)はたらきは大きくなります。

❸ (1)①はてい防《ぼう》、②は遊水地、③はダムです。

❹ (1)川の水が増えると、流れが速くなり、流れる水のはたらきも大きくなります。
(2)曲がっている川では、外側にてい防がつくられることから、外側のほうが内側より、水の流れが速く、しん食されやすいことがわかります。

おうちのかたへ
川の曲がったところでは、外側の方が速く流れ、内側ほどゆるやかに流れます。そのため、外側は侵食され、内側で堆積します。

ぴったり1 準備

7. 電流が生み出す力
①電磁石《でんじしゃく》の性質《せいしつ》

学習 **50ページ**

電磁石のはたらきと、その極の性質を確にんしよう。

教科書 130～137ページ　答え 26ページ

次の(　)にあてはまる言葉をかこう。

1 電磁石には、どのような性質があるのだろうか。
教科書 130～137ページ

▶導線《どうせん》を何回もまいたものを(① **コイル**)という。
▶鉄心を入れたコイルに電流を流し、鉄を引き付けるようにしたものを(② **電磁石**)という。
▶電磁石の作り方

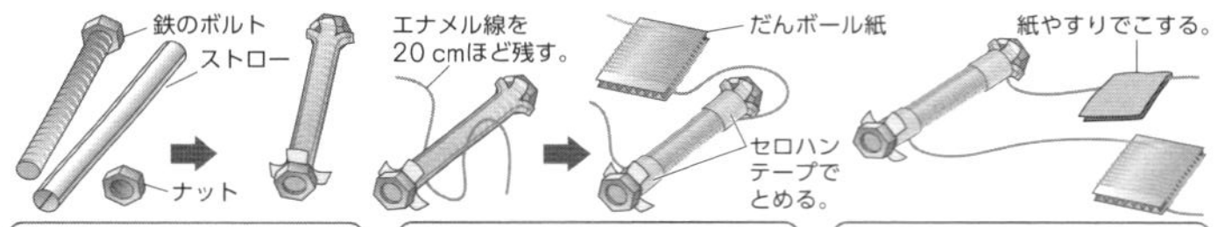

㋐ストローの先を広げてボルトを入れて、ナットでとめる。
㋑ボルトに、エナメル線をまく。余《あま》ったエナメル線は、だんボール紙にまく。
㋒エナメル線のはしの表面をけずり取り、(③ **電気**)が通るようにする。

▶電磁石は、コイルに(④ **電流**)が流れているときだけ、鉄心が鉄を引き付ける。
▶電磁石には、磁石と同じようにN《エヌ》極と(⑤ **S**)極がある。
▶かん電池のつなぎ方を反対にすると、流れる電流の向きは(⑥ **逆**)になる。
▶回路に流れる電流の向きを変えると、電磁石の極は(⑦ **入れかわる（逆になる）**)。

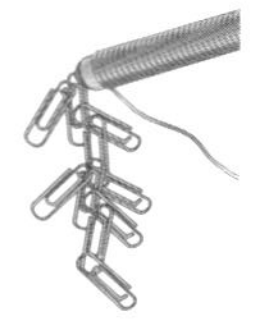

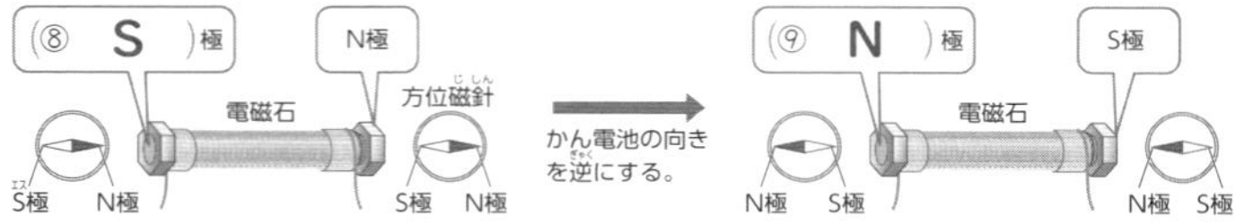

ここがだいじ！
①電磁石は、コイルに電流を流しているときだけ磁石になる。
②電磁石には、磁石と同じようにN極とS極がある。
③電流の向きを変えると、電磁石の極は入れかわる。

ぴたトリビア　磁石に付いていた鉄くぎが、磁石からはなれても鉄を引き付けることがあるように、電磁石の鉄心にしていた鉄くぎが、電流を切ったあとも鉄を引き付けることがあります。

ぴったり2 練習

7. 電流が生み出す力
①電磁石《でんじしゃく》の性質《せいしつ》

学習 **51ページ**

教科書 130～137ページ　答え 26ページ

1 電磁石を、かん電池やスイッチにつないで、スイッチを入れました。

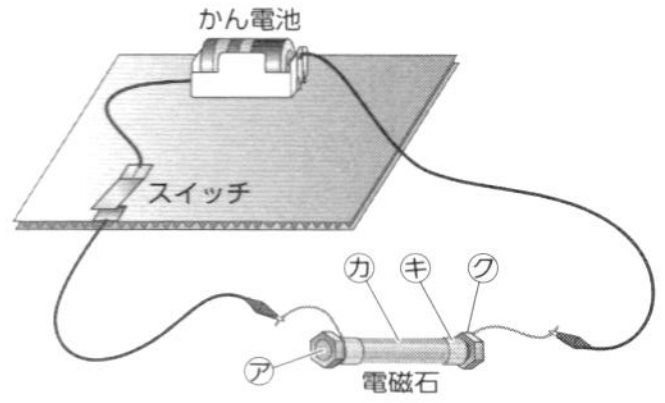

(1) 電磁石の㋐のボルトは何でできていますか。正しいものに○をつけましょう。
ア(○)鉄
イ(　)銅《どう》
ウ(　)木
エ(　)プラスチック

(2) 次のうち、電磁石に引き付けられるのはどれですか。正しいものに○をつけましょう。
ア(○)鉄のクリップ
イ(　)ガラスのコップ
ウ(　)アルミニウムのかん
エ(　)プラスチックのストロー

(3) (2)のものがよく引き付けられるのは、図の㋕～㋗のどの部分ですか。
(㋗)

2 電磁石を使って図のような回路をつくり、電磁石のはしに方位磁針《じしん》を置きました。

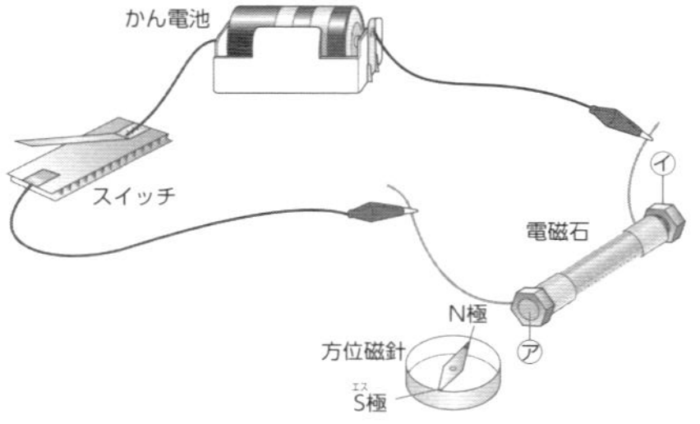

(1) スイッチを入れると、方位磁針のN《エヌ》極が㋐に引き付けられました。電磁石の㋐は何極になっていますか。
(**S極**)

(2) (1)のとき、㋑は何極になっていますか。
(**N極**)

(3) かん電池のつなぎ方を反対にしてスイッチを入れると、回路に流れる電流の向きはどうなりますか。
(**逆になる。**)

(4) (3)のとき、㋐は何極になっていますか。
(**N極**)

(5) (3)のとき、㋑は何極になっていますか。
(**S極**)

おうちのかたへ　7. 電流が生み出す力
電磁石の極の性質や強さについて学習します。電磁石とはどのようなものか、電磁石の強さを変化させるにはどのようにすればよいかを理解しているか、などがポイントです。

51ページ　てびき

1 (1)コイルに入れるボルトなどは、電気を通し、磁石に引き付けられる鉄でできたものを使います。
(2)電磁石《でんじしゃく》に引き付けられるのは、鉄でできたものです。
(3)電磁石に鉄がよく引き付けられるのは、ぼう磁石と同じように、両はしの部分です。

2 (1)(2)方位磁針《じしん》のN《エヌ》極が引き付けられるので、電磁石の㋐はS《エス》極であるといえます。電磁石には、N極とS極があるので㋑はN極です。
(3)かん電池のつなぎ方を反対にすると、電流の向きは逆《ぎゃく》になります。
(4)(5)電流の向きが変わると、電磁石の極は入れかわるので、㋐はN極になります。㋐とは別の極である㋑は、S極になります。

おうちのかたへ
磁石の異極どうしは引き合い、同極どうしはしりぞけ合うことは3年生で、乾電池をつなぐ向きを変えると、回路に流れる電流の向きが変わることは4年生で学習しています。これらをもとにして、電磁石の極の性質を考えます。

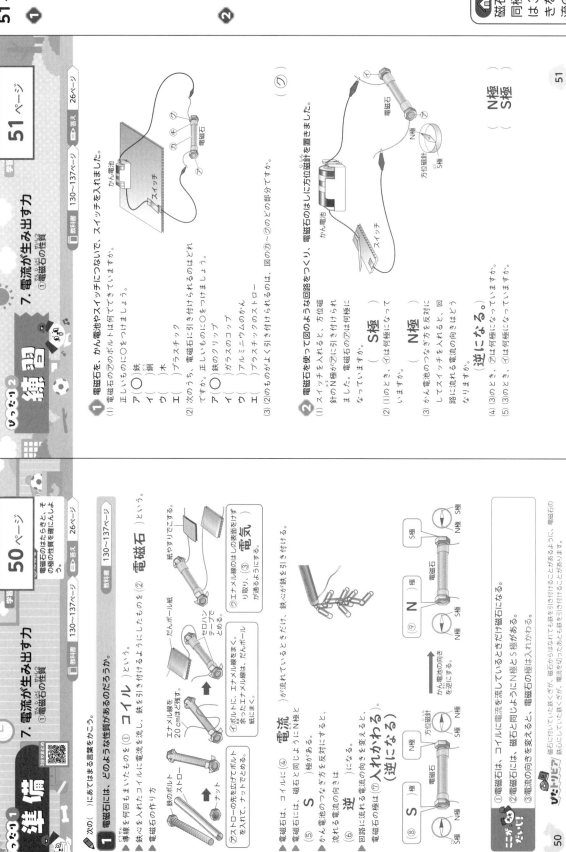

ぴったり1 準備

7. 電流が生み出す力
②電磁石《でんじしゃく》のはたらき

52ページ

電磁石のはたらきを変える方法を確にんしよう。

教科書 138〜143、195ページ　答え 27ページ

次の(　)にあてはまる言葉をかこう。

1 電磁石のはたらきを大きくするには、どうすればよいのだろうか。 教科書 138〜143、195ページ

▶電流の大きさを変えて、引き付けるクリップの数を調べる。

	変える条件《じょうけん》	同じにする条件
電池	㋐かん電池1個	コイルのまき数 導線《どうせん》の長さ
	㋑かん電池2個の(① 直列)つなぎ	

▶コイルのまき数を変えて、引き付けるクリップの数を調べる。

	変える条件	同じにする条件
まき数	㋒100回まき	かん電池1個 (電流の大きさ) 導線の長さ
	㋓200回まき	

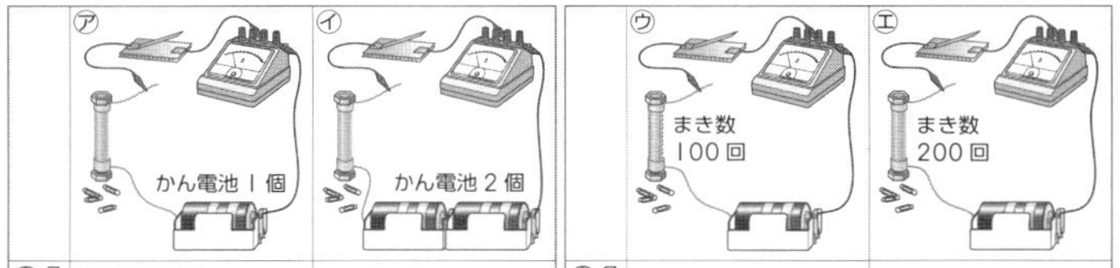

	㋐	㋑	㋒	㋓
クリップの数	(② 少ない)	多い	(③ 少ない)	多い

▶電磁石が鉄を引き付けるはたらきは、電流が大きいほど(④ 大きい)。

▶電磁石が鉄を引き付けるはたらきは、コイルのまき数が多いほど(⑤ 大きい)。

▶電流計の使い方

電流計の+《プラス》たんしはかん電池の(⑥ ＋)極側、
−《マイナス》たんしはかん電池の−極側の導線をつなぐ。

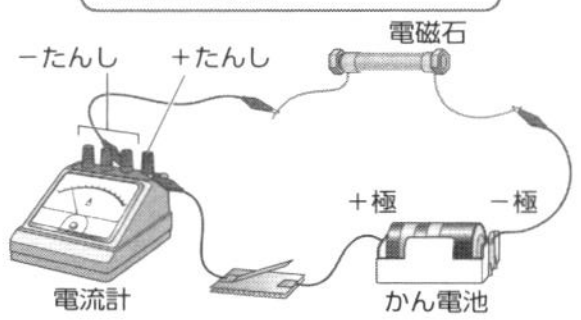

▶電流の大きさは、(⑦ アンペア)(A)という単位で表し、電流計を使うと調べることができる。

▶電流計のはりがさす目もりによって、次のように一たんしをつなぎかえる。

①はじめは、電流計の(⑧ 5A)の一たんしに、かん電池の一極側の導線をつなぐ。

②はりのふれが0.5A《アンペア》より小さいときは(⑨ 500)mA《ミリアンペア》の一たんしにつなぎかえる。

mA(ミリアンペア)も、電流の大きさを表す単位だよ。
1A=1000mA

ここがだいじ!
①電磁石のはたらきは、流れる電流の大きさを大きくするほど、大きくなる。
②電磁石のはたらきは、コイルのまき数を多くするほど、大きくなる。
③電流の大きさは、電流計を使うと調べることができる。

ぴたトリビア 電流を流したコイルを方位磁針《じしん》に近づけると、針は向きを変えますが、コイルに鉄心を入れると、磁石の力はより強くなります。

ぴったり2 練習

7. 電流が生み出す力
②電磁石《でんじしゃく》のはたらき

53ページ

教科書 138〜143、195ページ　答え 27ページ

1 ㋐〜㋒のスイッチを入れて、電磁石をそれぞれ鉄のクリップに近づけました。導線《どうせん》の長さは全て同じです。

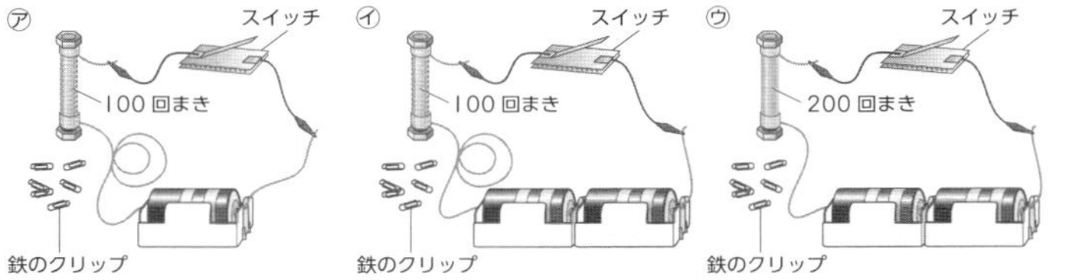

(1) 電磁石に流れる電流の大きさがもっとも小さいのは、どれですか。図の㋐〜㋒から選びましょう。 (㋐)

(2) 電磁石に鉄のクリップがもっとも多く付くのは、どれですか。図の㋐〜㋒から選びましょう。 (㋒)

(3) 電磁石について、正しいもの2つに○をつけましょう。

ア(○)電磁石が鉄を引き付けるはたらきは、電流が大きいほど大きい。
イ(　)電磁石が鉄を引き付けるはたらきは、電流が小さいほど大きい。
ウ(○)電磁石が鉄を引き付けるはたらきは、コイルのまき数が多いほど大きい。
エ(　)電磁石が鉄を引き付けるはたらきは、コイルのまき数が少ないほど大きい。

2 電流計で電流の大きさをはかると、はりが図のようにふれました。

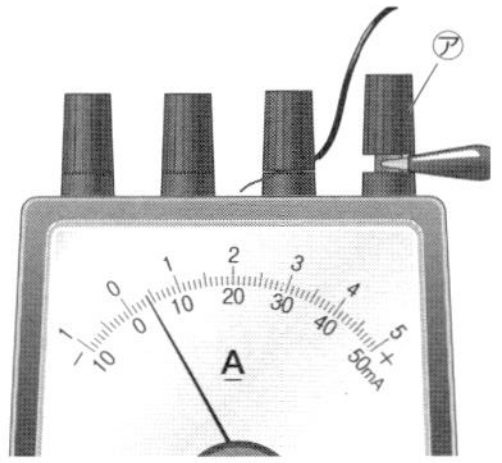

(1) 図の㋐のたんしは、+《プラス》、−《マイナス》のどちらですか。 (＋)

(2) 図の電流計の一たんしには、はじめにつなぐ大きさのたんしに導線をつないであります。そのたんしはどれですか。正しいものに○をつけましょう。

ア(○)5A《アンペア》の一たんし
イ(　)500mA《ミリアンペア》の一たんし
ウ(　)50mAの一たんし

(3) 図のはりのふれは、0.5Aより大きいですか、小さいですか。 (小さい。)

(4) はりのふれが(3)のとき、導線をつなぐ一たんしをかえます。どのたんしにつなぎかえるとよいですか。正しいものに○をつけましょう。

ア(　)5Aの一たんし　イ(○)500mAの一たんし
ウ(　)50mAの一たんし　エ(　)+たんし

53ページ てびき

1 (1)かん電池を2個《こ》直列につなぐと、かん電池1個のときより、電流は大きくなります。

(2)(3)電流が大きいほど、また、コイルのまき数が多いほど、電磁石《でんじしゃく》が鉄を引き付けるはたらきは大きくなります。コイルのまき数が多いのは㋒、電流が大きいのは㋑と㋒なので、鉄のクリップがもっとも多く付くのは、㋒です。

2 (3)5A《アンペア》の一《マイナス》たんしにつながれているので、1の目もりは1Aを示《しめ》します。0から1の間に10目もりあり、はりは、0から4目もりめをさしているので、0.4Aです。

(4)はりのふれが0.5A(500mA《ミリアンペア》)より小さいときは500mAの一たんしにつなぎかえ、50mAより小さいときは、さらに50mAの一たんしにつなぎかえます。

おうちのかたへ
大きな電流が流れて電流計が壊れてしまうので、電流計には乾電池だけをつながないようにします。

ぴったり3 確かめのテスト。

7. 電流が生み出す力

54ページ

100 合格 70 点

教科書 130～149、195ページ　答え 28ページ

よく出る

1 電磁石《でんじしゃく》の両はしに、方位磁針《じしん》を近づけました。

1つ5点(30点)

(1) 電磁石のスイッチを入れ、あの方位磁針を電磁石のアのはしに近づけたところ、N《エヌ》極が引き付けられました。

①アのはしは、何極ですか。　（ S極 ）

②イのはしは、何極ですか。　（ N極 ）

③次に、いの方位磁針をイのはしに近づけると、どうなりますか。正しいものに○をつけましょう。

ア（　）イのはしに、N極が引き付けられる。

イ（○）イのはしに、S《エス》極が引き付けられる。

ウ（　）方位磁針のはりは動かない。

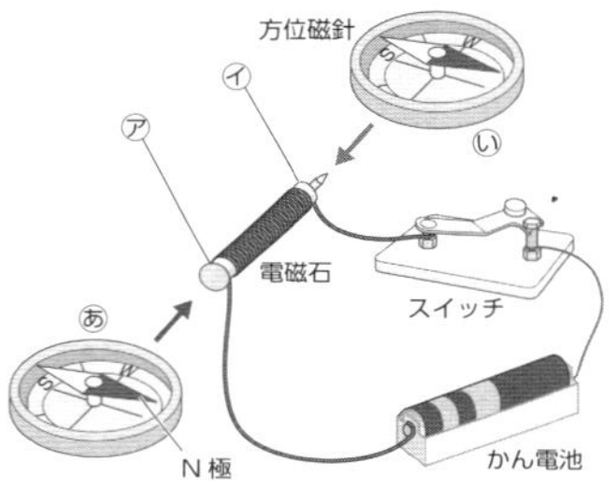

(2) かん電池の＋《プラス》極と－《マイナス》極を逆《ぎゃく》にして、スイッチを入れました。

①あの方位磁針をアのはしに近づけると、どうなりますか。正しいものに○をつけましょう。

ア（　）アのはしに、N極が引き付けられる。

イ（○）アのはしに、S極が引き付けられる。

ウ（　）方位磁針のはりは動かない。

②アのはし、イのはしは、それぞれ何極ですか。　ア（ N極 ）　イ（ S極 ）

2 電流計の使い方について、次の問いに答えましょう。

1つ5点(20点)

(1) 50 mA《ミリアンペア》とは、何A《アンペア》ですか。

（ 0.05A ）

(2) 図の電流計を回路につなぐとき、かん電池の＋極側の導線《どうせん》をつなぐのは、どのたんしですか。図のア～エから選びましょう。

（ エ ）

(3) いちばん大きい電流がはかれる－たんしはどれですか。図のア～エから選びましょう。

（ ウ ）

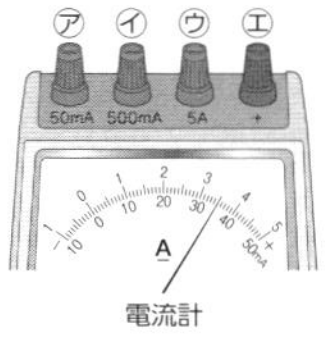

(4) 500 mA の－たんしにつないでいるとき、電流計のはりが図のようになりました。このときの電流の大きさをかきましょう。

（350mA）

55ページ

3 電流の大きさやコイルのまき数を変えると、電磁石のはたらきの大きさが変わるかどうか、実験をしました。

1つ5点(15点)

ア かん電池　1個　コイルのまき数　100回

イ かん電池　1個　コイルのまき数　200回

ウ かん電池　2個　コイルのまき数　100回

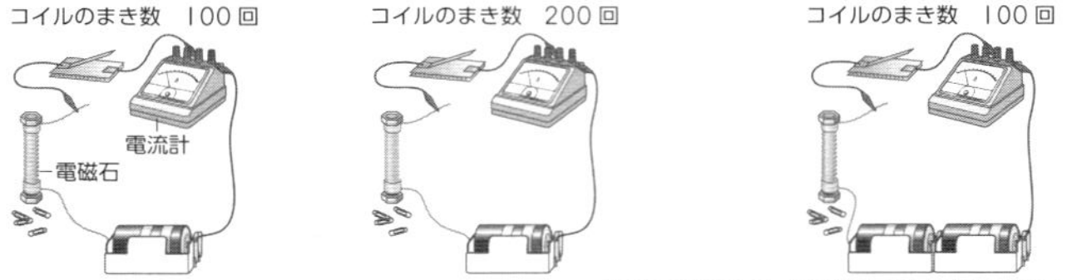

(電磁石を作るエナメル線の長さはどれも同じ。)

(1) 電流の大きさだけを変えて、電磁石のはたらきの大きさが変わるかを調べるには、どれとどれを比《くら》べればよいですか。正しいものに○をつけましょう。

①（　）アとイ　②（○）アとウ　③（　）イとウ　④（　）アとイとウ

(2) コイルのまき数だけを変えて、電磁石のはたらきの大きさが変わるかを調べるには、どれとどれを比べればよいですか。正しいものに○をつけましょう。

①（○）アとイ　②（　）アとウ　③（　）イとウ　④（　）アとイとウ

(3) スイッチを入れて、電磁石が鉄のクリップを何個引き付けるかを調べたとき、ア～ウの中でいちばん引き付けたクリップの数が少ないのはどれですか。

（ ア ）

この本の終わりにある「冬のチャレンジテスト」をやってみよう！

できたらスゴイ！

4 電磁石と磁石は、どちらも鉄のクリップを引き付けます。

1つ7点(35点)

(1) 次の①～④のうち、電磁石だけにあてはまるものには○を、磁石だけにあてはまるものには△を、どちらにもあてはまるものには◎をつけましょう。

①（◎）N極とS極がある。

②（△）極は入れかわらない。

③（○）鉄を引き付けるはたらきを大きくすることができる。

④（○）電流が流れたときだけ、鉄を引き付ける。

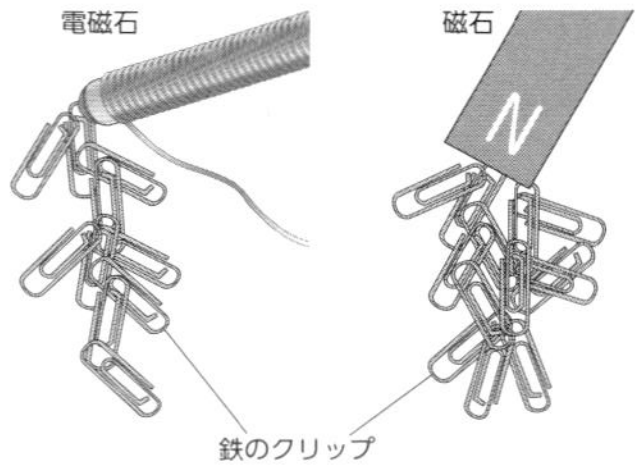

(2) 記述 リサイクル工場で鉄を運ぶときなどに使われるリフティングマグネットには、電磁石が使われています。磁石ではなく、電磁石が使われるのはなぜですか。電磁石や磁石の性質《せいしつ》から答えましょう。

（電磁石は、電流を流れないようにすることで鉄をはなすことができるから。）

ふりかえり　1の問題がわからないときは、50ページの1にもどって確《かく》にんしましょう。
4の問題がわからないときは、50ページの1と52ページの1にもどって確にんしましょう。

54～55ページ　てびき

1 (1)方位磁針《じしん》のN《エヌ》極が引き付けられたのでアのはしはS《エス》極で、イのはしはN極といえます。
(2)かん電池の＋《プラス》極と－《マイナス》極を逆《ぎゃく》にすると、電磁石《でんじしゃく》の極は入れかわります。

2 (1) 1000 mA《ミリアンペア》＝1 A《アンペア》なので、50 mA は、50÷1000＝0.05 A となります。
(3)3つの－たんしのはかれる電流を大きい順にならべると、5 A → 500 mA → 50 mA となります。

3 (3)電流を大きくしたり、コイルのまき数を多くしたりすると、電磁石のはたらきが大きくなります。よって、アとイではア、アとウでもアのほうが、引き付けられたクリップの数が少ないです。

4 電磁石は電流が流れているときだけ鉄を引き付けますが、磁石は常《つね》に鉄を引き付けます。

おうちのかたへ
4年生で学習するように、乾電池2個を並列つなぎにしても、流れる電流の大きさは乾電池1個のときとほとんど変わらないので、電磁石のはたらきもほぼ同じになります。

ものを水にとかしたとき、全体の重さはどうなるのか、確にんしよう。

教科書 150~155、196ページ　答え 29ページ

次の(　)にあてはまる言葉をかくか、あてはまるものを○で囲《かこ》もう。

1 食塩やミョウバンを水にとかすとき、全体の重さはとかす前後で変わるのだろうか。 教科書 150~155、196ページ

▶食塩やコーヒーシュガーなどを水にとかした液のように、ものが水にとけて、とうめいになった液を(① **水よう液**)という。

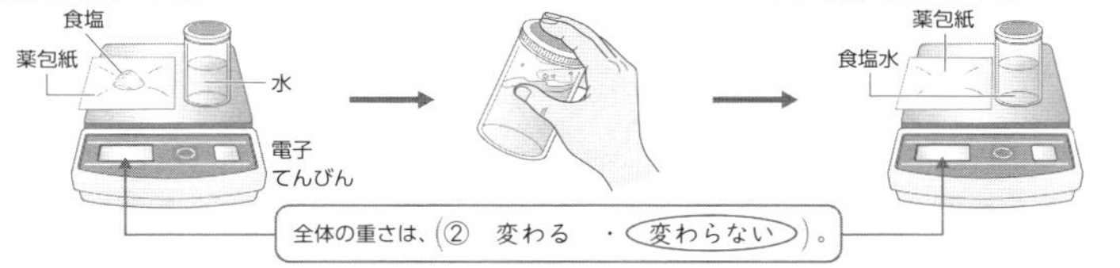
とかす前の食塩またはミョウバンの全体の重さをはかる。
食塩
薬包紙
水
電子てんびん
食塩を水に入れてよくふる。
食塩またはミョウバンを水にとかしたあとの全体の重さをはかる。
薬包紙
食塩水

全体の重さは、(② 変わる ・ 変わらない)。（変わらない に○）

▶水にとかした食塩やミョウバンは目に見えなくなっても、(③ **水よう液**)の中に全部ある。

▶電子てんびんの使い方

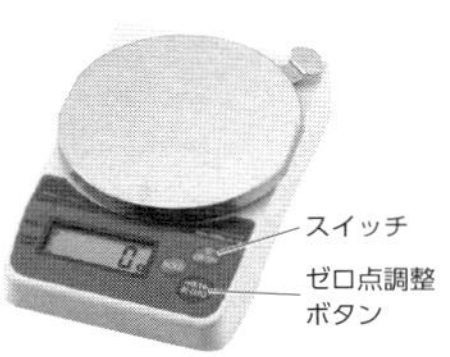
スイッチ
ゼロ点調整ボタン

(1) 水平な台の上に置いて、スイッチを入れる。
(2) ゼロ点調整ボタンをおして、表示《ひょうじ》を「(④ **0**)」にする。
(3) 重さを調べるものをのせて、表示を読む。
★ 決められた重さよりも(⑤ **重い**)とわかっているものはのせない。

▶上皿てんびんの使い方(左ききの人は、右を左に、左を右に読みかえて使う)

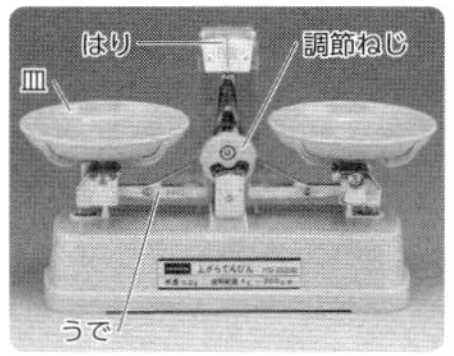
はり
調節ねじ
皿
うで

★ ものをのせていないときにつりあっていない場合は、(⑥ **調節ねじ**)を回してつりあうようにする。
(1) 上皿てんびんを(⑦ **水平**)な台に置いて、重さを調べたいものを左の皿にのせる。
(2) いちばん重い(⑧ **分銅**)を右の皿にのせ、重すぎたら、次の重さの(⑧)にのせかえる。
(3) (⑧)の方が軽くなったら、次の重さの(⑧)を加える。
(4) はりが左右に等しくふれるようになってつりあったら、のせた(⑧)の重さを合計する。

ここがだいじ！
①ものが水にとけてとうめいになった液を水よう液という。
②食塩やミョウバンを水にとかす前後で、全体の重さは変わらない。

ぴたトリビア　水にとけると、とけたものは目に見えないほど小さくなっています。なくなったのではなく水の中にあるので、とけたものの重さもなくなりません。

教科書 150~155、196ページ　答え 29ページ

1 水に食塩をとかして、とかす前後の全体の重さをはかって、比《くら》べました。

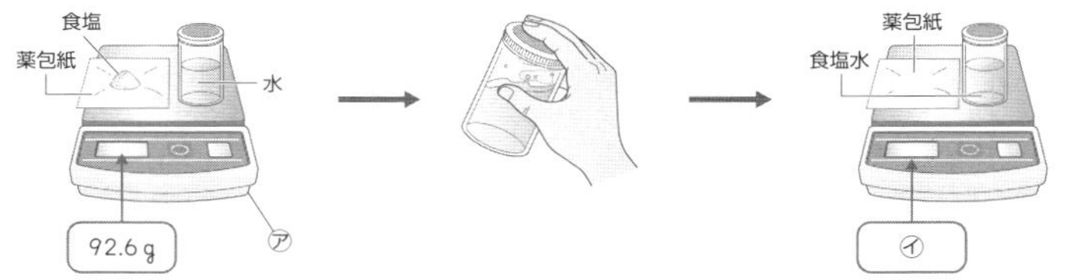
とかす前の全体の重さをはかる。
食塩
薬包紙
水
92.6g
ア
食塩を水に入れてよくふる。
とかしたあとの全体の重さをはかる。
薬包紙
食塩水
イ

(1) ものの重さをはかるために使った図の器具㋐の名前をかきましょう。
(**電子てんびん**)
(2) 食塩を水にとかしたあとの全体の重さ㋑は何gですか。
(**92.6g**)
(3) 食塩を水にとかしたあとの全体の重さが、(2)のようになるのはなぜですか。正しいものに○をつけましょう。
①(　)食塩が水にぬれるから。
②(　)食塩がなくなるから。
③(○)食塩は目に見えなくなっても水よう液の中に全部あるから。

2 右ききの人が、図のような器具を使って、ミョウバンの重さを調べます。

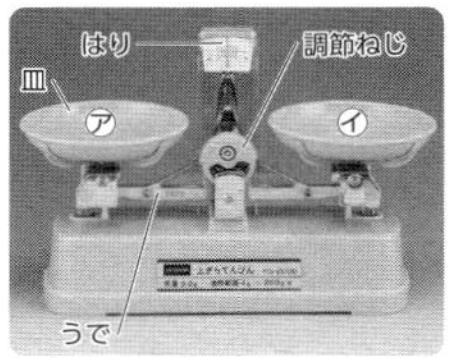
はり
調節ねじ
皿
ア
イ
うで

(1) 図の器具の名前をかきましょう。
(**上皿てんびん**)
(2) ミョウバンは、図の器具の㋐、㋑のどちらの皿にのせますか。
(㋐)
(3) ミョウバンを皿にのせたあと、分銅《ふんどう》はいちばん重いものといちばん軽いもののどちらをのせますか。
(**いちばん重いもの**)
(4) 図の器具がつりあうのはどのようなときですか。正しいほうに○をつけましょう。
①(　)はりが動かなくなったとき。
②(○)はりが左右に等しくふれているとき。

おうちのかたへ　8. もののとけ方
ものが水に溶けるときの規則性について学習します。水溶液とは何か、水の量や温度を変えたときに溶ける量がどのように変化するか、水に溶けたものを取り出すにはどうすればよいか、といったことを理解しているかがポイントです。

57ページ　てびき

1 (2)できた食塩水の重さは、水と食塩の全体の重さと同じになります。
(3)水にとけた食塩は目に見えなくなりますが、なくなったのではなく、水《すい》よう液《えき》の中にあります。

2 (2)右ききの人は、重さを調べたいものを左の皿にのせます。
(3)右の皿には、はじめにいちばん重い分銅《ふんどう》をのせ、重すぎたときには、次に重い分銅にのせかえます。分銅のほうが軽くなったら、次の重さの分銅を加えます。
(4)上皿てんびんは、はりが左右に等しくふれたときにつりあったといえます。はりの動きが止まる必要はありません。

おうちのかたへ
ものが水に溶けるとその分だけ水溶液は重くなること、ものが水に溶けてもなくなるわけではない、という考え方は6年生で学習する「水溶液の性質」への理解へつながります。

ぴったり1 準備

8. もののとけ方
②ものが水にとける量(1)

ものが水にとける量には限度があるのかを確にんしよう。

教科書 156〜158、197ページ　答え 30ページ

次の(　)にあてはまる言葉をかくか、あてはまるものを○で囲《かこ》もう。

1 食塩やミョウバンが水にとける量には、限度《げんど》があるのだろうか。 教科書 156〜158、197ページ

▶メスシリンダーの使い方

▶水面の(①**へこんだ**)部分を、はかり取る水の量の目もりに合わせる。

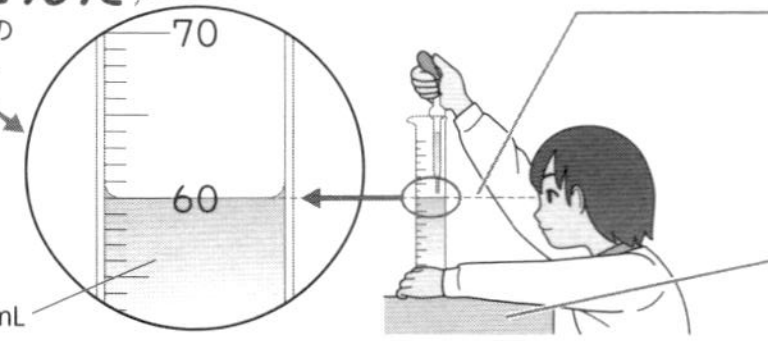

▶目もりは、(②　**真横**　)から見る。

▶メスシリンダーは、(③　**水平**　)な台の上に置いて使う。

▶食塩やミョウバンが水にとける量を調べる。
- メスシリンダーで50 mLの水をはかり取ってビーカーに入れ、食塩を小さじ1ぱい分ずつ入れてかき混《ま》ぜ、食塩がとける量と、そのときの液《えき》の温度を調べる。
- 食塩と同じようにして、ミョウバンが50 mLの水にとける量と、そのときの液の温度を調べる。

結果(例)

[食塩]

50 mLの水にとけた食塩の量	そのときの温度
小さじ3ばい	15℃

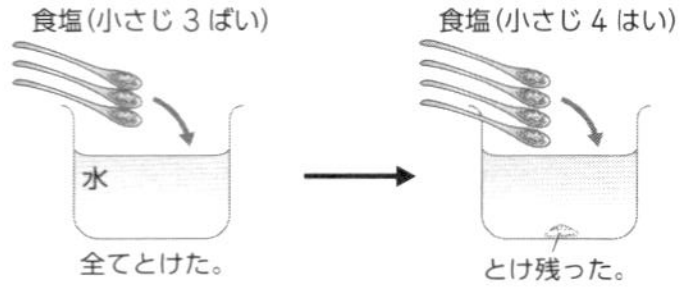

[ミョウバン]

50 mLの水にとけたミョウバンの量	そのときの温度
小さじ1ぱい	15℃

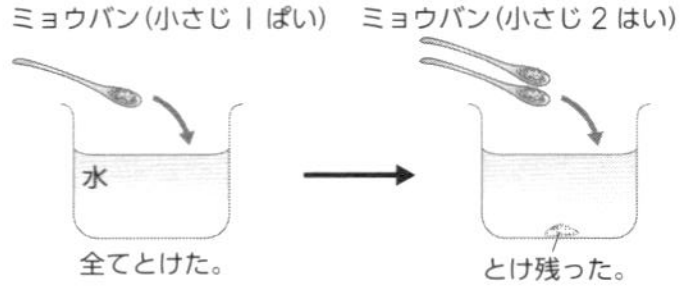

▶食塩やミョウバンが水にとける量には、限度が(④(ある)・ ない)。

▶水にとける限度は、食塩とミョウバンで(⑤ 同じ ・(ちがう))。

ここがだいじ！
①メスシリンダーを使うと、必要な液体の体積を調べることができる。
②食塩やミョウバンが水にとける量には、限度があり、食塩とミョウバンでちがう。

ぴたトリビア　水の量が半分になると、水にとけるものの量も半分になります。

ぴったり2 練習

8. もののとけ方
②ものが水にとける量(1)

教科書 156〜158、197ページ　答え 30ページ

1 図のような器具を使って、40 mLの水をはかり取ります。

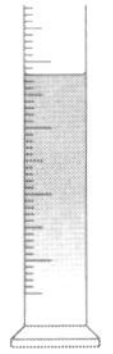

(1) 図の器具の名前をかきましょう。

(**メスシリンダー**)

(2) 図の器具の使い方として、正しいものに○をつけましょう。

①(　)目もりはななめ上から見る。

②(○)目もりは真横から見る。

③(　)目もりはななめ下から見る。

(3) 40 mLの水をはかり取ったときの様子はどれですか。図の㋐〜㋒から選びましょう。

(㋒)

2 温度が15℃の水50 mLに食塩を小さじ1ぱい分ずつ入れて、かき混《ま》ぜることをくり返しました。

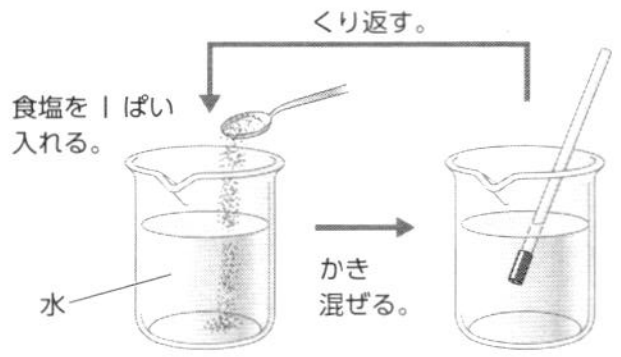

(1) 食塩を小さじ3ばい入れると全てとけましたが、小さじ4はい入れたとき、とけ残りました。食塩が水にとける量には限度《げんど》があるといえますか。

(**限度があるといえる。**)

(2) 食塩をミョウバンに変えて、同じように温度が15℃の水50 mLに、小さじ1ぱい分ずつ入れてかき混ぜることをくり返していくと、どうなりますか。正しいものに○をつけましょう。

①(　)ミョウバンを何ばい入れても、全て水にとける。

②(○)ある量でミョウバンは水にとけきれなくなるが、その量は食塩とちがう。

③(　)ある量でミョウバンは水にとけきれなくなるが、その量は食塩と同じ。

59ページ　てびき

❶ (1)メスシリンダーは、必要な液体《えきたい》の体積を正確《せいかく》にはかり取るときに使います。

(2)(3)メスシリンダーを使って、40 mLの水をはかり取るには、まず、40の目もりよりも少し下の位置まで水を入れます。そして、メスシリンダーを真横から見ながら、水面のへこんだ部分の目もりが40になるまで水を入れます。

❷ (1)食塩は、小さじ3ばいを入れたときは、全てとけましたが、小さじ4はいを入れたときは、とけ残りがありました。よって、決まった量の水にとける食塩の量には、限度《げんど》があるといえます。

(2)決まった量の水にとけるミョウバンの量にも、限度がありますが、その量は、食塩とミョウバンでちがいます。

おうちのかたへ
小さじで食塩やミョウバンをはかり取るときにすり切るのは、一度にとかす量を正確にするためです。

ぴったり1 準備

8. もののとけ方
②ものが水にとける量(2)

食塩やミョウバンを水にたくさんとかす方法を確にんしよう。

教科書 158～163ページ　答え 31ページ

次の(　)にあてはまる言葉をかくか、あてはまるものを○で囲《かこ》もう。

1 食塩やミョウバンを水にたくさんとかすには、どうすればよいのだろうか。 教科書 158～163ページ

▶水の量を増《ふ》やして、食塩とミョウバンのとける量を調べる。
・水の量が50 mLのときと100 mLのときで、食塩やミョウバンをとけ残りが出るまで水にとかし、とける量を調べる。

変える条件《じょうけん》		同じにする条件
水の量	50 mL	水の(① 温度)
	100 mL	

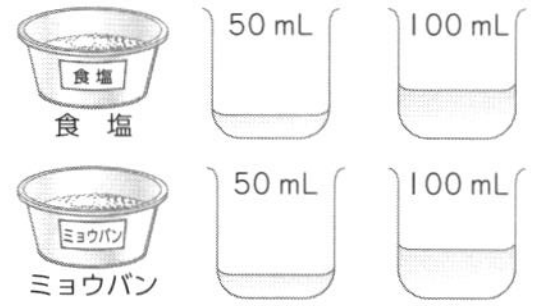

結果(例)

水の量	とけた食塩の量	液《えき》の温度
50 mL	小さじ3ばい	15℃
100 mL	小さじ6ぱい	15℃

水の量	とけたミョウバンの量	液の温度
50mL	小さじ1ぱい	15℃
100 mL	小さじ2はい	15℃

▶水の量を増やすと、食塩とミョウバンをたくさんとかすことが(②（できる）・ できない)。
▶水の温度を上げて、食塩とミョウバンのとける量を調べる。
・水の温度を上げないときと上げるときで、食塩やミョウバンをとけ残りが出るまで水にとかし、とける量を調べる。

変える条件		同じにする条件
水の温度	上げない	水の(③ 量)
	上げる	

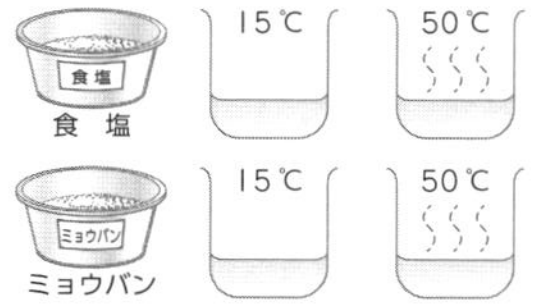

結果(例)

水の温度	とけた食塩の量	液の温度
上げない	小さじ3ばい	15℃
上げる	小さじ3ばい	50℃

水の温度	とけたミョウバンの量	液の温度
上げない	小さじ1ぱい	15℃
上げる	小さじ3ばい	50℃

▶水の温度を上げても、食塩が水にとける量は(④ 変わる ・（ほとんど変わらない）)。
▶水の温度を上げると、ミョウバンが水にとける量は(⑤（変わる）・ ほとんど変わらない)。
▶ものが水にとける量は、とかすものによって変わり方が(⑥ 同じ ・（ちがう）)。

ここがだいじ!
①水にたくさんの食塩をとかすには、水の量を増やせばよい。
②水にたくさんのミョウバンをとかすには、水の量を増やしたり、水の温度を上げたりすればよい。

ぴたトリビア　水にとける量だけでなく、水以外の液体《えきたい》にとける量と温度の関係も、ものによってちがいます。

ぴったり2 練習

8. もののとけ方
②ものが水にとける量(2)

教科書 158～163ページ　答え 31ページ

1 水の量による、食塩とミョウバンがとける量を調べる実験をしました。

水の量	とけた食塩の量	とけたミョウバンの量
50 mL	小さじ3ばい	小さじ1ぱい
100 mL	小さじ(㋐)	小さじ2はい

(1) この実験を行うとき、かならず同じにする条件《じょうけん》は何ですか。正しいものに○をつけましょう。
ア(　)水の量
イ(○)水の温度
ウ(　)水に食塩やミョウバンを入れる人

(2) 表の㋐にあてはまる言葉は何ですか。正しいものに○をつけましょう。
ア(　)1ぱい　イ(　)2はい
ウ(　)3ばい　エ(○)6ぱい

(3) 水の量ととけるものの間には、どのような関係がありますか。正しいものに○をつけましょう。
ア(○)水の量が2倍になると、とけるものの量も2倍になる。
イ(　)水の量が2倍になると、とけるものの量は$\frac{1}{2}$になる。
ウ(　)水の量が$\frac{1}{2}$になると、とけるものの量は2倍になる。
エ(　)水の量が3倍になると、とけるものの量は6倍になる。

2 水の温度による、食塩とミョウバンがとける量の変わり方を調べ、表にまとめました。

水の温度	とけた食塩の量	とけたミョウバンの量
15℃	小さじ3ばい	小さじ1ぱい
50℃	小さじ(㋐)ぱい	小さじ3ばい

(1) この実験を行うとき、かならず同じにする条件は何ですか。正しいものに○をつけましょう。
ア(○)水の量
イ(　)水の温度
ウ(　)水に食塩やミョウバンを入れる人

(2) 表の㋐にあてはまる数を答えましょう。　(3)

(3) 水の温度を上げることで、たくさんとかすことができるのは、食塩とミョウバンのどちらですか。　(ミョウバン)

61ページ てびき

1 (1)水の量を変えて食塩とミョウバンがとける量を調べるので、水の温度など、水の量以外の条件《じょうけん》は同じにします。
(2)(3)水の量が100 mLのときにとけたミョウバンの量は、水の量が50 mLのときにとけたミョウバンの量の2倍となっていることから、水の量を2倍にするとものがとける量も2倍になることがわかります。よって、100 mLの水にとけた食塩の量は、50 mLの水にとけた食塩の量の2倍になるので、小さじ6ぱいとなります。

2 (2)食塩は水の温度によってとける量はほとんど変わらないので、㋐には3があてはまります。
(3)ミョウバンは温度によってとける量が変わり、水の温度を上げることで、水にたくさんとかすことができます。

おうちのかたへ
水の量や温度を変えたときの、ものが水にとける量の変化は、小学校ではグラフに表しません。これらの関係性については、中学校で学習します。

ぴったり1 準備

8. もののとけ方
③とけているものが出てくるとき

62ページ

水よう液にとけているものを取り出す方法を確にんしよう。

教科書 164〜171、197ページ　答え 32ページ

次の(　)にあてはまる言葉をかくか、あてはまるものを○で囲《かこ》もう。

1 水《すい》よう液《えき》にとけている食塩やミョウバンは、どうすると出てくるのだろうか。　教科書 164〜171、197ページ

▶ろ過《か》の仕方

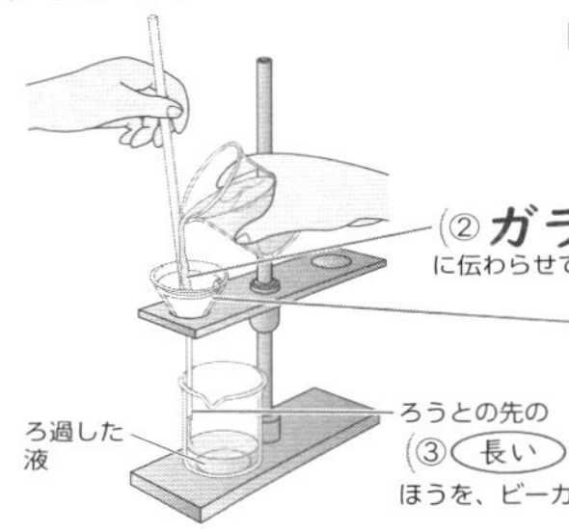

ろ過した液

▶液をろ過すると、とけ残ったつぶや出てきたつぶと、(①**水よう液**)とを分けることができる。

(②**ガラスぼう**)に伝わらせて注ぐ。

ろうとの先の(③(長い)・短い)ほうを、ビーカーのかべにつける。

ろ紙を(④**水**)でぬらして、ろうとにつける。

▶温度を下げて、とけているものが出てくるかを調べる。
・ミョウバンの水よう液を冷やして、とけているものが出てくるかどうかを調べる。

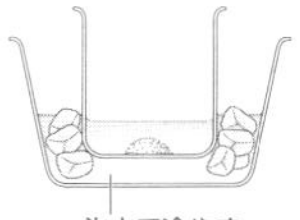

氷水で冷やす。

▶水よう液の温度を下げると、ミョウバンのつぶが(⑤(出てくる)・出てこない)。

▶水の量を減らして、とけているものが出てくるかを調べる。
・食塩やミョウバンの水よう液から水を蒸発《じょうはつ》させて、とけているものが出てくるかどうかを調べる。

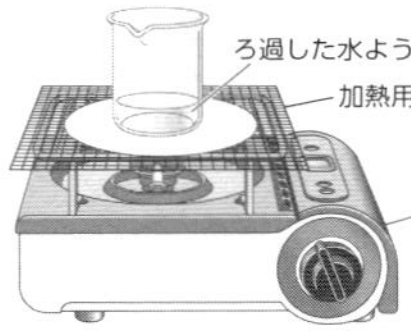

ろ過した水よう液
加熱用金あみ
実験用ガスコンロ

▶水よう液にとけている食塩やミョウバンは、水よう液から水の量を減らすと(⑥(出てくる)・出てこない)。

ここがだいじ!
①水よう液にとけているミョウバンは、水よう液の温度を下げたり、水の量を減らしたりすると出てくる。
②水よう液にとけている食塩は、水よう液から水の量を減らすと出てくる。

ぴたトリビア　食塩やミョウバンの水よう液から水を蒸発させると出てくる、規則《きそく》正しい形をした固体を「けっしょう」といいます。

ぴったり2 練習

8. もののとけ方
③とけているものが出てくるとき

63ページ

教科書 164〜171、197ページ　答え 32ページ

1 とけ残りのあるミョウバンの水《すい》よう液《えき》をろ過《か》します。

(1) ろ過の仕方として正しいものに○をつけましょう。

ア(　)　イ(○)　ウ(　)

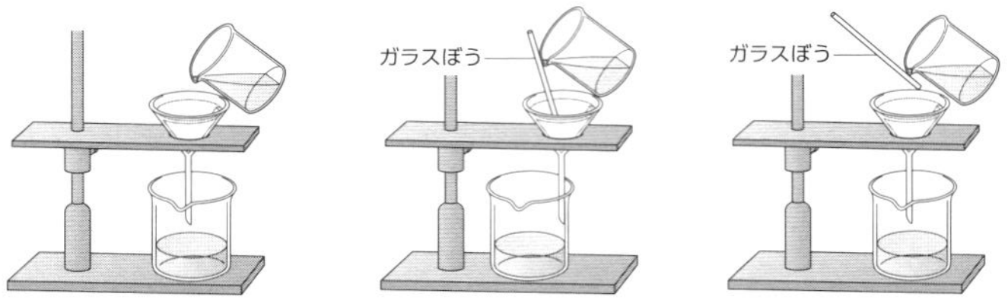

ガラスぼう
ガラスぼう

(2) ろ過した液には、ミョウバンのつぶが見えますか、見えませんか。
(**見えない。**)

(3) ろ過した液は、ミョウバンの水よう液といえますか、いえませんか。
(**いえる。**)

(4) ろ過したあとのろ紙には、ミョウバンのつぶがありますか、ありませんか。
(**ある。**)

2 ミョウバンの水よう液と食塩水から、それぞれとけているものを取り出します。

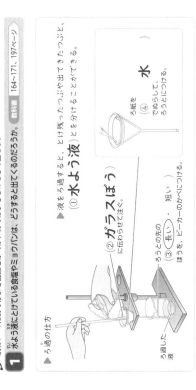

ミョウバンの水よう液
食塩水

(1) ミョウバンの水よう液を氷水で冷やすと、水よう液からミョウバンのつぶは出てきますか。
(**出てくる。**)

(2) ミョウバンの水よう液と食塩水から、とけているミョウバンと食塩を取り出す方法として正しいものに○をつけましょう。

ア(　)水よう液をかき混《ま》ぜる。
イ(　)水よう液に、水を加える。
ウ(○)水よう液から、水を蒸発《じょうはつ》させる。

63ページ　てびき

1 (1)ろ過《か》は、ろ紙につけたガラスぼうに伝わらせて液《えき》を注ぎます。また、ろうとの先の長いほうを、ビーカーのかべにつけます。

(2)(3)ろ過した液は、ミョウバンの水《すい》よう液《えき》です。水にとけているミョウバンのつぶは、目で見ることはできません。

(4)ろ過したあとのろ紙には、とけ残ったミョウバンのつぶがあります。

2 (1)ミョウバンは温度によってとける量が変わるので、ミョウバンの水よう液の温度を下げるとつぶがでてきます。

(2)ミョウバンの水よう液も食塩水も、水よう液を熱するなどして水を蒸発《じょうはつ》させると、とけていた固体のつぶを取り出すことができます。

おうちのかたへ
小学校では「結晶」「再結晶」といった用語は扱っていません。これらの用語は中学校で学習します。水溶液を冷やしたり、水を蒸発させたりして出てきたものは「つぶ」と書いています。

64ページ

100
合格 70 点

教科書 150~173、197ページ　答え 33ページ

1 メスシリンダーを使って、水をはかり取ります。

1つ8点(24点)

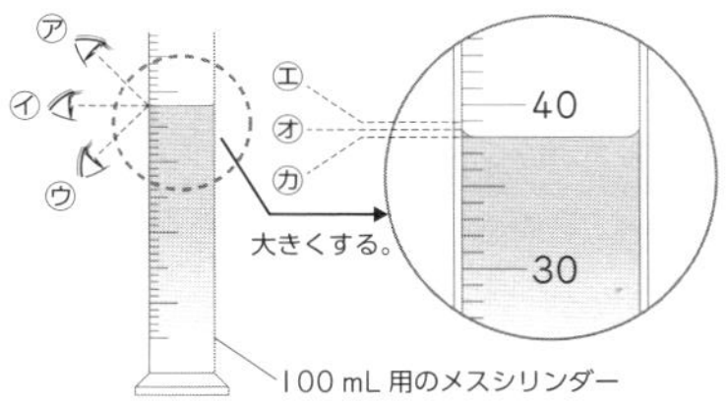
ア
イ
ウ
エ
オ
カ
40
30
大きくする。
100 mL 用のメスシリンダー

(1) 目もりを読むとき、目の位置として正しいのは、図のア~ウのどこですか。

(イ)

(2) 図のエ~カの、どの目もりを読めばよいですか。

(カ)

(3) 図では、水を何 mL はかり取っていますか。

(38mL)

よく出る

2 水 50 mL に、重さを変えて食塩を入れ、かき混《ま》ぜます。

1つ6点(24点)

ア 食塩 10 g
イ 食塩 15 g
ウ 食塩 20 g
50 mL
50 mL

(1) ア~ウのうち、1つだけ食塩がとけ残りました。それはどれですか。記号で答えましょう。

(ウ)

(2) 水に食塩がとけた液《えき》は、食塩水以外に何といいますか。(　)にあてはまる言葉をかき入れましょう。

食塩の(水よう液)

(3) 水に食塩が全てとけた液の様子として、正しいものに○をつけましょう。

ア(　)食塩のつぶが底にたまっている液である。
イ(○)色がついていない、とうめいな液である。
ウ(　)色がついていて、とうめいではない液である。

(4) 水にとかした食塩は目に見えなくなりました。水にとかした食塩は、食塩水の中に全部ありますか、ありませんか。

(ある。)

65ページ

学習

3 とけ残りのあるミョウバンの水《すい》よう液《えき》をろ過《か》しました。

1つ8点、(3)は全部できて8点(24点)

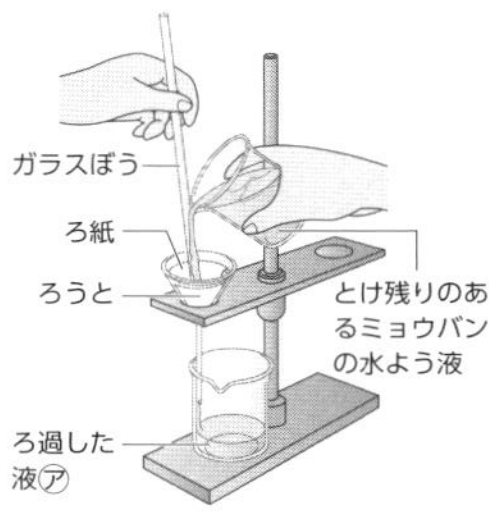
ガラスぼう
ろ紙
ろうと
とけ残りのあるミョウバンの水よう液
ろ過した液ア

(1) ろ紙をろうとにつけるために、ろ紙をろうとに入れたあと、どのようにしますか。正しいものに○をつけましょう。

ア(　)ろ紙を入れたろうとをふる。
イ(○)ろ紙を水でぬらす。
ウ(　)ろ紙を入れたろうとを加熱器具で熱する。

(2) ろ過した液アについて正しいものに○をつけましょう。

ア(　)目に見えるミョウバンのつぶが、底にしずんでいる。
イ(　)目に見えるミョウバンのつぶが、水の中で均一《きんいつ》に広がっている。
ウ(○)目に見えないが、ミョウバンがふくまれている。

(3) ろ過した液アからミョウバンを取り出せるものすべてに○をつけましょう。

ア(○)液から水を蒸発《じょうはつ》させる。
イ(○)液を、氷水で冷やす。
ウ(　)液を、湯であたためる。
エ(　)液に、水を入れる。

できたらスゴイ!

4 水の温度を変えて、食塩やミョウバンを小さじで1ぱいずつ水にとかしていき、水にどれだけとけるかを調べたところ、表のようになりました。

1つ7点(28点)

水 50 mL にとける量

水の温度(℃) / とかすもの	15℃	50℃
食塩	小さじ3ばい	小さじ3ばい
ミョウバン	小さじ1ぱい	小さじ3ばい

(1) 水の温度とものがとける量について、正しいものに○をつけましょう。

①(　)どんなものでも、水の温度を上げると、とける量も多くなる。
②(　)どんなものでも、水の温度を上げても、とける量は変わらない。
③(○)水の温度を変化させたとき、とける量の変化の仕方は、とかすものによってちがう。

(2) 50℃の水にとけるだけとかしてつくったミョウバンの水よう液を氷水で冷やしたとき、ミョウバンのつぶは出てきますか、出てきませんか。

(出てくる。)

(3) 15℃の水 100 mL には、食塩は何ばいまでとけると考えられますか。 思考・表現

(6ぱい)

(4) 50℃の水 100 mL には、ミョウバンは何ばいまでとけると考えられますか。 思考・表現

(6ぱい)

ふりかえり
2の問題がわからないときは、56ページの1と58ページの1にもどって確《たし》にんしましょう。
4の問題がわからないときは、60ページの1にもどって確にんしましょう。

64~65ページ てびき

1 (1)(2)メスシリンダーの目もりは、真横から見て、水面のへこんだ部分の目もりを読みます。
(3)1目もりは1mLを表していて、水面のへこんだ部分の目もりは40の目もりの2目もり下にあるので、水の量は、40−2=38 mLです。

2 (1)同じ量の水にとける食塩の量には限度《げんど》があるので、とけ残ったものが1つだけだとすると、食塩の量がいちばん多いウとわかります。
(3)水《すい》よう液《えき》はとうめいですが、コーヒーシュガーの水よう液のように、とうめいでも、色がついているものもあります。

3 (3)水を蒸発《じょうはつ》させたり、液を冷やしたりすると、ミョウバンを取り出せます。

4 (3)(4)水の量を2倍にすると、水にとけるものの量も2倍になります。

おうちのかたへ
食塩はミョウバンのように、温度を上げても溶ける量はほとんど変わりません。そのため、食塩水の温度を下げても食塩のつぶはほとんど出てきません。

ぴったり1 準備

9. 人のたんじょう

人のたんじょう(1)

66ページ

人の受精卵が育っていく様子を確にんしよう。

3分でまとめ

教科書 177～183ページ　答え 34ページ

次の(　)にあてはまる言葉をかくか、あてはまるものを○で囲《かこ》もう。

1 人の受精卵《じゅせいらん》は、母親の体の中で、どのように育って生まれてくるのだろうか。　教科書 177～183ページ

▶成長した女性《じょせい》の体内では、(①卵(卵子))がつくられ、成長した男性《だんせい》の体内では、(②　精子　)がつくられるようになる。

▶卵《らん》は精子《せいし》と結びつく(受精《じゅせい》する)と、(③ 受精卵)になり、育ち始める。

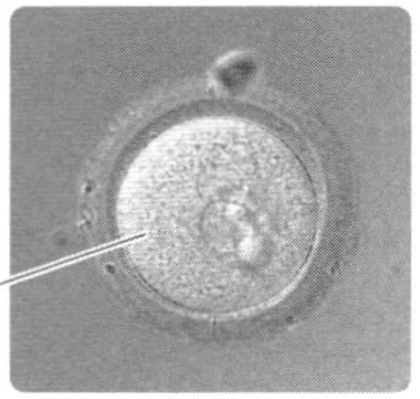

人の卵《らん》(卵子《らんし》)
約(④　0.1cm　・ 0.1mm)
多くの精子が卵を取りまいている。

▶女性の体内にある受精卵が育つところを(⑤　子宮　)という。

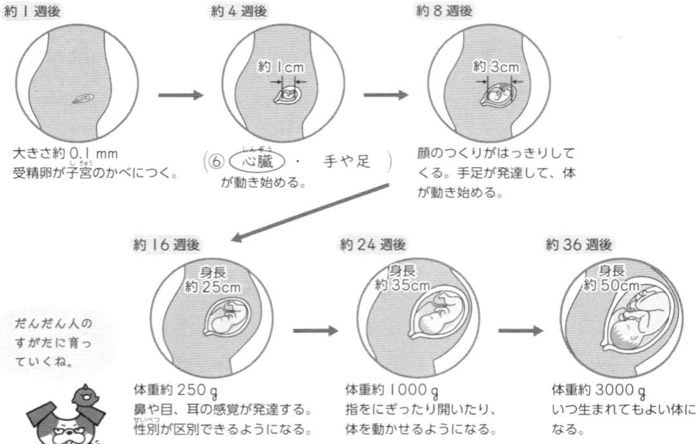

ここがだいじ!
①人は成長すると、女性の体内では卵(卵子)が、男性の体内では精子がつくられる。
②卵が精子と結びつく(受精する)と受精卵になり、育ち始める。

ぴたトリビア　人のように、ある程度《ていど》育った子を生む増やし方を「たい生」といいます。

ぴったり2 練習

9. 人のたんじょう

人のたんじょう(1)

67ページ

教科書 177～183ページ　答え 34ページ

1 次の写真は、人の卵《らん》(卵子《らんし》)の様子です。

(1) 人の卵の実際《じっさい》の大きさはおよそどれくらいですか。正しいものに○をつけましょう。

①(　)約1cm　②(　)約1mm　③(○)約0.1mm

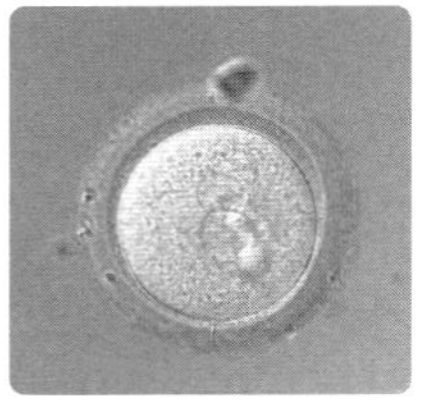

(2) 写真で、卵のまわりにたくさん見られるものは、男性《だんせい》の体内でつくられるものです。卵のまわりにたくさん見られるものは何ですか。

(　精子　)

(3) (2)のものと結びついた卵を何といいますか。

(受精卵)

2 次の㋐～㋓の図は、人の受精卵《じゅせいらん》が母親の体内で育っていく様子を表しています。

㋐(1)　㋑(4)　㋒(2)　㋓(3)

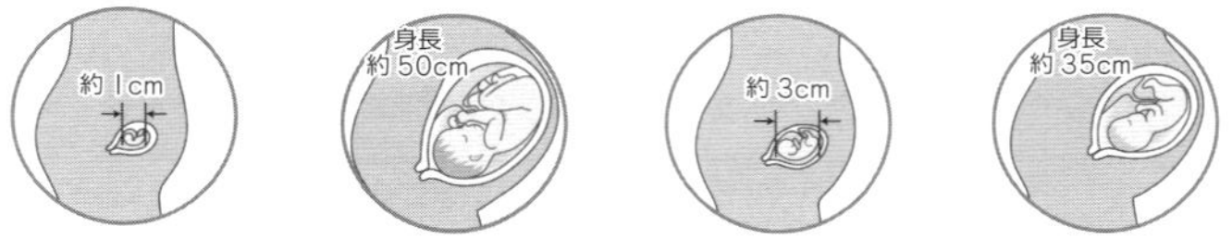

(1) 受精卵は、女性《じょせい》の体内のどこで育ちますか。

(　子宮　)

(2) 受精卵が育っていく順に、図の(　)に1～4の番号をつけましょう。

(3) 次の①～④は、㋐～㋓を説明しています。どの図を説明したものですか。㋐～㋓の記号をかきましょう。

①(㋑)いつ生まれてもよい体になる。
②(㋐)心臓《しんぞう》が動き始める。
③(㋓)指をにぎったり開いたり、体を動かせるようになる。
④(㋒)手足が発達して、体が動き始める。

おうちのかたへ　9. 人のたんじょう
動物の発生や成長について学習します。ここでは、人を対象として扱います。人が母親の体内で成長して生まれてくることを理解しているか、などがポイントです。

67ページ　てびき

1 (1)メダカのたまごは直径が1mmくらいありますが、人の卵《らん》はたいへん小さく、直径が約0.1mmです。
(2)卵は女性《じょせい》の体内で、精子《せいし》は男性《だんせい》の体内でつくられます。
(3)卵と精子が結びついた(受精《じゅせい》した)卵を、受精卵《じゅせいらん》といいます。

2 (2)子宮《しきゅう》の中の受精卵は、だんだん大きくなり、人のすがたになっていきます。
(3)㋐は受精して約4週後の様子で、このころ心臓《しんぞう》が動き始めます。㋒は受精してから約8週後の様子で、このころ手足が発達して体が動き始めます。㋓は受精してから約24週後の様子で、このころ指をにぎったり開いたり、体を動かせるようになります。㋑は受精してから約36週後の様子で、このころはいつ生まれてもよい体になっています。

おうちのかたへ
人の受精卵の育ち方を、メダカの受精卵の育ち方と比べて、共通点や相違点を話し合うと理解が深まります。

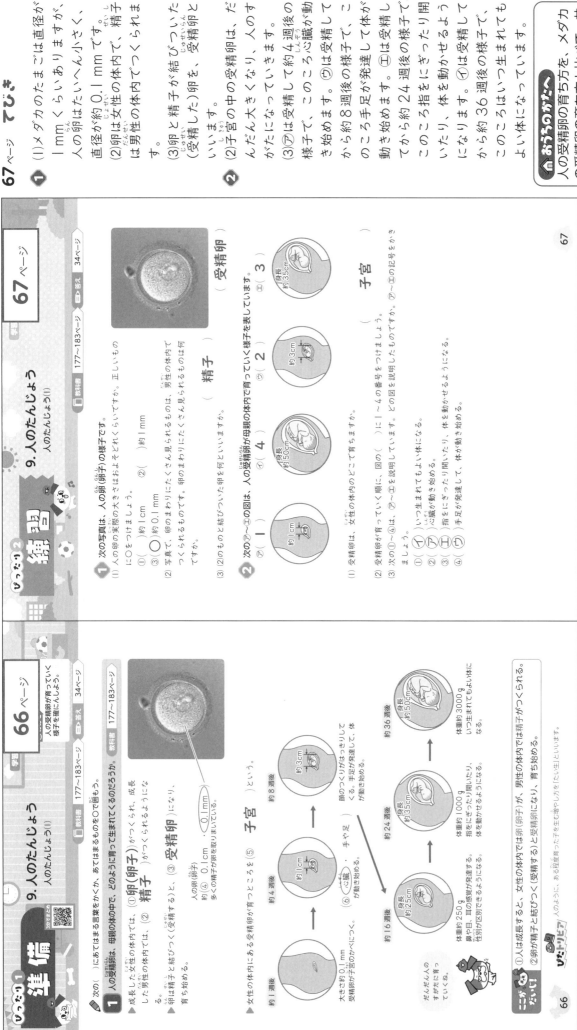

ぴったり1 準備

9. 人のたんじょう
人のたんじょう(2)

68ページ

子宮での人の育ちや、人のたんじょうを確にんしよう。

教科書 184〜186ページ　答え 35ページ

次の(　)にあてはまる言葉をかくか、あてはまるものを〇で囲《かこ》もう。

1 子宮《しきゅう》の中は、どんな様子なのだろうか。
教科書 184〜186ページ

▶受精卵《じゅせいらん》は、母親の体内にある(① 子宮)の中で育つ。

▶子は、(② (たいばん) ・ 羊水《ようすい》)から必要なものを取り入れたり、不要なものを送り出したりしている。

子宮の中の様子

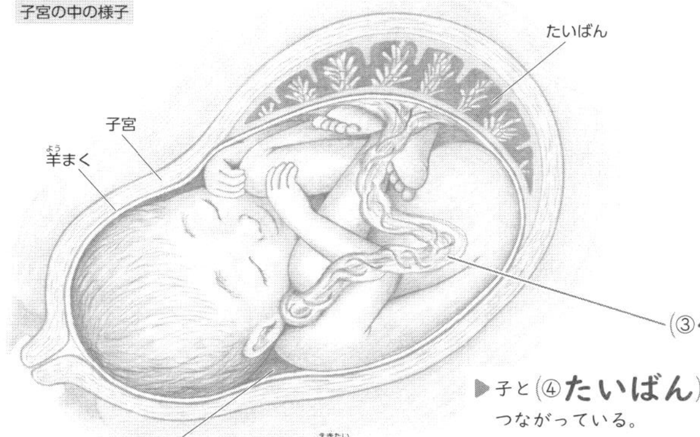

羊水　子宮の中にある液体《えきたい》で、子をしょうげきなどから守っている。

▶子と(④たいばん)は、へそのおでつながっている。

▶へそのおは、子に必要な(⑤ 養分)や不要なものの通り道になっている。

生まれたばかりの人の子

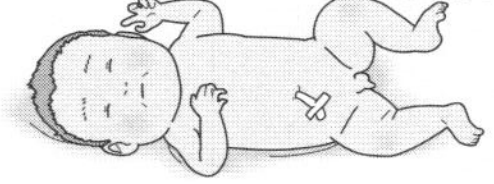

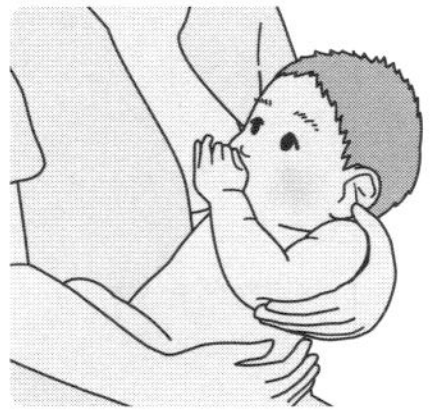

▶人の受精卵は、母親の体内で約(⑥ 28 ・ (38))週かけて育ち、子として生まれてくる。

▶生まれた子は、(⑦ (すぐに) ・ しばらくしてから)自分で息をし、食べ物をとるようになる。

ここがだいじ！
①受精卵は母親の体内で、約 38 週かけて育ち、子として生まれてくる。
②母親の体内で、子はたいばんを通して母親から養分などを取り入れ、不要なものを送り出している。

ぴたトリビア　子が親の体の中にいる期間や、1回の出産で生まれる子の数は動物によってちがいます。

ぴったり2 練習

9. 人のたんじょう
人のたんじょう(2)

69ページ

教科書 184〜186ページ　答え 35ページ

1 次の図は、母親の体内にいる子の様子を表しています。

(1) 子がいるのは、母親の体内の何というところですか。
(子宮)

(2) ㋐〜㋒の部分を、それぞれ何といいますか。[　]から選んでかきましょう。
㋐(たいばん)
㋑(へそのお)
㋒(羊水)

[へそのお　羊水《ようすい》　たいばん]

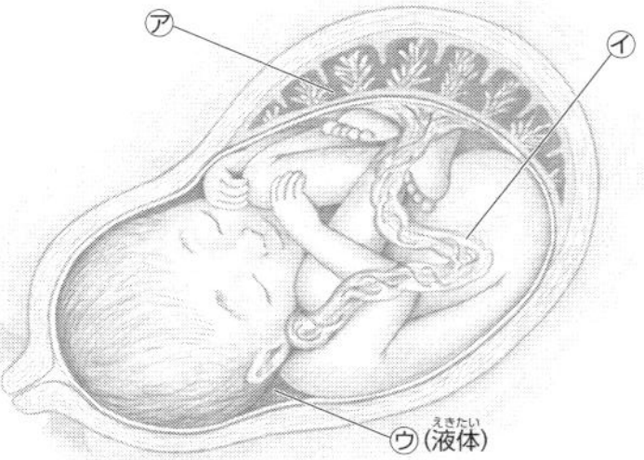

(3) ㋐と㋑はどんなはたらきをしていますか。正しいもの2つに〇をつけましょう。
①(〇)母親からの養分を、㋐から㋑を通して子にわたす。
②(　)母親からの不要なものを、㋐から㋑を通して子にわたす。
③(　)子からの養分を、㋑を通して㋐で母親にわたす。
④(〇)子からの不要なものを、㋑を通して㋐で母親にわたす。

2 次の図は、生まれたばかりの人の子の様子です。

(1) 子どもが母親の体内で育つのは、およそどれくらいの期間ですか。正しいものに〇をつけましょう。
①(　)約 18 週間
②(　)約 28 週間
③(〇)約 38 週間
④(　)約 48 週間

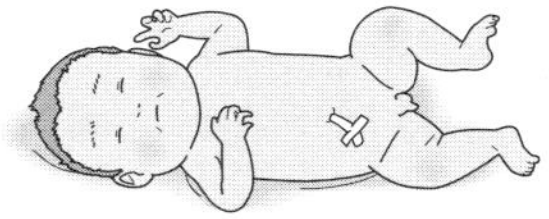

(2) 生まれたばかりの人の子の身長と体重はどれくらいですか。正しいものに〇をつけましょう。
①(　)身長約 20 cm、体重約 1000 g
②(　)身長約 20 cm、体重約 3000 g
③(　)身長約 50 cm、体重約 1000 g
④(〇)身長約 50 cm、体重約 3000 g

69ページ　てびき

❶ (1)人の子は、母親の体内にある子宮《しきゅう》で育ちます。
(2)たいばんは、子宮のかべにあります。たいばんの中には、子のへそのおにつながる管が木の枝《えだ》のように広がっています。
羊水《ようすい》は、子宮の中にある液《えき》体《たい》で、子をしょうげきなどから守るはたらきをしています。
(3)母親は、子宮の中の子に養分をわたし、不要なものを受け取って、子を育てます。このとき、たいばんが母親と子のなかだちをし、たいばんと子をつなぐへそのおの中を、養分や不要なものが通ります。

❷ (1)人の受精卵《じゅせいらん》は、母親の体内でおよそ 38 週間かけて、身長が約 50 cm、体重が約 3000 g まで育ちます。

おうちのかたへ
生まれるまでの期間や、生まれたときの身長や体重は目安であり、人によってちがいがあります。

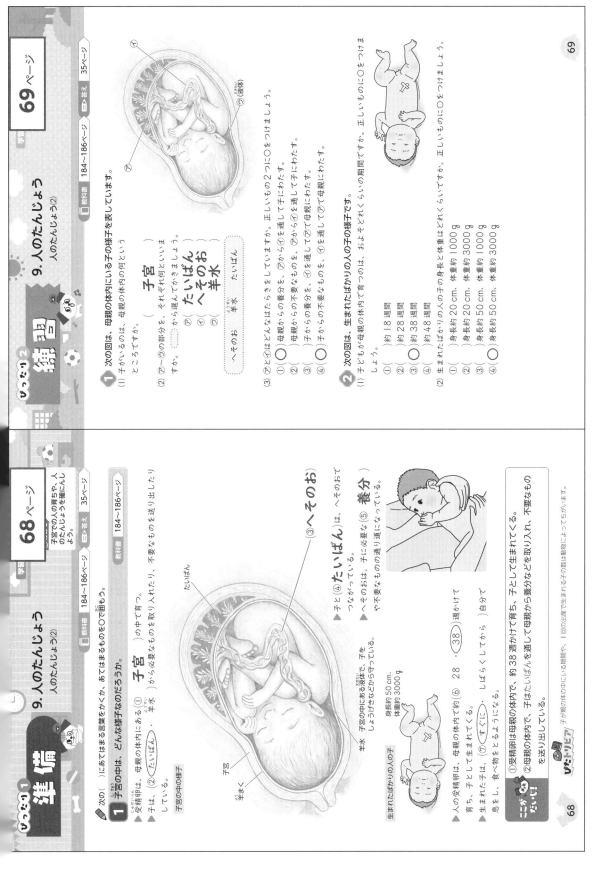

ぴったり3 確かめのテスト。

9. 人のたんじょう

70 ページ

100 合格 70 点

教科書 177～189ページ　答え 36ページ

よく出る

1 次の写真は、人の卵《らん》(卵子《らんし》)と精子《せいし》の様子です。

1つ5点(20点)

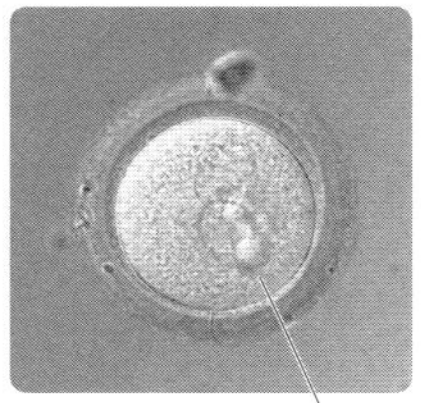

㋐

(1) ㋐は卵、精子のどちらですか。　（ 卵 ）

(2) 精子はどこでつくられますか。正しいほうに○をつけましょう。

①(　)女性《じょせい》の体内　②(○)男性《だんせい》の体内

(3) ㋐の実際《じっさい》の大きさはどれくらいですか。正しいものに○をつけましょう。

①(○)約 0.1 mm

②(　)約 0.1 cm

③(　)約 0.1 m

(4) 次の文の(　)にあてはまる言葉をかきましょう。

精子と結びついた卵を(受精卵)という。

よく出る

2 次の図は、子が母親の体内にいるときの様子を表しています。

1つ5点(25点)

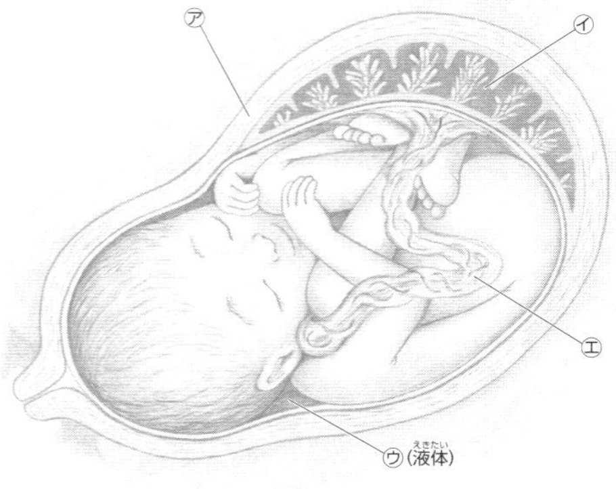

㋐
㋑
㋓
㋒(液体《えきたい》)

(1) ㋐～㋓を、それぞれ何といいますか。

㋐(子宮)

㋑(たいばん)

㋒(羊水)

㋓(へそのお)

(2) 子をしょうげきなどから守るはたらきをしている部分は、㋐～㋓のどれですか。

(㋒)

学習 71 ページ

3 次の図は、母親の体内で子が育つ様子を表しています。

1つ5点(25点)

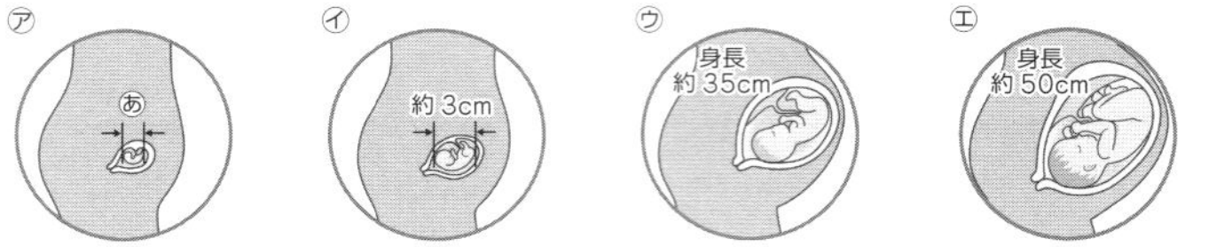

㋐
㋑
㋒
㋓
㋕
約 3cm
身長 約 35cm
身長 約 50cm
受精してから約 4 週後
受精してから約 8 週後
受精してから約 24 週後
受精してから約 36 週後

(1) 受精してから約4週後の子の大きさ㋕はどれくらいですか。正しいものに○をつけましょう。

①(　)約 0.1 mm　②(○)約 1 cm　③(　)約 5 cm

(2) 心臓《しんぞう》が動き始めるのは、㋐～㋓のどのころですか。　(㋐)

(3) 子がたんじょうするのは、受精してから約何週後ですか。正しいものに○をつけましょう。

①(　)約 32 週後

②(○)約 38 週後

③(　)約 50 週後

(4) たんじょうするとき、子の身長と体重はどれくらいになっていますか。正しいものにそれぞれ○をつけましょう。

身長　①(　)30 cm　②(○)50 cm　③(　)70 cm

体重　①(○)3000 g　②(　)6000 g　③(　)10000 g

できたらスゴイ!

4 人のたんじょうについて、次の問いに答えましょう。

1つ10点(30点)

(1) 記述 たいばんのはたらきを、次の〔　〕の言葉をすべて使って説明しましょう。　思考・表現

〔 子宮《しきゅう》の中の子　母親　養分　不要なもの 〕

(**子宮の中の子が必要な養分を母親から取り入れたり、不要なものを送り出したりするはたらき。**)

(2) 次の①～⑤は、人のたんじょうについて説明しています。メダカのたんじょうの場合とちがうもの2つに○をつけましょう。

①(　)受精卵《じゅせいらん》をつくるためには男性(おす)と女性(めす)が必要である。

②(　)受精卵が育って子がたんじょうする。

③(○)受精卵は母親の体内で母親から養分などを取り入れて育つ。

④(○)受精卵が受精してから約 38 週後に子として生まれてくる。

⑤(　)生まれた子が育って、次の世代へと生命をつなげていく。

ふりかえり

❶の問題がわからないときは、66 ページの❶にもどって確《かく》にんしましょう。
❹の問題がわからないときは、66 ページの❶と 68 ページの❶にもどって確にんしましょう。

70～71ページ　てびき

❶ (1)大きいほうが卵《らん》(卵子《らんし》)です。卵と比《くら》べると、精子《せいし》はたいへん小さいです。

❷ (1)子がいるところ(㋐)を子《し》宮《きゅう》、子宮のかべにあるもの(㋑)をたいばん、たいばんと子をつなぐもの(㋓)をへそのお、子宮の中を満たしている液体《えきたい》(㋒)を羊水《ようすい》といいます。

(2)子のまわりに羊水があることで、子は外部からのしょうげきなどから守られています。

❸ (1)受精《じゅせい》する前の卵の大きさは約 0.1 mm で、㋑の子の大きさが約 3 cm なので、その間の約 1 cm だと考えられます。

❹ (1)子宮の中の子が、母親から養分をもらったり、不要なものを送り出したりするとき、たいばんがなかだちをします。子は、へそのおでたいばんとつながっていて、へそのおの中を養分や不要なものが通ります。

おうちのかたへ

子は生まれるとすぐに、自分で呼吸をするようになります。呼吸については6年生で学習します。

ぴったり1 準備

★ 受けつがれる生命

メダカ・アサガオ・人の生命がどのように受けつがれるのか、確にんしよう。

教科書 190〜191ページ　答え 37ページ

次の(　)にあてはまる言葉をかこう。

1 人や他の生き物の生命はどのようにして受けつがれるのだろうか。 教科書 190〜191ページ

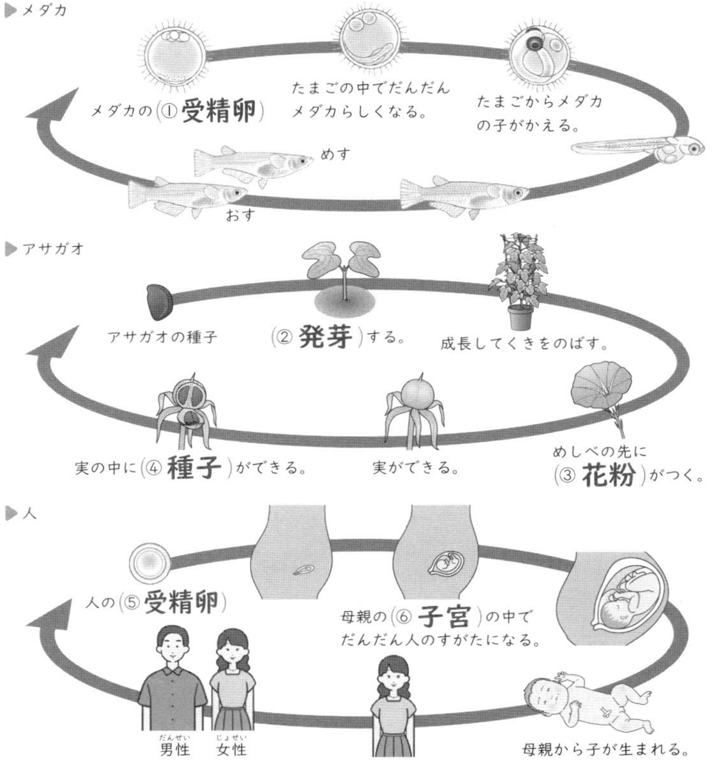
▶メダカ
メダカの(①受精卵)
たまごの中でだんだんメダカらしくなる。
たまごからメダカの子がかえる。
めす
おす
▶アサガオ
アサガオの種子
(②発芽)する。
成長してくきをのばす。
実の中に(④種子)ができる。
実ができる。
めしべの先に(③花粉)がつく。
▶人
人の(⑤受精卵)
母親の(⑥子宮)の中でだんだん人のすがたになる。
男性《だんせい》　女性《じょせい》
母親から子が生まれる。

ここがだいじ！ ①人やメダカなどの動物は、生まれた子が育つことで、アサガオなどの植物は、実の中にできた種子が発芽《はつが》して成長することで、次の世代へと生命をつないでいく。

この本の終わりにある「春のチャレンジテスト」をやってみよう！

この本の終わりにある「学力診断《しんだん》テスト」をやってみよう！

おうちのかたへ　★ 受けつがれる生命

動物の発生や成長、植物の結実についてまとめて復習します。ここでは、魚(メダカ)・アサガオ・人を対象として扱います。人や他の生き物の生命がどのように受け継がれているかを理解しているか、などがポイントです。

72ページ　てびき

1 ○メダカ

受精卵《じゅせいらん》は、めすが産んだたまごとおすが出した精子《せいし》が結びついてできます。受精卵は11日間くらいかけて中の様子がだんだん変化し、メダカの子がかえります。たまごからかえったばかりのメダカの子は、2〜3日間は、はらのふくらみにたくわえられた養分を使って成長します。

○アサガオ

種子が発芽《はつが》したあと、しだいにくきをのばして葉の数が多くなり、やがて花がさきます。そして、めしべの先に花粉《かふん》がつき(受粉《じゅふん》)、めしべのもとが実になり、実の中に種子ができます。

○人

受精卵は、女性《じょせい》の卵《らん》と男性《だんせい》の精子《せいし》が結びついてできます。受精卵は母親の体内で約38週かけて育ち、子として生まれます。

おうちのかたへ

生き物の生命は、長い時間をかけて受け継がれています。生物の成長やふえ方について、中学校で詳しく学習します。

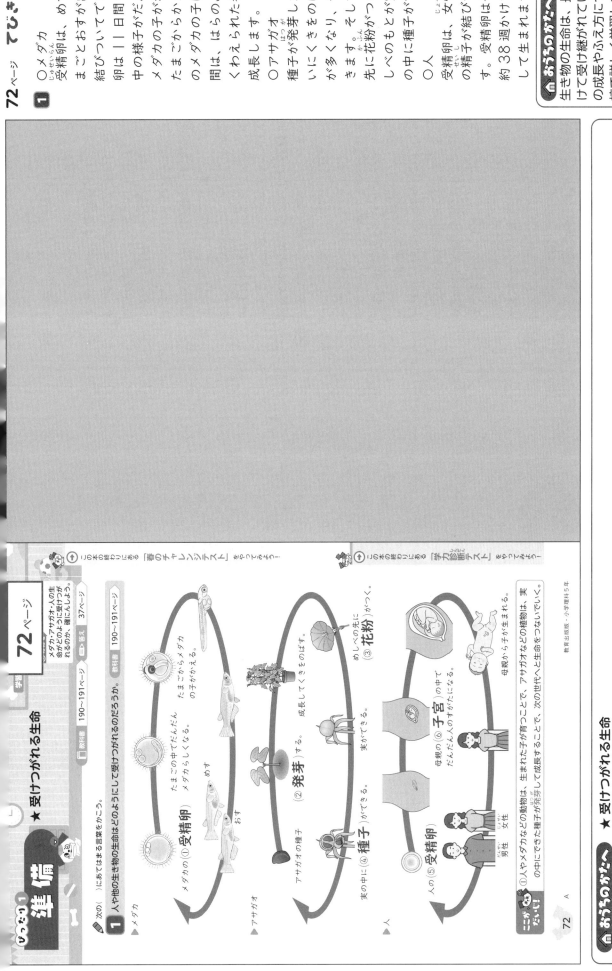

夏のチャレンジテスト

教科書 8~73、193ページ

名前　　　月　　日

時間 40分

知識・技能	思考・判断・表現	合格80点
/60	/40	/100

答え38~39ページ

知識・技能

1 空全体の様子をさつえいしました。

1つ4点(8点)

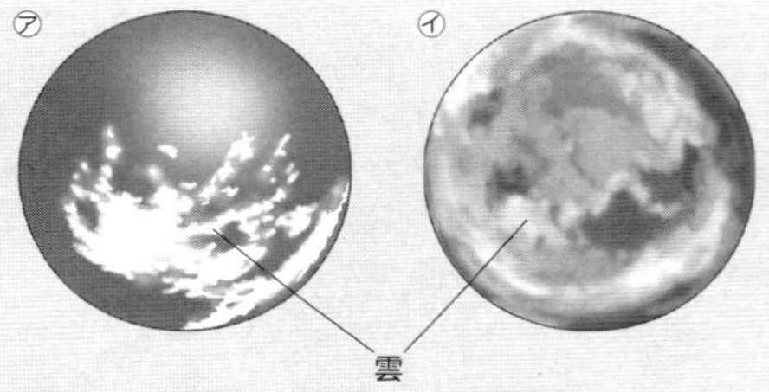

㋐
㋑
雲

(1) ㋐、㋑は、一方は「晴れ」、もう一方は「くもり」のときの雲の様子を表しています。「晴れ」を表しているのはどちらですか。

（ ㋐ ）

(2) 「晴れ」と「くもり」のちがいは、何によって決められていますか。正しいものに○をつけましょう。

①(　)雲の動き　②(　)雲の色
③(　)雲の形　④(○)雲の量

2 インゲンマメの発芽《はつが》前の種子と、発芽後の子葉を調べました。

1つ4点(12点)

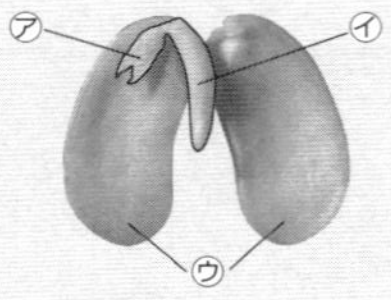

㋐
㋑
㋒

発芽前の種子

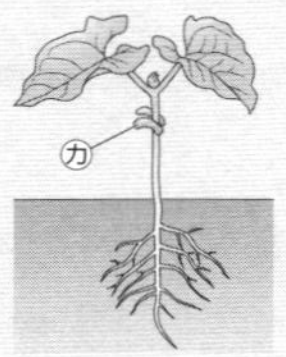

㋕

(1) 発芽後に㋕になるのは、㋐~㋒のどの部分ですか。

（ ㋒ ）

(2) 発芽前の種子と発芽後の㋕の部分を半分に切って、ある液《えき》体《たい》をつけたところ、発芽前の種子はこい青むらさき色になりましたが、㋕は色がほとんど変化しませんでした。

①養分があるかどうかを調べるために使ったこの液体の名前をかきましょう。

（ **ヨウ素液** ）

②発芽前の種子の中には何があることがわかりますか。

（ **でんぷん** ）

3 メダカの受精卵《じゅせいらん》が育ち、メダカの子がかえりました。

1つ4点(20点)

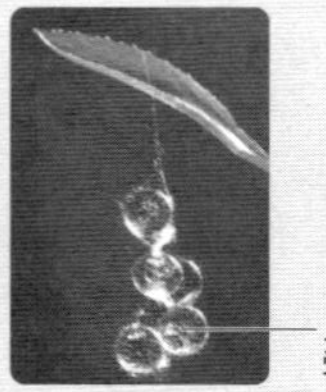

メダカの受精卵

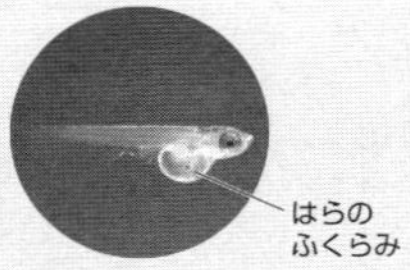

はらのふくらみ

かえったばかりのメダカの子

(1) 受精卵は、めすが産んだたまごと、おすが出した何が結びついてできたものですか。

（ **精子** ）

(2) 次の図のメダカは、めすとおすのどちらですか。

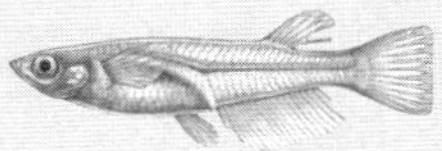

（ **おす** ）

(3) メダカが産んだたまごを、次の図の器具で観察しました。この器具の名前をかきましょう。

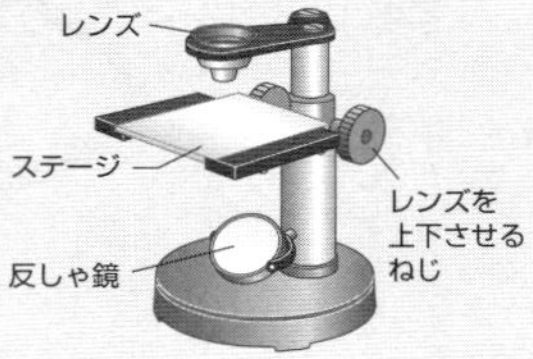

レンズ
ステージ
反しゃ鏡
レンズを上下させるねじ

（ **かいぼうけんび鏡** ）

(4) メダカの子がかえるのは、たまごが受精してどれぐらいたってからですか。正しいものに○をつけましょう。

①(　)約3日
②(　)約7日
③(○)約11日
④(　)約1か月

(5) たまごからかえったばかりのメダカの子のはらには、ふくらみがあります。この中には何が入っていますか。

（ **養分** ）

うらにも問題があります。

夏のチャレンジテスト　おもて　てびき

1 雨がふっていないとき、「晴れ」か「くもり」かは、雲の量で決めます。空全体を10としたとき、雲の量が0~8のときを「晴れ」、雲の量が9~10のときを「くもり」とします。雲の量が0~1のときは、「晴れ」の中でも「快晴《かいせい》」といいます。また、雨がふっているときの天気は「雨」です。

2 (1)㋕は子葉がしぼんだものです。㋐・㋑は根、くき、葉になって成長する部分、㋒は子葉です。

(2)①ヨウ素《そ》液《えき》を使うと、でんぷんという養分があるかどうかを調べることができます。でんぷんにヨウ素液をつけると、黄色からこい青むらさき色に変化します。

②発芽《はつが》前の種子がヨウ素液をつけたときに、こい青むらさき色になったことから、でんぷんがあることがわかります。発芽後の子葉だった部分にヨウ素液をつけたとき、色がほとんど変化しなかったことから、でんぷんがほとんど残っていないことがわかります。このことから、子葉にふくまれるでんぷんは、発芽のための養分として使われたと考えられます。

3 (1)めすが産んだたまごと、おすが出した精子《せいし》とが結びつくことを受《じゅ》精《せい》といいます。たまごは、受精すると育ち始めます。

(2)せびれに切れこみがあり、しりびれの後ろが長いので、おすです。めすは、せびれに切れこみがなく、しりびれの後ろが短くなっています。このように、メダカのめすとおすは、せびれとしりびれから見分けることができます。

(3)かいぼうけんび鏡は、日光が直接《ちょくせつ》当たらないところに置いて使います。かいぼうけんび鏡を使うことで、小さいものを大きく見ることができます。

(4)(5)受精してから約11日後に、メダカの子はかえります。たまごからかえったメダカの子のはらには、ふくらみがあります。このふくらみの中には養分が入っていて、たまごからかえったメダカの子は、2~3日間は、この養分を使って育ちます。

4 メダカのたまごの様子を観察しました。

1つ4点(20点)

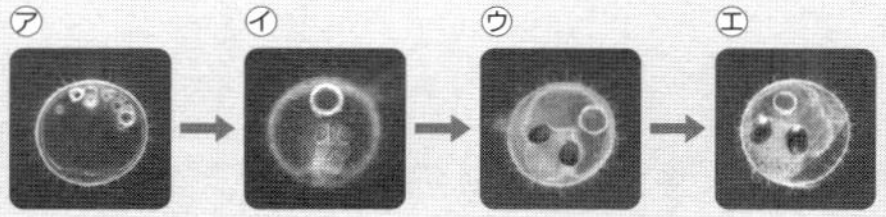

㋐
㋑
㋒
㋓

(1) ①〜④はどのたまごの様子を説明していますか。㋐〜㋓から1つずつ選び、記号をかきましょう。

①目がはっきりしてくる。 (㋒)

②ふくらんだ部分ができてくる。 (㋐)

③体がときどき動く。 (㋓)

④頭が大きくなってくる。 (㋑)

(2) メダカの子がかえるまでの、たまごの中の様子について、正しいほうに○をつけましょう。

①(○)たまごの中の様子がだんだんと変化して、メダカの子がかえる。

②(　　)たまごの中の小さなメダカがだんだん大きくなって、メダカの子がかえる。

思考・判断・表現

5 ふりこの1往復《おうふく》する時間に関係する条件《じょうけん》について調べる実験をしました。

(1)、(2)は4点、(3)は7点(15点)

はん	1ぱん	2はん	3ぱん	4はん
おもりの重さ	10g	20g	10g	10g
ふりこの長さ	50cm	50cm	50cm	100cm
ふればば	15°	15°	30°	15°

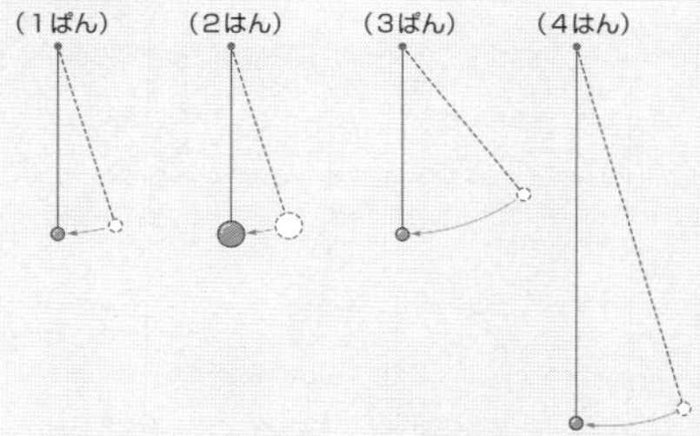

(1ぱん)
(2はん)
(3ぱん)
(4はん)

(1) おもりの重さとふりこの1往復する時間との関係を調べるには、何はんと何はんの結果を比《くら》べるとよいですか。

(1ぱん と 2はん)

(2) 1ぱんから4はんのふりこで、ふりこの1往復する時間がいちばん長いのはどれですか。

(4はん)

(3) 記述 (2)のはんのふりこの1往復する時間を、さらに長くするには、何をどのように変えればよいですか。

(ふりこの長さを長くする。)

6 インゲンマメの種子が発芽する条件を調べました。

(1)、(4)は1つ3点、(2)、(3)は5点(25点)

㋐
水でしめらせただっし綿《めん》
→発芽した。
㋑
かわいただっし綿
→発芽しなかった。
㋒
水
水の中にしずめた。
→発芽しなかった。
㋓
おおいをする。
水でしめらせただっし綿
→発芽した。
㋔
冷ぞう庫の中に置く。
水でしめらせただっし綿
→発芽しなかった。

(1) ①〜③の2つの結果を比べることで、種子の発芽にはそれぞれ何が必要かを調べることができますか。

①㋐と㋑ (水)

②㋐と㋒ (空気)

③㋓と㋔ (適した温度)

(2) 記述 ㋐と㋓の結果から、どんなことがわかりますか。次の文の(　　)にあてはまる文をかきましょう。

㋐と㋓では明るさがちがい、それ以外の条件は同じである。どちらも発芽していることから、発芽には(　　　)ことがわかる。

(明るさ(光)は関係しない(必要ない))

(3) 発芽には肥料《ひりょう》が必要かどうか、話し合いました。正しいほうの意見に○をつけましょう。

①(　　)

肥料をあたえて実験していないから、この実験だけではわからないと思うよ。

②(○)

肥料をあたえていなくても発芽しているから、発芽に肥料は必要ないと思うよ。

(4) 植物がよく成長していくには、発芽に必要な条件のほかに、2つ必要な条件があります。その2つの条件をかきましょう。

(日光)と(肥料)

夏のチャレンジテスト　うら　てびき

4 (1)㋐は受精《じゅせい》して2時間後のたまごの様子で、たまごの一方につぶのようなものがあり、ふくらんだ部分ができてきます(②)。㋑は受精して3日後のたまごの様子で、小さい体のようなものが見えて、頭が大きくなってきています(④)。㋒は受精して5日後のたまごの様子で、目がはっきりしてきます(①)。受精して7日後には、心臓《しんぞう》の動きや血液《けつえき》の流れがわかるようになります。㋓は受精して9日後のたまごの様子で、体がときどき動きます(③)。そして、受精して11日後にはたまごの中でさかんに動くようになり、たまごからメダカの子がかえります。

(2)受精したメダカのたまごは、たまごの中でだんだんと変化して、約11日後にたまごからメダカの子がかえります。

5 (1)おもりの重さだけがちがい、おもりの重さ以外は同じ条件《じょうけん》のふりこを比《くら》べます。ふれはばとふりこの1往復《おうふく》する時間との関係を調べるときは、1ぱんと3はんを比べます。また、ふりこの長さとふりこの1往復する時間との関係を調べるときは、1ぱんと4はんを比べます。

(2)(3)ふりこの1往復する時間は、ふりこの長さによって変わり、おもりの重さやふれはばは、ふりこの1往復する時間に関係しません。ふりこの長さを長くすると、ふりこの1往復する時間は長くなります。1ぱんから4はんの中で、ふりこの長さがいちばん長いのは、4はんなので、4はんのふりこの1往復する時間がいちばん長くなります。

6 (1)2つを比べて、変えている条件を考えます。2つの結果がちがったら、その条件は発芽《はつが》に必要であるとわかります。

(2)㋐も㋓も発芽したので、㋐と㋓で変えている条件は、発芽には関係しないことがわかります。

(3)㋐と㋓は、肥料《ひりょう》をあたえなくても発芽しているので、発芽に肥料は必要ないことがわかります。

(4)植物は、日光に当てるとよく成長します。また、肥料をあたえるとよく成長します。さらに、植物の成長には、発芽に必要な水・適《てき》した温度・空気も必要です。

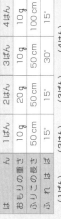

冬のチャレンジテスト

教科書 76〜149、195ページ

名前　　　　　月　　日

時間 40分

知識・技能	思考・判断・表現	合格80点
/60	/40	/100

答え 40〜41ページ

知識・技能

1 ヘチマの花のつくりを調べました。

(1)は1つ2点、(2)、(3)は3点(12点)

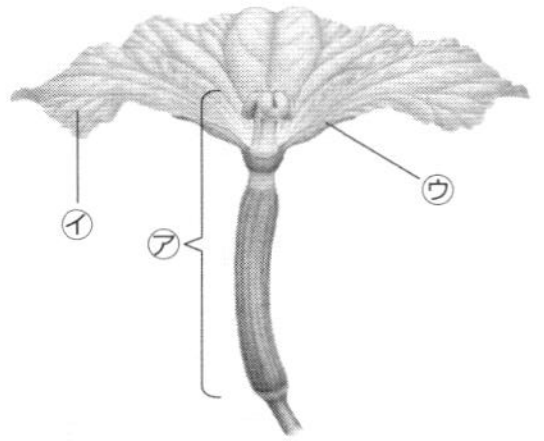

(1) ㋐〜㋒の部分を、それぞれ何といいますか。

㋐(めしべ)
㋑(花びら)
㋒(がく)

(2) ㋐の先の様子について、正しいほうに○をつけましょう。

①(○)しめっている。
②(　　)花粉《かふん》がたくさんある。

(3) この花は、めばな、おばなのどちらですか。

(めばな)

2 次の写真は、ある日の日本付近の雲の様子です。

(1)、(2)、(4)は3点、(3)は4点(13点)

(1) うずをまいたような雲のかたまりは何ですか。

(台風)

(2) この雲のかたまりが発生したのは、日本のどちら側ですか。正しいものに○をつけましょう。

①(　　)東
②(　　)西
③(○)南
④(　　)北

(3) 記述 この雲が近づくと、どのような天気になりますか。

(大雨がふったり、強風がふいたりする。)

(4) (3)のような天気になって、災害《さいがい》が起こることがあります。どのような災害が起こることがあるか、1つかきましょう。

(こうずい、山くずれ、など。)

3 水が流れた地面を観察しました。

(1)は1つ2点、(2)、(3)は1つ3点(15点)

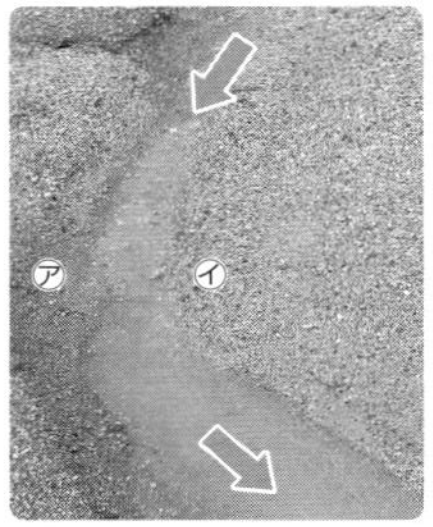

(1) ①〜③の流れる水のはたらきを、それぞれ何といいますか。

①地面をけずるはたらき

(しん食)

②土を運ぶはたらき

(運ぱん)

③土を積もらせるはたらき

(たい積)

(2) 地面を流れた水のはたらきについて、正しいものに○をつけましょう。

①(○)㋐では地面をけずるはたらきが大きく、㋑では土を積もらせるはたらきが大きい。
②(　　)㋐では土をつもらせるはたらきが大きく、㋑では地面をけずるはたらきが大きい。
③(　　)㋐と㋑のどちらも、地面をけずるはたらきが大きい。
④(　　)㋐と㋑のどちらも、土を積もらせるはたらきが大きい。

(3) 水量が増《ふ》えると、流れる水が地面をけずるはたらきと土を運ぶはたらきはどうなりますか。それぞれかきましょう。

地面をけずるはたらき(大きくなる。)
土を積もらせるはたらき(大きくなる。)

うらにも問題があります。

冬のチャレンジテスト　おもて　てびき

1 (1)花は、めしべ、おしべ、花びら、がくからできています。
(2)めしべの先は、しめっていて、おしべの先は、花粉《かふん》がたくさんあります。花粉は、おしべでつくられます。
(3)ヘチマの花には、めばなとおばなの2種類があります。めしべがあるのがめばなで、おしべがあるのがおばなです。めしべのもとは、小さい実のような形をしています。花には、ヘチマのように、めしべとおしべが別々の花にあるものと、アサガオのように、めしべとおしべが1つの花にあるものとがあります。

めばな　　おばな

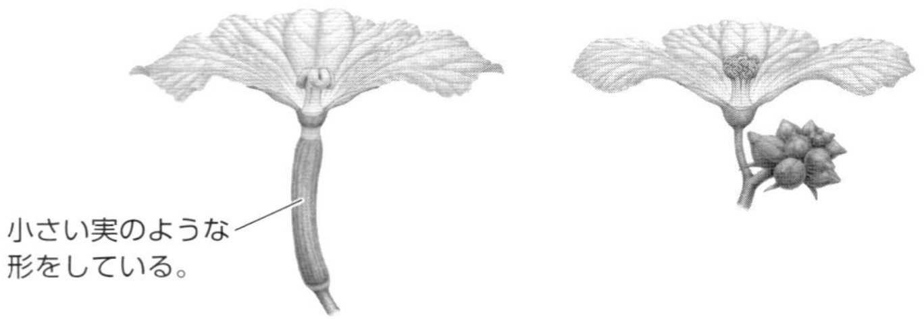

2 (1)(2)台風《たいふう》は日本のはるか南の海上で発生し、西や北へ向かって進むことが多いです。
(3)(4)台風が近づくと、大雨がふったり、強風がふいたりします。大雨で川から水があふれたり、水をふくんだしゃ面がくずれたりすることがあります。また、強風で電柱がたおれたり、収かく前の果物が大量に木から落ちたりすることもあります。

3 (1)流れる水が地面をけずるはたらきをしん食、土を運ぶはたらきを運ぱん、積もらせるはたらきをたい積といいます。
(2)㋐では地面がけずられていて、㋑では土が積もっています。
(3)流れる水の量が増《ふ》えると、しん食や運ぱんのはたらきが大きくなり、より多くたい積します。

4 ㋐〜㋓のような回路をつくり、電磁石《でんじしゃく》が鉄を引き付ける強さを調べました。 (1)は2点、(2)、(3)、(4)は1つ3点(20点)

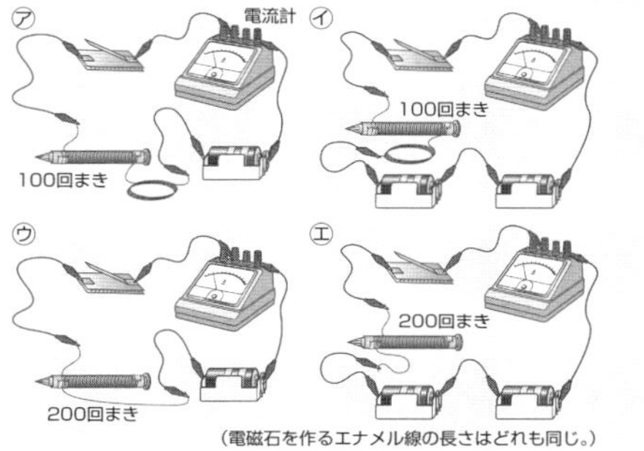

(電磁石を作るエナメル線の長さはどれも同じ。)

(1) 次の(　)にあてはまる言葉をかきましょう。

> 導線《どうせん》を同じ向きに何回もまいた(**コイル**)に鉄心を入れ、電流を流すと、鉄心が鉄を引き付けるようになります。これを電磁石といいます。

(2) 回路には電流計をつないでいます。

①電流計を使うと、何を調べることができますか。

(**電流の大きさ**)

②①は、Aという単位を使って表します。この読み方をかきましょう。

(**アンペア**)

③50 mAの一《マイナス》たんしにつないでいるとして、図の電流計の目もりを読みましょう。

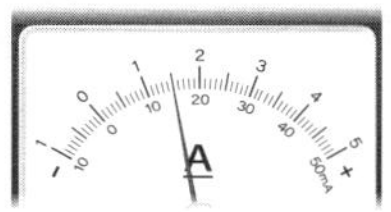

(**15mA**)

(3) コイルのまき数と電磁石のはたらきの関係を調べるには、㋐〜㋓のどれとどれの結果を比《くら》べればよいですか。2つかきましょう。

(**㋐** と **㋒**) (**㋑** と **㋓**)

(4) ㋐〜㋓の回路に電流を流して、電磁石が引き付ける鉄のゼムクリップの数を調べました。引き付ける鉄のゼムクリップがいちばん多いのは、㋐〜㋓のどれですか。

(**㋓**)

思考・判断・表現

5 ヘチマの花は、どのようにすれば実になるのかを調べました。 1つ4点(20点)

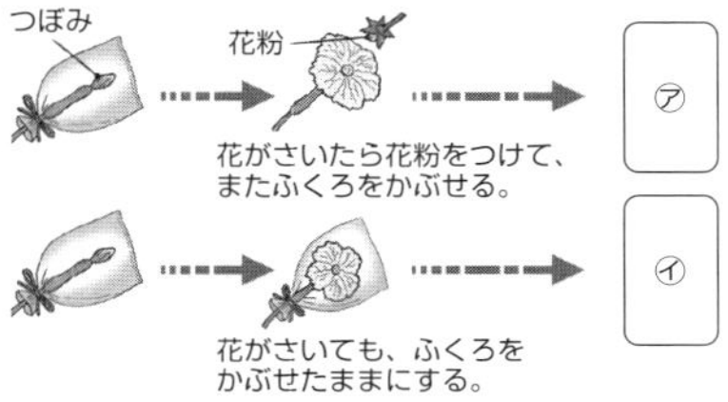

(1) ふくろをかぶせたままにしておくのは、おばな、めばなのどちらですか。

(**めばな**)

(2) 花粉がめしべの先につくことを何といいますか。

(**受粉**)

(3) 記述 花がさく前にふくろをかぶせるのは、なぜですか。

(**花(めばな)がさいたときに、花粉がつかない(受粉しない)ようにするため。**)

(4) 記述 ㋐、㋑はどうなるか、それぞれかきましょう。

㋐(**(めしべのもとが大きくなり、)実ができる。**)

㋑(**(かれ落ちて)実ができない。**)

6 電磁石に流れる電流と電磁石の極の関係を調べました。 1つ4点(20点)

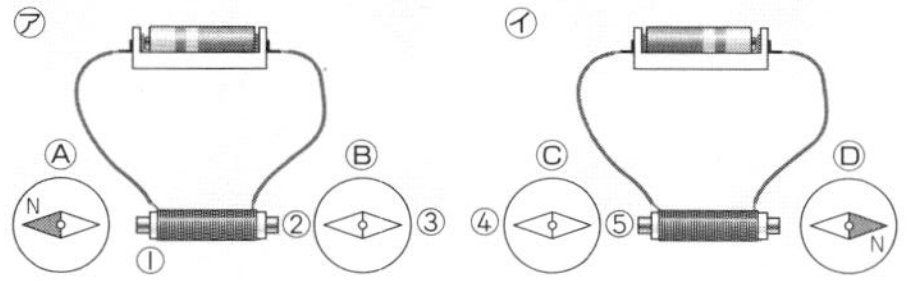

(1) 上の図で、電磁石の極①は何極になっていますか。

(**N極**)

(2) 上の図で、ⒷとⒸの方位磁針のN《エヌ》極は、それぞれ②〜⑤のどちらを向いていますか。

Ⓑ(**②**) Ⓒ(**⑤**)

(3) 電磁石の極の性質について、(　)にあてはまる言葉をかきましょう。

> 電磁石は、回路に流れる(**電流の向き**)を変えると、電磁石の極が(**入れかわる**)。

冬のチャレンジテスト　うら　てびき

4 (1)導線《どうせん》を同じ向きに何回もまいたものをコイル、コイルに鉄心を入れ、電流を流すと鉄心が鉄を引き付けるようになったものを電磁石《でんじしゃく》といいます。

(2)①電流計を使うと、電流の大きさを調べることができます。

②電流の大きさは、アンペア(A)という単位で表します。

③50 mA《ミリアンペア》の一《マイナス》たんしにつないでいる場合、はりがいっぱいふれたときが50 mAなので、1目もりは1 mAを表します。よって、図の電流計の目もりは15 mAを表しています。

(3)まき数がちがい、ほかは同じ条件《じょうけん》の2つの回路をそれぞれ選びます。

(4)電流を大きくすると、電磁石のはたらきは大きくなります。また、コイルのまき数を多くすると、電磁石のはたらきは大きくなります。㋓は(かん電池の数が多いので)電流が大きく、コイルのまき数も多いので、引き付ける鉄のゼムクリップがいちばん多いと考えられます。

5 (1)めしべのもとの部分がふくらんで実ができるので、実験では、めしべをもつめばなを使います。

(2)(3)ふくろをかぶせないと、花(めばな)がさいたときに、どこかから花粉《かふん》が運ばれてきて、めしべに花粉がついてしまう(受粉《じゅふん》してしまう)ことがあります。それを防《ふせ》ぐため、花がさく前のつぼみのときから、ふくろをかぶせておきます。

(4)実ができるためには受粉が必要です。㋐は受粉しているので、めしべのもとが育って実になります。㋑は受粉していないので、やがてかれ落ちて、実ができません。

6 (1)①はⒶの方位磁針《じしん》のS《エス》極を引き付けているので、N《エヌ》極になっていると考えられます。

(2)①がN極とすると、その電磁石の反対側はS極になっているので、②はS極に引き付けられているN極と考えられます。同じように考えると、㋑では、Ⓓ側の電磁石はN極になっていることがわかります。このことから、Ⓒ側の電磁石はS極になっているので、Ⓒの方位磁針の電磁石に引き付けられる極(⑤)はN極と考えられます。

春のチャレンジテスト

教科書 150〜191、197ページ

名前　　月　　日

時間 40分

知識・技能	思考・判断・表現	合格80点
/60	/40	/100

答え42〜43ページ

知識・技能

1 ビーカーの水に食塩を入れてかき混《ま》ぜ、全てとかして食塩水をつくりました。　1つ3点(6点)

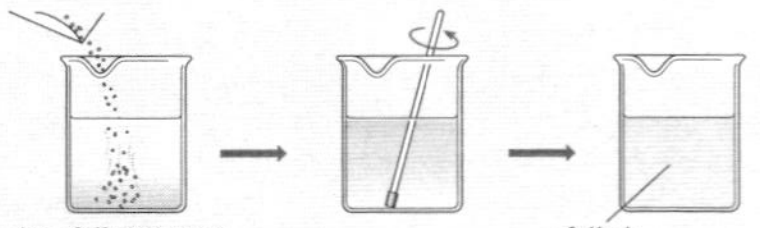

(1) 食塩水について、正しいものに○をつけましょう。

①(　　)とけた食塩のつぶが、液《えき》にういて見える。

②(○)すき通っている。

③(　　)色がついている。

(2) できた食塩水の中で、食塩は均一《きんいつ》に広がっていますか、広がっていませんか。

(**広がっている。**)

2 50 mL の水に、食塩やミョウバンを1gずつ入れてかき混ぜることをくり返しました。　1つ3点(9点)

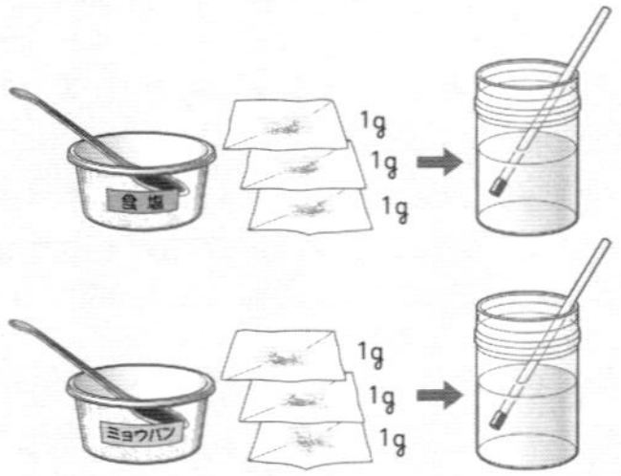

(1) 50 mL の水にとける食塩やミョウバンの量には、限度《げんど》がありますか、ありませんか。

(**(限度が)ある。**)

(2) 50 mL の水にとける量は、食塩とミョウバンで同じですか、ちがいますか。

(　**ちがう。**　)

(3) 水の量を100 mL にすると、とける食塩やミョウバンの量はどうなりますか。正しいものに○をつけましょう。

①(　　)水の量が50 mL のときと変わらない。

②(○)水の量が50 mL のときの2倍になる。

③(　　)水の量が50 mL のときの4倍になる。

④(　　)水の量が50 mL のときの$\frac{1}{2}$になる。

3 ミョウバンが水にとける量を調べました。　1つ3点(24点)

(1) 50gの水に、2gのミョウバンを入れてかき混ぜたところ、ミョウバンは全て水にとけました。できたミョウバンの水《すい》よう液《えき》の重さはいくらですか。

(　**52g**　)

(2) 水にとけたものの重さについて、正しいものに○をつけましょう。

①(　　)ものは、水にとけると軽くなる。

②(　　)ものは、水にとけると重くなる。

③(○)ものは、水にとけても重さは変わらない。

(3) 60℃の水にミョウバンをとかしたあと、ミョウバンの水よう液を冷やすと、ミョウバンのつぶが出てきたので、図のようにして、つぶを取り出しました。

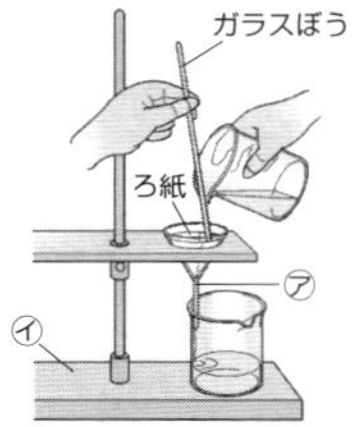

①このようにして、とけ残ったつぶや出てきたつぶと水よう液を分けることを何といいますか。

(　**ろ過**　)

②㋐、㋑の器具の名前をかきましょう。

㋐(　**ろうと**　)

㋑(　**ろうと台**　)

③ア〜エのそうさでまちがっているものを2つ選び、○をつけましょう。

ア(　　)㋐の先は、ビーカーのかべにつける。

イ(○)ろ紙にあなをあけて、ガラスぼうでおしつける。

ウ(○)ろ紙は水でぬらして、㋐からはなしておく。

エ(　　)液は、ガラスぼうに伝わらせて注ぐ。

(4) 水よう液の温度を下げる以外に、ミョウバンの水よう液や食塩水から、とけていたものを取り出す方法をかきましょう。

(**(水よう液から)水を蒸発させる。**)

うらにも問題があります。

春のチャレンジテスト　おもて　てびき

1 (1)ものが水にとけて、とうめいになった液《えき》を水《すい》よう液《えき》といいます。水よう液には、色がついているものもありますが、食塩水(食塩の水よう液)は色がついておらず、すき通っています。

(2)食塩を水にとかしたあとは、食塩水の上の方にも下の方にも食塩があり、食塩は液の中で均一《きんいつ》に広がっています。このため、水よう液は、どこでも同じこさになっています。また、水よう液は時間がたっても、水ととけているものに分かれないので、できた食塩水を、水の量や温度が変わらないようにしたまま置いておいても、とけている食塩は水と分かれません。

2 (1)一定の量の水にものがとける量には、限度《げんど》があるので、50 mL の水にとける食塩やミョウバンの量には、限度があります。

(2)ものによって、水にとける量はちがうので、50 mL の水にとける量は、食塩とミョウバンでちがいます。

(3)水の量を増《ふ》やすと、水にとけるものの量も増えます。水の量を2倍に増やすと、水にとけるものの量も2倍に増えるので、水の量が100 mL のときは50 mL のときと比《くら》べて、とける食塩やミョウバンの量は2倍になります。

3 (1)(2)ものは、水にとけても重さは変わりません。水の重さとものの重さを合わせた重さが、できた水よう液の重さになるので、50gの水に2gのミョウバンを入れてできた水よう液の重さは、50＋2＝52gとなります。

(3)①②ろうと(㋐)やろうと台(㋑)を使って、とけ残ったつぶと水よう液を分けることをろ過《か》といいます。

③ろ過を行うとき、ろ紙を水でぬらしてから、ろうとにぴったりとつけます。そして、ろうと台にろうととビーカーを置いて、ろ過する液をガラスぼうに伝わらせて注ぎます。このとき、ろうとの先の長いほうを、ビーカーのかべにつけておきます。ろ紙はやぶってあなをあけたりしません。

(4)水よう液から水を蒸発《じょうはつ》させて水の量を減《へ》らすと、とけているものを取り出すことができます。

4 次の図は、母親の体内にいる人の子の様子です。

1つ3点(21点)

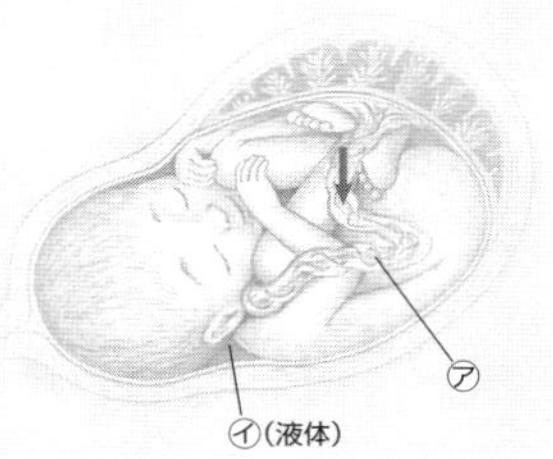

(1) 子がいるのは、母親の体内の何というところですか。

(子宮)

(2) ㋐、㋑の部分をそれぞれ何といいますか。

㋐(へそのお)
㋑(羊水)

(3) ㋐の中を矢印の向きに移動《いどう》するものは何ですか。正しいほうに○をつけましょう。

①(○)養分
②(　)不要なもの

(4) ㋑はどんなはたらきをしていますか。正しいものに○をつけましょう。

①(　)子が動かないようにしている。
②(○)子をしょうげきなどから守っている。
③(　)母親からの養分を子にわたしている。

(5) 人の子がたんじょうするのは、母親の体内で育ち始めておよそ何週後ですか。正しいものに○をつけましょう。

①(　)約 20 週後
②(○)約 38 週後
③(　)約 56 週後
④(　)約 70 週後

(6) 生まれたばかりの人の子の身長と体重はおよそどれぐらいですか。正しいものに○をつけましょう。

①(　)身長約 25 cm、体重約 1500 g
②(　)身長約 25 cm、体重約 3000 g
③(　)身長約 50 cm、体重約 1500 g
④(○)身長約 50 cm、体重約 3000 g

思考・判断・表現

5 次のグラフは、いろいろな温度の水 50 mL にとける食塩(㋐)とミョウバン(㋑)の量を表したものです。

1つ8点(40点)

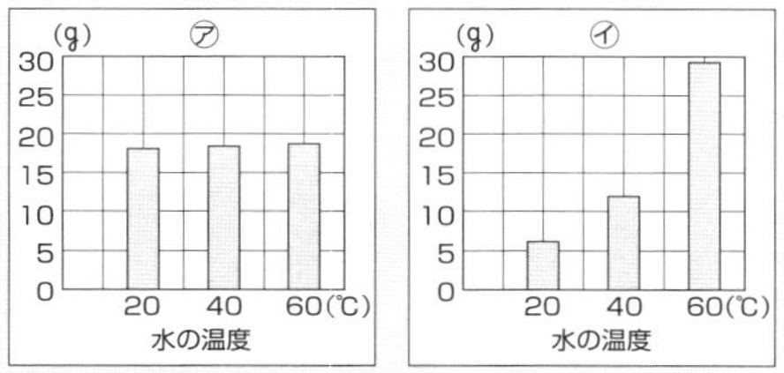

(1) 40 ℃の水 50 mL に食塩を 25 g 入れてかき混ぜたところ、食塩がとけ残りました。とけ残った食塩をとかす方法として、正しいものに○をつけましょう。

①(　)水の温度を 20 ℃にする。
②(　)水の温度を 60 ℃にする。
③(○)水の量を増《ふ》やす。

(2) 60 ℃の水 50 mL にとけるだけとかした水よう液を冷やして 40℃になったとき、つぶがたくさん出てくるのは、㋐と㋑のどちらですか。

(㋑)

(3) 記述 (2)のように答えた理由をかきましょう。

(ミョウバンは、水の温度によってとける量が変わるから(40℃と60℃の間のとける量の差が大きいから)。)

(4) ㋑がとけるだけとけた 60 ℃の水よう液を冷やして 40 ℃になったとき(あ)と、40 ℃から 20 ℃になったとき(い)とでは、どちらのほうがつぶがたくさん出てきますか。あ、いで答えましょう。

(あ)

(5) 記述 (4)のように答えた理由をかきましょう。

(とけるミョウバンの量の差が、40℃と20℃の間より、60℃と40℃の間のほうが大きいから。)

春のチャレンジテスト　うら　てびき

4 (1)人は、女性《じょせい》の体内でつくられた卵《らん》(卵子《らんし》)と、男性《だんせい》の体内でつくられた精子《せいし》が結びついて(受精《じゅせい》して)、受精卵《じゅせいらん》ができます。そして受精卵は、母親の体内にある子宮《しきゅう》で育ちます。

(2)(3)たいばんと子は、へそのお(㋐)でつながっており、子は母親から養分など必要なものを取り入れます。また、子は不要なものを母親へ送り出します。たいばんの中は、へそのおにつながる管が木の枝《えだ》のように広がっています。

(4)羊水《ようすい》(㋑)は、子を包んで、しょうげきなどから子を守っている液《えき》体《たい》です。

(5)人の受精卵は、母親の体内で約 38 週かけて、だんだんと大きく育ち、子としてたんじょうします。

(6)人の受精卵の大きさは約 0.1 mm ですが、そこからすがたを変えて少しずつ大きくなり、子として生まれてくるときには、身長約 50 cm、体重約 3000 g になるまで成長しています。

5 (1)食塩(㋐)は、水の温度によってとける量がほとんど変わらないため、とけ残った食塩をとかすには、水の量を増《ふ》やします。

(2)(3)ミョウバン(㋑)は、水の温度によってとける量が変わり、水の温度を上げると、ミョウバンのとける量は多くなります。このため、ミョウバンの水《すい》よう液《えき》の温度を下げると、とけきれなくなった量のミョウバンが出てきます。ミョウバンも食塩も、水よう液から水を蒸発《じょうはつ》させると、それぞれのつぶを取り出すことができます。

(4)(5)とけるミョウバンの量の差が大きいほど、温度を下げたときに、よりつぶが出てきます。グラフから、とけるミョウバンの量の差は、40 ℃と 20 ℃の間より、60 ℃と 40 ℃の間のほうが大きいことがわかります。このため、60 ℃の水よう液を冷やして 40 ℃になったときのほうが、40 ℃から 20 ℃になったときより、ミョウバンのつぶがたくさん出てきます。

5年 理科のまとめ

学力診断《しんだん》テスト

名前 月 日

時間 40分

合格80点 ／100

答え44〜45ページ

1 条件《じょうけん》を変えてインゲンマメを育てて、植物の成長の条件を調べました。 (1)、(2)は全部できて3点、(3)は3点(9点)

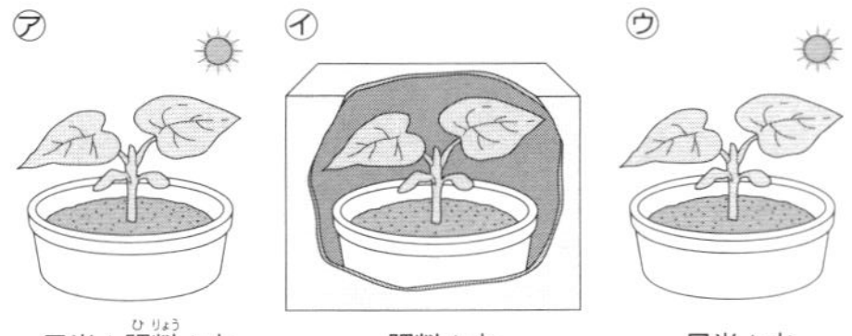

・日光＋肥料《ひりょう》＋水　・肥料＋水　・日光＋水

(1) 日光と成長の関係を調べるには、㋐〜㋒のどれとどれを比《くら》べるとよいですか。 (㋐)と(㋑)

(2) 肥料と成長の関係を調べるには、㋐〜㋒のどれとどれを比べるとよいですか。 (㋐)と(㋒)

(3) 最もよく成長するのは、㋐〜㋒のどれですか。 (㋐)

2 メダカを観察しました。 1つ3点(9点)

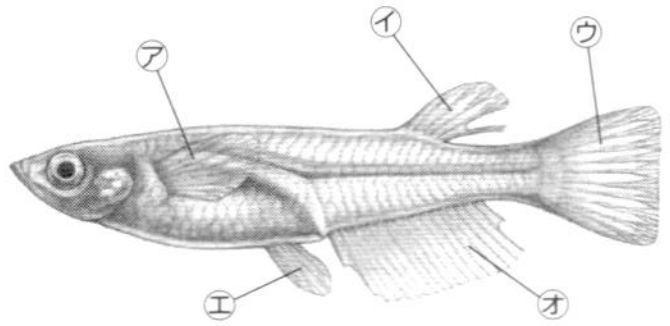

(1) 図のメダカは、めすですか、おすですか。 (おす)

(2) めすとおすを見分けるには、㋐〜㋔のどのひれに注目するとよいですか。2つ選び、記号で答えましょう。 (㋑)と(㋔)

3 図は、母親の体内で成長する人の赤ちゃんです。 1つ3点(9点)

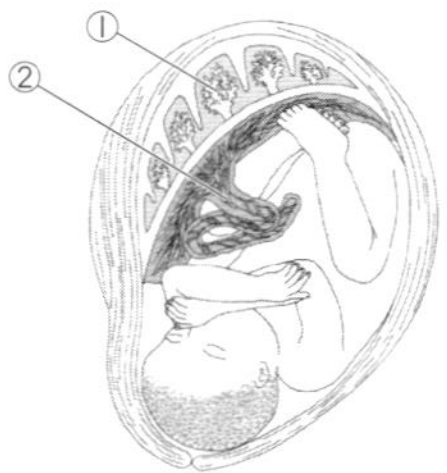

(1) ①、②の部分を、それぞれ何といいますか。

①(たいばん)

②(へそのお)

(2) 赤ちゃんが、母親の体内で育つ期間は約何週ですか。

約(38)週

4 アサガオの花のつくりを観察しました。 1つ2点(14点)

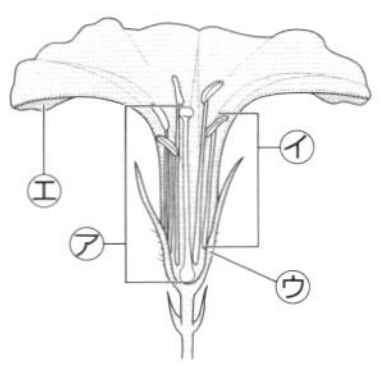

(1) ㋐〜㋓の部分を、それぞれ何といいますか。

㋐(めしべ)

㋑(おしべ)

㋒(がく)

㋓(花びら)

(2) おしべの先から出る粉《こな》のようなものを、何といいますか。 (花粉)

(3) めしべの先に(2)がつくことを、何といいますか。 (受粉)

(4) 実ができると、その中には何ができていますか。 (種子)

5 天気の変化を観察しました。 (1)、(3)は1つ2点、(2)は全部できて2点(10点)

(1) 下の雲の様子は、それぞれ晴れとくもりのどちらの天気ですか。

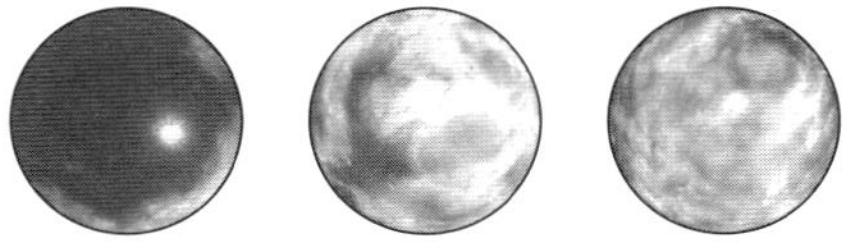

㋐(晴れ) ㋑(晴れ) ㋒(くもり)

(2) 下の図は、台風《たいふう》の動きを表しています。①〜③を、日づけの順にならべましょう。

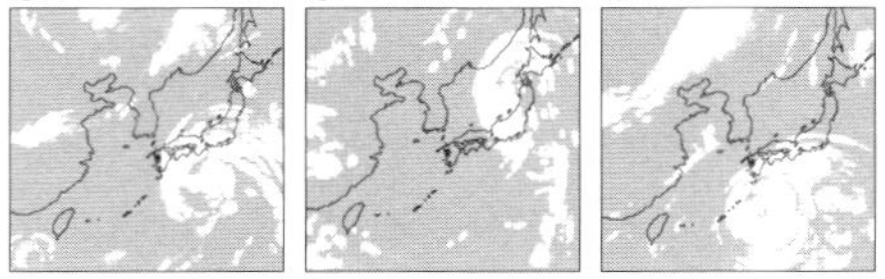

(③ → ① → ②)

(3) 台風はどこで発生しますか。㋐〜㋓から選んで、記号で答えましょう。 (㋓)

㋐日本の北のほうの陸上　㋑日本の北のほうの海上
㋒日本の南のほうの陸上　㋓日本の南のほうの海上

うらにも問題があります。

学力診断テスト　おもて　てびき

1 (1)(2)１つの条件《じょうけん》について調べるときには、調べる条件だけを変えて、それ以外の条件は全て同じにします。日光と成長の関係を調べるには、日光以外の条件が同じ㋐と㋑を比《くら》べます。また、肥料《ひりょう》と成長の関係を調べるには、肥料以外の条件が同じ㋐と㋒を比べます。
(3)植物は、日光と肥料があると、よく成長します。

2 メダカのめすとおすを見分けるときは、せびれ(㋑)としりびれ(㋔)に注目します。おすのせびれには切れこみがありますが、めすにはありません。おすのしりびれは後ろがめすよりも長く、平行四辺形に近いです。

3 (1)①はたいばん、②はへそのおです。おなかの中の子は、たいばんとへそのおを通して、母親から養分を受け取ったり、不要なものをわたしたりします。
(2)人の受精卵《じゅせいらん》は、母親の体内にある子宮《しきゅう》で育ち、受精《じゅせい》してから約38週で子として生まれてきます。

4 (1)(2)花は、めしべ、おしべ、花びら、がくからできていて、アサガオは１つの花にめしべとおしべがあります。中心にあるものがめしべで、そのまわりにおしべがあります。おしべでは花粉《かふん》がつくられます。アサガオとちがって、めしべとおしべが別々の花にあるものもあります。
(3)(4)めしべの先に花粉がつく(受粉《じゅふん》する)と、やがて実ができ、中に種子ができます。

5 (1)空全体の広さを１０としたとき、雲の量が０〜８のときを「晴れ」、９〜１０のときを「くもり」とします。０〜１のときは、「晴れ」の中でも「快晴《かいせい》」といいます。
(2)(3)台風《たいふう》は、日本のはるか南の海上で発生し、日本付近では、北や東に動くことが多いです。台風が近づくと、大雨がふったり、強風がふいたりします。

6 流れる水のはたらきについて調べました。
1つ2点(14点)

(1) 図のように、川が曲がっているところで、小石やすながたまりやすいのは、㋐、㋑のどちらですか。記号で答えましょう。

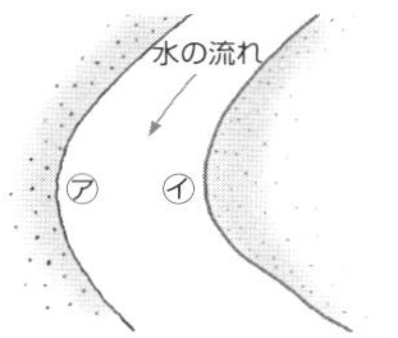
水の流れ
㋐
㋑

(㋑)

(2) 流れる水が、土地をけずるはたらきを何といいますか。
(**しん食**)

(3) 川の様子や川原《かわら》の石について、①～③にあてはまるのは、川の上流(あ)、川の下流(い)のどちらですか。記号で答えましょう。
① 谷ができることが多い。 (あ)
② 大きく角ばった石が多い。 (あ)
③ 川はばが広い。 (い)

(4) 川の水量が増えると、流れる水のはたらきはどうなりますか。
(**大きくなる。**)

(5) 川による災害《さいがい》を防《ふせ》ぐくふうについて、水の勢《いきお》いを弱めて川岸がけずられるのを防ぐことができるものの名前をかきましょう。
(**ブロック**)

7 ふりこのきまりについて調べました。
1つ3点(12点)

(1) ふりこの１往復《おうふく》は、㋐～㋒のどれですか。記号で答えましょう。
(㋒)

㋐ ①→②
㋑ ①→②→③
㋒ ①→②→③→②→①

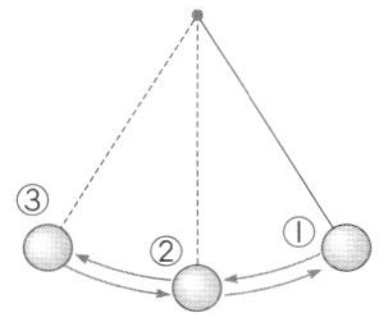
①
②
③

(2) ふりこが１往復する時間は、ふりこが１０往復する時間をはかって求めます。このようにして求めるのはなぜですか。
(**１回だけはかって正確に調べるのがむずかしいから(はかり方のちがいで結果が同じにならないことがあるから)。**)

(3) ふりこが１０往復する時間をはかったところ、１６.０８秒でした。ふりこが１往復する時間を、小数第２位を四捨五入《ししゃごにゅう》して求めましょう。
(**１.６秒**)

(4) ふりこが１往復する時間は、ふりこの何によって決まりますか。
(**(ふりこの)長さ**)

活用力をみる

8 イチゴとさとうを使って、イチゴシロップを作りました。
1つ4点(8点)

イチゴシロップの作り方
びん
さとう
イチゴ
イチゴから出た水分にさとうがとける。
さとうはすべてとけた。
① イチゴとさとうをびんに入れる。
② １日に数回びんをゆらしてよく混ぜる。
③ ２週間後、イチゴシロップの完成。

(1) さとうがとける前のびん全体の重さと、とけきったあとのびん全体の重さは、同じですか、ちがいますか。
(**同じ**)

(2) 完成したイチゴシロップの味見をします。イチゴシロップにとけているさとうのこさを正しく説明しているものに、○をつけましょう。
ア(　　)さとうのこさは、上のほうが下のほうよりこい。
イ(　　)さとうのこさは、下のほうが上のほうよりこい。
ウ(○)さとうのこさは、びんの中で全て同じ。

9 鉄心を入れたコイルにかん電池をつなぎ、図のような魚つりのおもちゃを作りました。
1つ5点(15点)

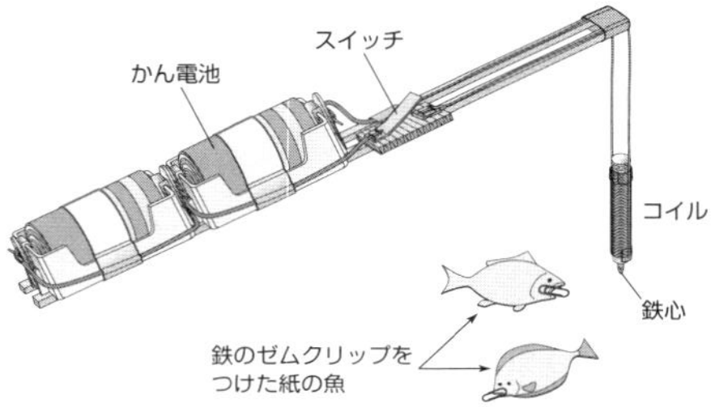
スイッチ
かん電池
コイル
鉄心
鉄のゼムクリップをつけた紙の魚

(1) スイッチを入れてコイルに電流を流すと、ゼムクリップのついた紙の魚は鉄心に引き付けられますか、引き付けられませんか。
(**引き付けられる。**)

(2) (1)のように、電流を流したコイルに入れた鉄心が磁石《じしゃく》になるしくみを何といいますか。
(**電磁石**)

(3) ゼムクリップを引き付ける力を強くするためには、どうすればよいですか。正しいものに○をつけましょう。
①(　　)とちゅうの導線《どうせん》の長さを長くする。
②(○)コイルのまき数を多くする。
③(　　)かん電池の数を少なくする。

学力診断テスト　うら　てびき

6 (1)川が曲がって流れているところでは、外側はけずられていて、内側は小石やすなが積もっています。
(2)流れる水には、３つのはたらきがあります。土地をけずるはたらきをしん食、土を運ぶはたらきを運ぱん、土を積もらせるはたらきをたい積といいます。
(3)川の上流では、大きくて角ばった石が多く見られ、川はばがせまくなっています。また、しん食のはたらきで、谷ができることが多いです。一方、川の下流では、小さく丸い石が多く見られ、川はばは広くなっています。また、たい積のはたらきで、平野や広い川原《かわら》ができることが多いです。

7 (1)ふりこの１往復《おうふく》とは、ふりこのおもりが一方のはしからもう一方のはしまでゆれたあと、元の位置にもどってくるまでのことをいいます。
(2)ふりこのふらせ方やストップウォッチのおし方などにより、実際にかかった時間と、はかった時間にずれが生じます(このずれを誤差《ごさ》といいます)。このため、はかった時間にもばらつきが出るので、これをならすために平均《へいきん》を使って、１往復する時間を求めます。
(3)１６.０８÷１０＝１.６０８
小数第２位を四捨五入《ししゃごにゅう》するので、１.６秒となります。

8 (1)ものをとかす前の全体の重さと、ものをとかしたあとの全体の重さは、変わりません。
(2)さとうはとけて全体に広がっているので、さとうのこさは、びんの中で全て同じです。

9 (1)(2)コイルの中に鉄心を入れ、電流を流すと、鉄心が鉄を引き付けます。これを電磁石《でんじしゃく》といいます。
(3)コイルのまき数を多くしたり、電流を大きくしたりすると、電磁石のはたらきは大きくなります。

メモ

付録 取りはずしてお使いください。

理科
スタートアップドリル
5年

このドリルを使って
4年生で学習した
ことをふり返ろう。

年　　　組

1 季節と生き物

1 季節と生き物のようすについて、調べました。

(1) （　　）にあてはまる言葉を、あとの□からえらんで書きましょう。

①あたたかい季節には、植物は大きく（　　　　）し、
動物は活動が（　　　　）なる。

②寒い季節には、植物は（　　　　）を残してかれたり、
えだに（　　　　）をつけたりして、冬をこす。
動物は活動が（　　　　）なる。

活発に	成長	たね	にぶく	花	芽

(2) オオカマキリのようすについて、㋐～㋒が見られる季節はいつですか。
春、夏、秋、冬のうち、あてはまるものを答えましょう。

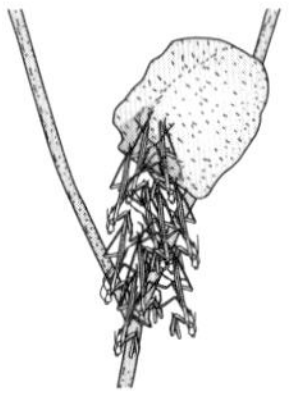

㋐たまごから、よう虫がたくさん出てきた。

（　　　　）

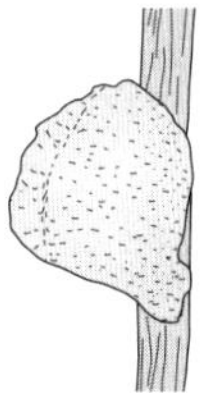

㋑たまごだけが見られた。成虫は見られなかった。

（　　　　）

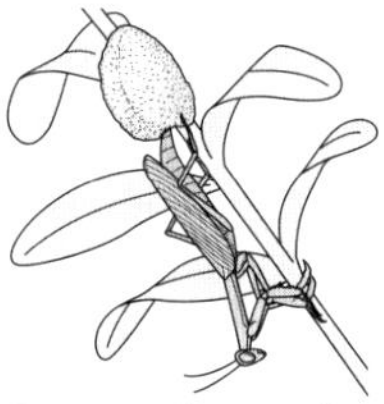

㋒成虫がたまごを産んでいた。

（　　　　）

(3) サクラのようすについて、㋐～㋓が見られる季節はいつですか。
春、夏、秋、冬のうち、あてはまるものを答えましょう。

㋐葉の色が赤く変わった。

（　　　　）

㋑葉がすべて落ちていた。

（　　　　）

㋒花がたくさんさいていた。

（　　　　）

㋓たくさんの葉がついていた。

（　　　　）

2 天気と１日の気温

1 天気の調べ方や気温のはかり方について、（　）にあてはまる言葉を書きましょう。

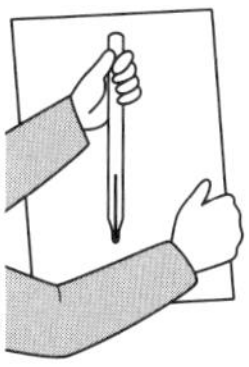

①雲があっても、青空が見えているときを（　　　　　）、
雲が広がって、青空がほとんど見えないときを
くもりとする。
②気温は、風通しのよい場所で、（　　　　　）から
1.2～1.5 m の高さのところではかる。
このとき、温度計に（　　　　　）が
ちょくせつ当たらないようにする。

2 一日中晴れていた日と、一日中雨がふっていた日にそれぞれ気温をはかって、グラフにしました。

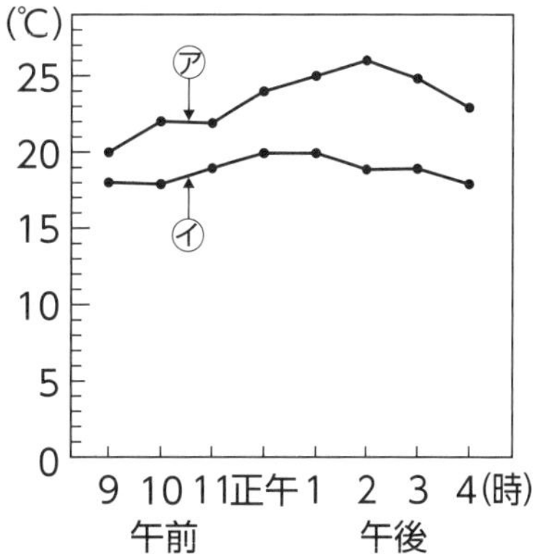

(1) このようなグラフを何グラフといいますか。

（　　　　　グラフ）

(2) 一日中雨がふっていた日のグラフは、
㋐、㋑のどちらですか。

（　　　）

(3) 一日中晴れていた日で、いちばん気温が
高いのは何時ですか。
また、そのときの気温は何℃ですか。

時こく（　　　　　時）
気温（　　　　　℃）

(4) 天気による１日の気温の変化のしかたのちがいについて、
（　）にあてはまる言葉を書きましょう

○（　　　　　）の日は気温の変化が大きく
（　　　　　）や雨の日は気温の変化が小さい。

3 地面を流れる水のゆくえ

1 雨がふった日に、地面を流れる水のようすを調べました。

(1) ビー玉を入れたトレーを、地面においたところ、図のようになりました。

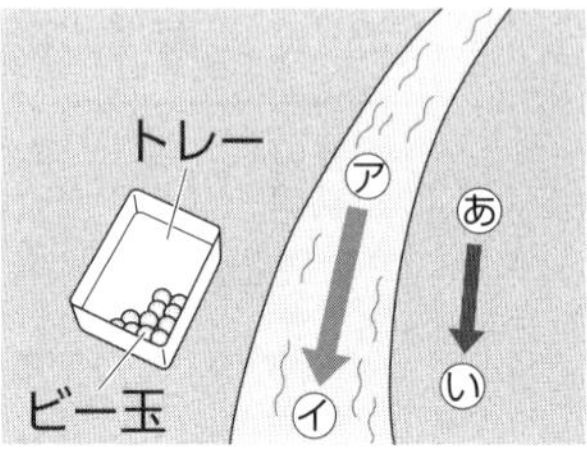

①[あ]と[い]では、地面はどちらが低いですか。

(　　　)

②地面を流れる水は、㋐→㋑、㋑→㋐のどちら向きに流れていますか。

(　　　→　　　)

(2) (　　)にあてはまる言葉を書きましょう。

①雨がふるなどして、水が地面を流れるとき、 (　　　　)ところから(　　　　)ところに向かって流れる。 ②水たまりは、まわりの地面より(　　　　)なっていて、 くぼんでいるところに水が集まってできている。

2 図のようなそうちを作って、水のしみこみ方と土のようすを調べました。

(1) 校庭の土とすな場のすなを使って、それぞれそうちに同じ量の土を入れて、同じ量の水を注いだところ、校庭の土のほうがしみこむのに時間がかかりました。つぶの大きさが大きいのは、どちらですか。

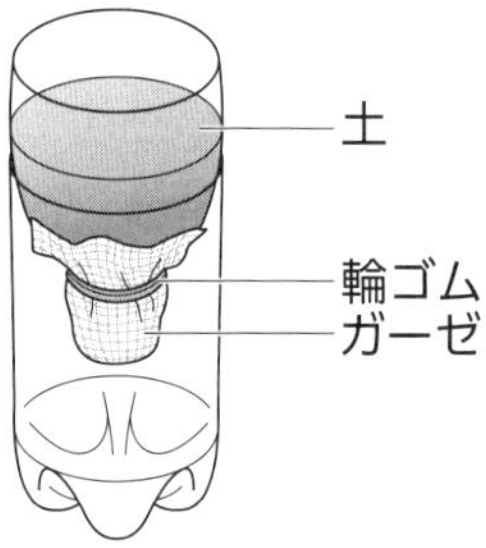

(　　　　)

(2) (　　)にあてはまる言葉を書きましょう。

○水のしみこみ方は地面の土のつぶの大きさによってちがいがある。 土のつぶが大きさが(　　　　)ほど、水がしみこみやすく、 土のつぶが大きさが(　　　　)ほど、水がしみこみにくい。

4 電気のはたらき

1 電流のはたらきについて、調べました。

(1) (　　)にあてはまる言葉を書きましょう。

○かん電池の＋極と－極にモーターのどう線をつなぐと、
回路に電流が流れて、モーターが回る。
かん電池をつなぐ向きを逆にすると、回路に流れる電流の向きが
(　　　　　)になり、モーターの回る向きが(　　　　　)になる。

(2) 電流の大きさと向きを調べることができるけん流計を使って、モーターの回り方を調べました。

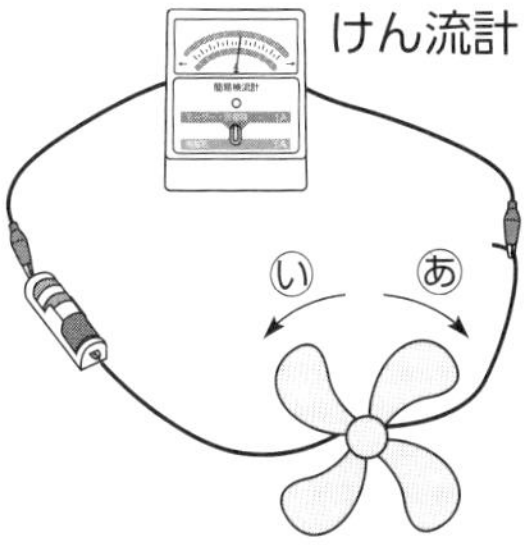

①はじめ、けん流計のはりは右にふれていました。
かん電池のつなぐ向きを逆にすると、
けん流計のはりはどちらにふれますか。

(　　　　　)

②はじめ、モーターは[あ]の向きに回っていました。かん電池のつなぐ向きを逆にすると、モーターは[あ]、[い]のどちら向きに回りますか。

(　　　　)

2 電流の大きさとモーターの回り方について、調べました。

(1) (　　)にあてはまる言葉を書きましょう。

①かん電池２こを直列つなぎにすると、かん電池１このときよりも
回路に流れる電流の大きさが(　　　　　)なり、
モーターの回る速さも(　　　　　)なる。
②かん電池を２こへい列つなぎにすると、かん電池１このときと
回路に流れる電流の大きさは(　　　　　　)。
また、モーターの回る速さも(　　　　　　)。

(2) ㋐、㋑のかん電池２このつなぎ方をそれぞれ何といいますか。

㋐

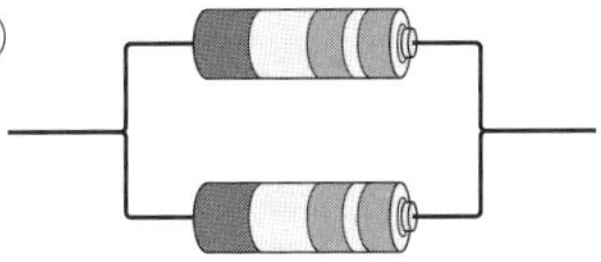

(　　　　　　　　)

㋑

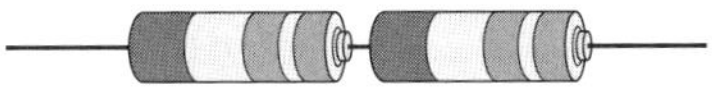

(　　　　　　　　)

5 月や星の動き

1 月の動きや形について、調べました。

(1) ㋐、㋑の月の形を何といいますか。
(　　)にあてはまる言葉を書きましょう。

㋐(　　　　)
㋑(　　　　)

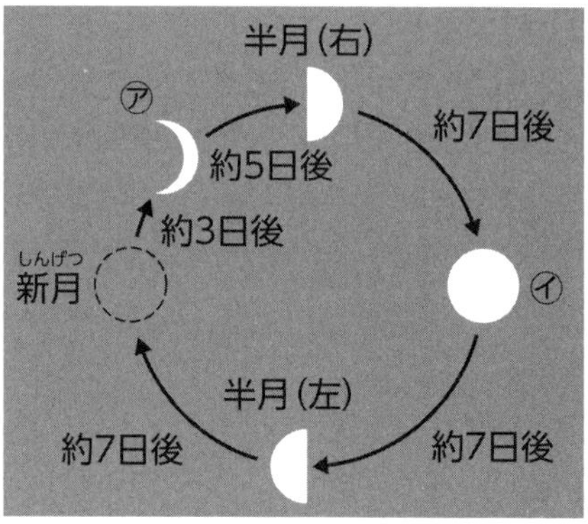

(2) (　　)にあてはまる言葉を書きましょう。

①月の位置は、太陽と同じように、
時こくとともに(　　　　)から
南の空の高いところを通り、
(　　　　)へと変わる。
②月の形はちがっても、
位置の変わり方は(　　　　)である。

2 星の動きや色、明るさについて、調べました。

(1) (　　)にあてはまる言葉を書きましょう。

①星の集まりを動物や道具などに見立てて名前をつけたものを
(　　　　)という。
②時こくとともに、星の見える(　　　　)は変わるが、
星の(　　　　)は変わらない。

(2) こと座《ざ》のベガ、わし座のアルタイル、はくちょう座のデネブの
3つの星をつないでできる三角形を何といいますか。

(　　　　)

(3) 夜空に見える星の明るさは、どれも同じですか。ちがいますか。

(　　　　)

(4) はくちょう座のデネブ、さそり座のアンタレスは、それぞれ何色の星ですか。
白、黄、赤からあてはまる色を書きましょう。

デネブ(　　　　)
アンタレス(　　　　)

6 とじこめた空気や水

1 空気や水のせいしつを調べました。（　　）にあてはまる言葉を書きましょう。

①とじこめた空気をおすと、体積は（　　　　　　）なる。
このとき、もとの体積にもどろうとして、
おし返す力（手ごたえ）は（　　　　　　）なる。
②とじこめた水をおしても、体積は（　　　　　　　）。

2 プラスチックのちゅうしゃ器に空気や水をそれぞれ入れて、ピストンをおしました。

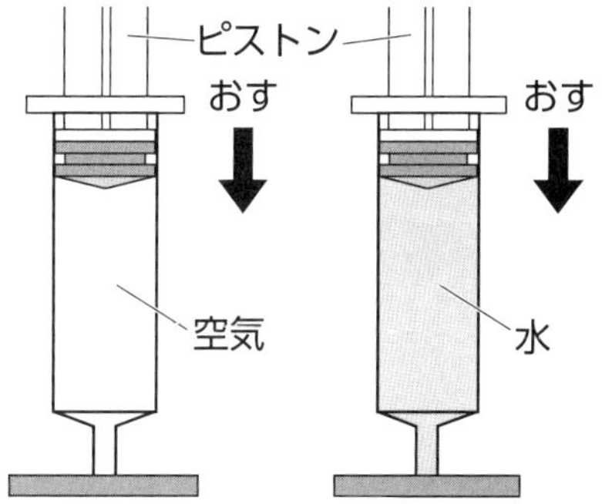

(1) 空気をとじこめたちゅうしゃ器のピストンを手でおしました。
このとき、ピストンをおし下げることはできますか、できませんか。
（　　　　　　）

(2) (1)のとき、ピストンから手をはなすと、ピストンはどうなりますか。
正しいものに○をつけましょう。
①（　　）ピストンは下がって止まる。
②（　　）ピストンの位置は変わらない。
③（　　）ピストンはもとの位置にもどる。

(3) 水をとじこめたちゅうしゃ器のピストンを手でおしました。
このとき、ピストンをおし下げることはできますか、できませんか。
（　　　　　　）

(4) とじこめた空気や水をおしたときの体積の変化について、
正しいものに○をつけましょう。
①（　　）空気も水も、おして体積を小さくすることができる。
②（　　）空気だけは、おして体積を小さくすることができる。
③（　　）水だけは、おして体積を小さくすることができる。
④（　　）空気も水も、おして体積を小さくすることができない。

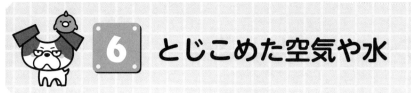

7 ヒトの体のつくりと運動

1 ヒトの体のつくりや体のしくみについて、調べました。
（　　）にあてはまる言葉を書きましょう。

①ヒトの体には、かたくてじょうぶな
（　　　　）と、やわらかい
（　　　　）がある。
②ほねとほねのつなぎ目を（　　　　）と
いい、ここで体を曲げることができる。
③（　　　　）がちぢんだりゆるんだり
することで、体を動かすことができる。

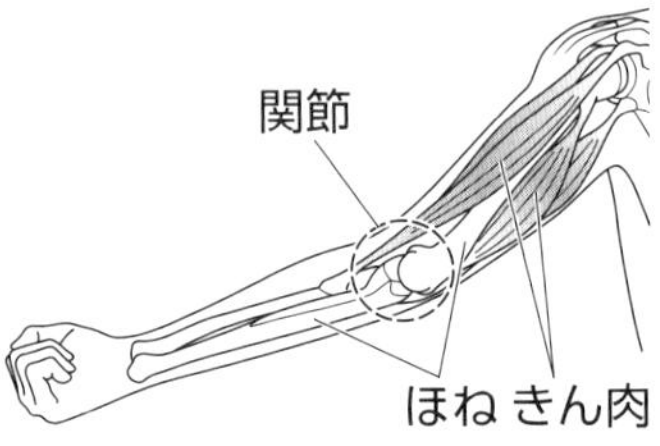

2 体を動かすときにどうなっているのか、調べました。

(1) ㋐、㋑を何といいますか。名前を答えましょう。

㋐（　　　　）
㋑（　　　　）

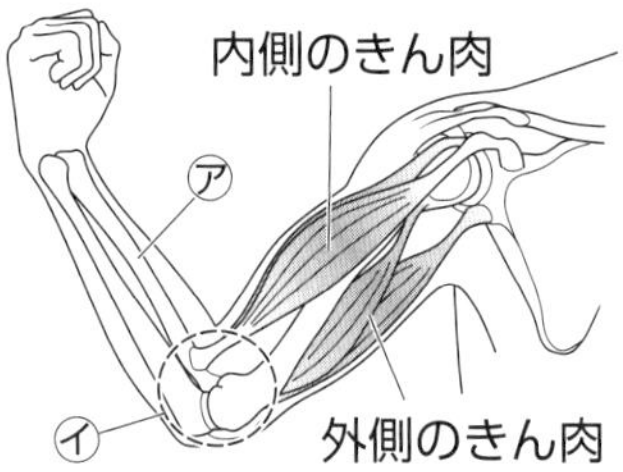

(2) ①～④の文章は、それぞれ(あ)内側のきん肉、(い)外側の筋肉のどちらに関係するものですか。
(あ)、(い)で答えましょう。

①うでをのばすとゆるむ。
（　　　　）

②うでをのばすとちぢむ。
（　　　　）

③うでを曲げるとちぢむ。
（　　　　）

④うでを曲げるとゆるむ。
（　　　　）

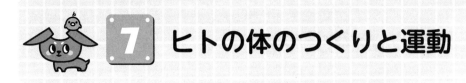

8 ものの温度と体積

1 ものの温度と体積の変化について、調べました。
(　　)にあてはまる言葉をえらんで、○でかこみましょう。

①空気は、あたためると体積は(　大きく　・　小さく　)なる。
　また、冷やすと体積は(　大きく　・　小さく　)なる。
②水は、あたためると体積は(　大きく　・　小さく　)なる。
　また、冷やすと体積は(　大きく　・　小さく　)なる。
　空気とくらべると、その変化は(　大きい　・　小さい　)。
③金ぞくは、あたためると体積は(　大きく　・　小さく　)なる。
　また、冷やすと体積は(　大きく　・　小さく　)なる。
　空気や水とくらべると、その変化はとても(　大きい　・　小さい　)。

2 ものの温度と体積の変化を調べて、表にまとめました。

	空気	水	金ぞく
(　㋐　)	体積が小さくなった。	体積が小さくなった。	体積が小さくなった。
(　㋑　)	体積が大きくなった。	体積が大きくなった。	体積が大きくなった。

(1) ㋐、㋑には「温度を高くしたとき」または「温度を低くしたとき」が入ります。
あてはまるものを書きましょう。

㋐(　　　　　　　　　　)
㋑(　　　　　　　　　　)

(2) 空気の入っているポリエチレンのふくろを氷水につけたり湯につけたりして、
体積の変化を調べました。
あ、いには「あたためたとき」または「冷やしたとき」が入ります。
あてはまるものを書きましょう。

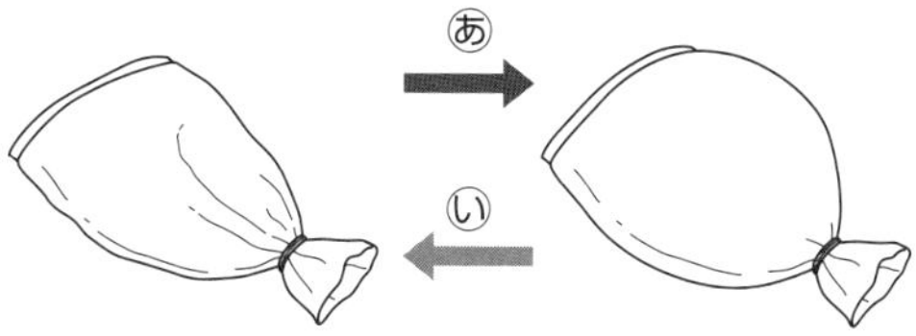

あ(　　　　　　　　　　)
い(　　　　　　　　　　)

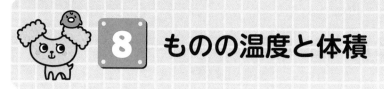

9 もののあたたまり方

1 もののあたたまり方について、調べました。
（　　）にあてはまる言葉を書きましょう。

①金ぞくは、熱した部分から（　　　　　）に熱がつたわって、
全体があたたまる。
②水や空気はあたためられた部分が（　　　　　）に動いて、
全体があたたまる。

2 金ぞくぼうを使って、金ぞくのあたたまり方を調べました。
①、②のように熱したとき、㋐～㋔があたたまっていく順を
それぞれ答えましょう。

①

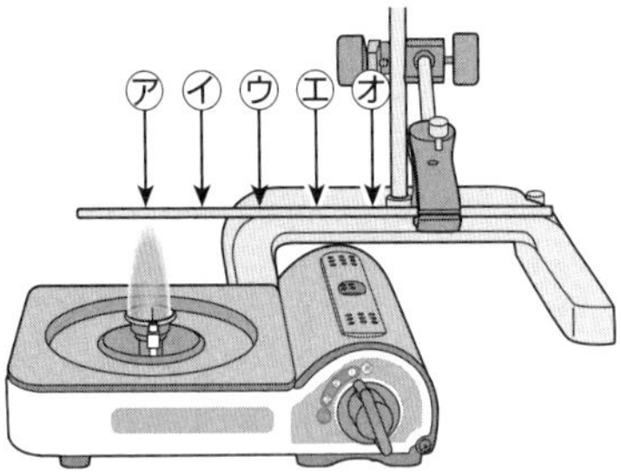

②

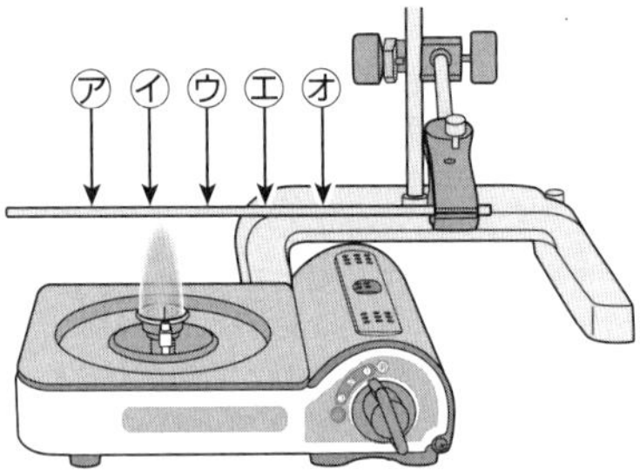

①（　　　→　　　→　　　→　　　→　　　）
②（　　　→　　　→　　　→　　　→　　　）

3 水を入れたビーカーの底のはしを熱して、水のあたたまり方を調べました。
㋐～㋒があたたまっていく順を答えましょう。

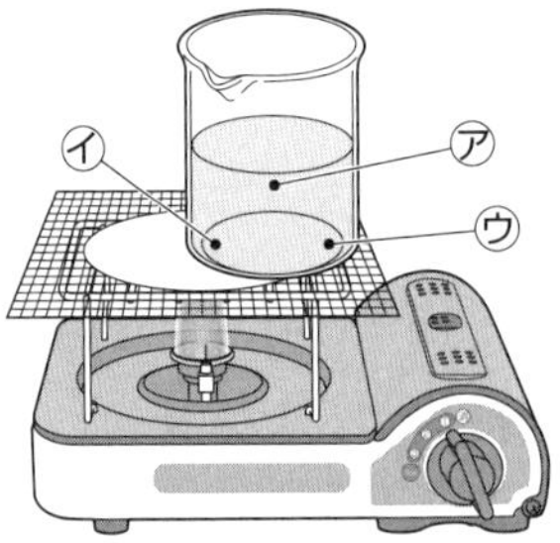

（　　　→　　　→　　　）

10 水のすがた

1 水のすがたの変化について、調べました。

(1) 水は、熱したり冷やしたりすることで、すがたを変えます。
㋐、㋑にあてはまる言葉を書きましょう。

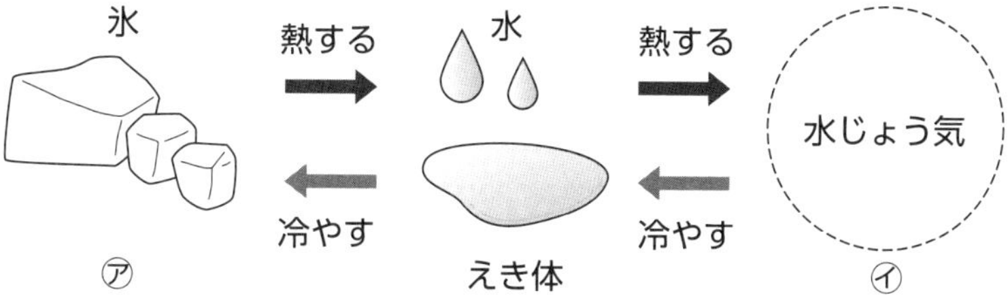

氷
熱する
水
熱する
水じょう気
冷やす
えき体
冷やす
㋐
㋑

㋐（　　　　　）
㋑（　　　　　）

(2) （　　）にあてはまる言葉を書きましょう。

①水を熱し続けると、（　　　　　℃）近くでさかんにあわを出しながらわき立つ。これを（　　　　　）という。
②水を冷やし続けると、（　　　　　℃）でこおる。
③水が水じょう気や氷になると、体積は（　　　　　）なる。

2 水を熱したときの変化について、調べました。

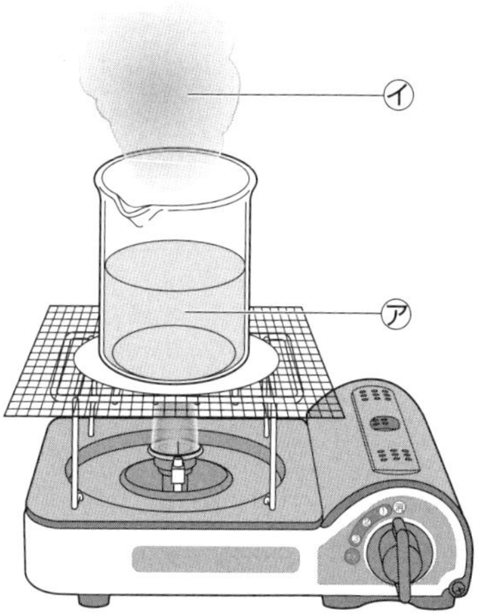

㋑
㋐

(1) 水を熱し続けたとき、水の中からさかんに出てくるあわ㋐は何ですか。

（　　　　　）

(2) ㋐は空気中で冷やされて、目に見える水のつぶ㋑になります。㋑は何ですか。

（　　　　　）

(3) 水が㋐になることを、何といいますか。

（　　　　　）

11 水のゆくえ

1 ２つの同じコップに同じ量の水を入れて、１つにだけラップシートをかけました。水面の位置に印をつけて、日なたに置いておくと、２日後にはどちらも、水の量がへっていました。

(1) ２日後、水の量が多くへっているのは、㋐、㋑のどちらですか。

（　　　）

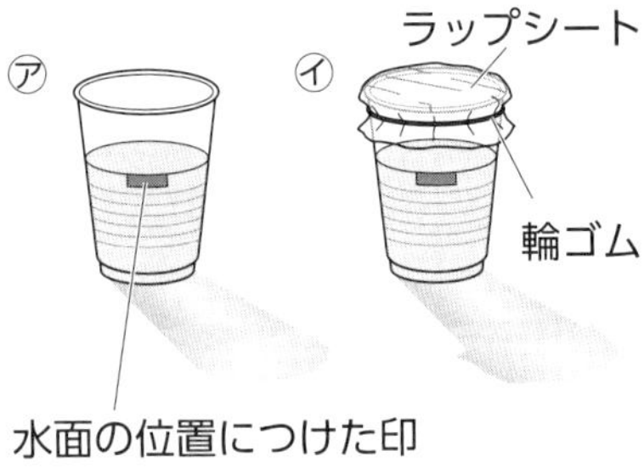

(2) ㋑には、どのような変化が見られましたか。正しいものに○をつけましょう。

①（　　　）何も変化は見られなかった。

②（　　　）ラップシートの内側に水てきがついていた。

③（　　　）コップの外側に水てきがついていた。

(3) （　　）にあてはまる言葉を書きましょう。

①水はふっとうしなくても（　　　　　）し、水じょう気に変わる。 ②水じょう気に変わった水は、（　　　　　）に出ていく。

2 コップに氷水を入れて、ラップシートをかけました。水面の位置に印をつけて、しばらく置いておきました。

(1) ビーカーの外側には何がつきますか。

（　　　　　）

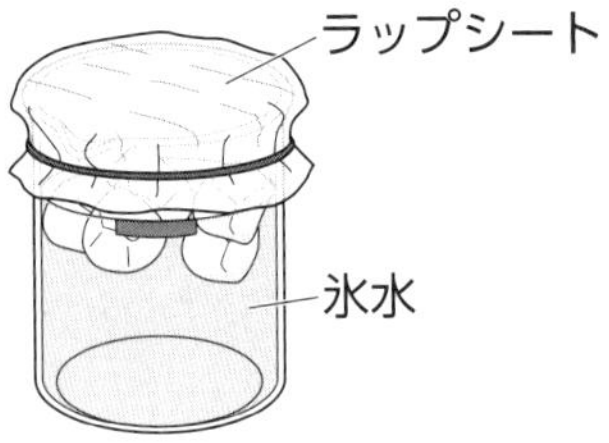

(2) （　　）にあてはまる言葉を書きましょう。

○（　　　　　）には水じょう気が ふくまれていて、（　　　　　）と水になる。

答え

1 季節と生き物

[1] (1)①成長、活発に
②たね、芽、にぶく
(2)㋐春　㋑冬　㋒秋
(3)㋐秋　㋑冬　㋒春　㋓夏

2 天気と１日の気温

[1] ①晴れ
②地面、日光
★気温をはかるとき、温度計に日光がちょくせつ当たらないように、紙などで日かげをつくってはかる。

[2] (1)折れ線(グラフ)
(2)㋑
★気温の変化が大きいほうが晴れの日。気温の変化が小さいほうが雨の日。
(3)時こく　午後２(時)
気温　26(℃)
★一日中晴れていた日のグラフは㋐なので、㋐のグラフから読み取る。
(4)晴れ、くもり

3 地面を流れる水のゆくえ

[1] (1)①[い]
②㋐(→)㋑
★ビー玉が集まっているほうが地面が低い。
(2)①高い、低い
②低く

[2] (1)すな場のすな
(2)大きい、小さい

4 電気のはたらき

[1] (1)逆、逆
(2)①左
②[い]
★けん流計のはりのふれる大きさで電流の大きさがわかり、ふれる向きで電流の向きがわかる。

[2] (1)①大きく、速く
②変わらない、変わらない
(2)㋐へい列つなぎ
㋑直列つなぎ

5 月や星の動き

[1] (1)㋐三日月
㋑満月
(2)①東、西
②同じ

[2] (1)①星座（せいざ）
②位置、ならび方
(2)夏の大三角
(3)ちがう。
(4)デネブ　白
アンタレス　赤

6 とじこめた空気や水

[1] ①小さく、大きく
②変わらない

[2] (1)できる。
(2)③
(3)できない。
(4)②

7 ヒトの体のつくりと運動

[1] (1)①ほね、きん肉
②関節
③きん肉

[2] (1)㋐ほね　㋑関節
(2)①[あ]
②[い]
③[あ]
④[い]

8 ものの温度と体積

[1] ①大きく、小さく
②大きく、小さく、小さい
③大きく、小さく、小さい

[2] (1)㋐温度を低くしたとき
㋑温度を高くしたとき
(2)[あ]あたためたとき
[い]冷やしたとき

9 もののあたたまり方

[1] ①順
②上

[2] ①㋐→㋑→㋒→㋓→㋔
②㋑→㋒→㋐→㋓→㋔
★金ぞくは熱した部分から順に熱がつたわるので、熱しているところから近い順に記号を選ぶ。

[3] ㋑→㋐→㋒

10 水のすがた

[1] (1)㋐固体
㋑気体
(2)①100（℃）、ふっとう
②0（℃）
③大きく

[2] (1)水じょう気
(2)湯気
(3)じょう発

11 水のゆくえ

[1] (1)㋐
(2)②
(3)①じょう発
②空気中

[2] (1)水てき（水）
(2)空気中、冷やす